协和育儿百科

（第二版）

北京协和医院儿科副主任 主任医师 李正红 编

中国人口出版社
China Population Publishing House
全国百佳出版单位

图书在版编目（CIP）数据

协和育儿百科 / 李正红编 . -- 2 版 . -- 北京：中
国人口出版社，2023.3
ISBN 978-7-5101-8035-4

Ⅰ.①协… Ⅱ.①李… Ⅲ.①婴幼儿—哺育—基本知
识 Ⅳ.① TS976.31

中国版本图书馆 CIP 数据核字（2021）第 194999 号

协和育儿百科（第二版）

XIEHE YUER BAIKE (DI-ER BAN)

李正红　编

责 任 编 辑	刘继娟　刘梦迪	
装 帧 设 计	鲍　齐	
责 任 印 制	林　鑫　任伟英	
出 版 发 行	中国人口出版社	
印　　　刷	小森印刷（北京）有限公司	
开　　　本	710 毫米 ×1 000 毫米　1/16	
印　　　张	22.25	
字　　　数	364 千字	
版　　　次	2018 年 3 月第 1 版	
	2023 年 3 月第 2 版	
印　　　次	2023 年 3 月第 1 次印刷	
书　　　号	ISBN 978-7-5101-8035-4	
定　　　价	69.80 元	

网　　　址	www.rkcbs.com.cn
电 子 信 箱	rkcbs@126.com
总编室电话	（010）83519392
发行部电话	（010）83510481
传　　　真	（010）83538190
地　　　址	北京市西城区广安门南街 80 号中加大厦
邮 政 编 码	100054

目录

第一部分 婴儿期

第 4 个月 112

本月重点问题：这么小的宝宝能学什么东西.................112

第二部分　幼儿期

1岁～1岁3个月

本阶段重点问题：
**　怎样教宝宝走路** 242

1岁3个月～1岁半

1岁半～2岁 290

后记

第一部分 婴儿期

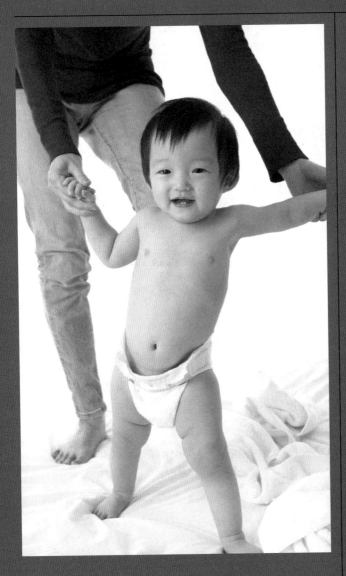

婴儿期是小儿出生后生长发育最旺盛、变化最大的阶段，也是宝宝与爸爸妈妈建立互动关系的关键时期。关注宝宝成长的点点滴滴，与宝宝一起成长，就像开启一段幸福的旅程，虽然辛苦，但很快乐。享受这段旅程，自然能培养出棒棒的宝贝。

第1个月

本月重点问题：
孩子出生后如何统一育儿理念

家长：孩子一出生，家庭矛盾不断，如何调节？

"过去家里只有我和老公两个人，宝宝出生之后，突然有点不习惯三个人的生活，加上婆婆过来照顾我和孩子，我和婆婆之间对于坐月子和教育孩子，以及生活习惯上有很大的差异，一家人总会为一些小事闹意见，而我和老公之间，好像也变得跟以前不一样了……"

问题解决 许多新手妈妈由于生产过程疲累、产后情绪波动大和照顾新生儿力不从心等因素，很容易产生心理和情绪上的问题，而这些不同于以往的改变，却又常因缺乏沟通，转变成了与家人的争执或产生摩擦的最大症结。新手妈妈不妨在怀孕期间就多和家人沟通，让家人了解自己在产后可能出现的问题，才能够互相体谅与协助。同时如果能再掌握些基本的育儿知识以及沟通原则，你会发现，做个自在的新手妈妈其实并不难。

❖ **首先了解妈妈们容易出现的2个情绪问题**

1. 情绪不稳定。研究显示，大约1/5的新手妈妈曾经被产后抑郁症困扰，表现出严重的沮丧情绪，例如失眠、对宝宝有敌意、讨厌自己或想要自杀、出现古怪的行为等。因此，当新手妈妈有类似的情绪反应时，应该尽量多与家人沟通，将心里的感觉表达出来。如果沟通后仍然会出现这种消极的态度，应该立刻找心理医生咨询。

2. 产生挫折感。对于新手妈妈来说，照顾宝宝是不小的负担，除了生理上的劳累之外，还必须注意宝宝的健康、智力发展、性格培养等问题。因此，许多新手妈妈会担心自己无法胜任这样的工作，进而感到受挫折，造成身心俱疲，特别是生产后身体状态不好的新手妈妈，压力会更大。新手妈妈应该坚定信心，主动与有经验的长辈或其他产妇交流。

❖ 维系好一家三口亲密的关系

1. 突出重点帮助。关于育儿工作的分担，应该视不同情况与阶段加以调整。一般来说，宝宝刚出生的时候，新手妈妈可以让老公或者其他家人重点帮忙，例如产后腰酸背痛的症状，通常需要一段时间才能恢复，此时不妨请家人帮忙先将孩子抱起来，再交

给自己。另外，有时候新手妈妈睡眠严重不足，如果新生儿是配方奶喂养，可以请家人帮忙在夜间喂奶，让自己能有比较好的睡眠。如果是哺喂母乳，可以请家人把宝宝抱到身边，帮忙准备一些辅助用品，宝宝吃奶后帮助拍嗝等。

2. 让老公参与育儿工作。根据研究，新手妈妈在宝宝诞生之后，容易将大部分注意力放在照顾宝宝身上，对老公的关心相对减少了许多，常会让老公有被忽视的感觉，甚至觉得自己已经不被需要了。有些新手妈妈认为养育孩子是女性的责任，会将所有育儿工作揽在自己身上，进而无暇顾及与老公相处及沟通，甚至将自己完全局限于妈妈的角色中，慢慢失去自我。

事实上，对于大多数男性来说，

宝宝的诞生对于强化家庭关系有很大帮助，且另一半对宝宝的教养态度，也会影响新手妈妈的心理情绪。因此，新手妈妈应该适时主动沟通，让老公参与育儿工作，不但可减少老公心中所产生的疏离感，也能让老公与宝宝之间的关系较为亲密，进而更能支持自己的育儿工作。

3.适度赞美与鼓励老公。许多夫妻常会因为育儿问题而产生争执，其实，事前的沟通与必要的退让，不但可以避免产生不愉快，也能让育儿工作变得更为顺利。如果老公能主动参与育儿工作，老婆应给予赞美与鼓励，让老公产生被肯定的感觉；如果另一半在照顾宝宝时发生疏漏，也不要一直挑剔，而是应该采取90%赞美、10%建议的方式，温和地与老公沟通，改善照顾宝宝的方法。

关于宝宝的养育方式，新手妈妈应该事先与老公取得分工或方式上的共识，在养育的过程中，也必须随时沟通与调整。如果夫妻双方在育儿方式上有不同的意见，可以多读一些育儿书籍或请教有经验的专业人士或医生。

4.性生活可维持亲密关系。宝宝诞生之后，由于新手妈妈的注意力几乎都放在宝宝身上，开口所谈及的都是宝宝的事，因此往往会让老公对你与宝宝之间的亲密关系产生些许的忌妒感。事实上，新手妈妈要有正确的认识，随着家庭新成员的加入，另一半的心理也可能出现变化，特别是产生被忽视的感觉。此时，性生活可成为一种情绪上的支持，让另一半感受到彼此之间的关系仍然是十分紧密的。

需要提醒的是，新手妈妈无论是自然生产或剖宫产，至少需要6周的时间让伤口复原，有些人甚至需要更久的时间。此时，新手妈妈由于伤口的疼痛、照顾宝宝的劳累，对性的需求暂时还不能恢复。一般来说，当新手妈妈的伤口复原后，就可以开始恢复性生活。剖宫产的妈妈，虽然外部的伤口复原时间差不多也是1个月，但因为手术后的组织复原，大约需要3个月的时间才能恢复到原来的强度，所以在刚开始恢复性生活时，动作最好不要太过激烈，才不会让腹部受到压迫。

❖ 学会和婆婆愉快相处

坐月子期间，身体虚弱的新手妈妈往往少不了让婆婆帮助照顾自己和宝宝，婆媳关系立刻变得极为重要起来。尤其是此前并不在一起居住的婆媳，现在为了宝宝而一起生活，如何愉快相处成了婆媳之间非常重要的事情。

做儿媳妇的毕竟在接受着婆婆的照料，所以在与婆婆相处的时候，更要站在一个晚辈的角度，尽力和婆婆相处好。

新手妈妈需做好以下几点：

1.平时多和婆婆沟通。坐月子期

间，新手妈妈很有可能有跟婆婆完全相反的观念，如该不该洗澡，要不要喝油腻的肉汤，等等。在月子照料方面与婆婆产生矛盾时，新手妈妈不要只顾生闷气，或者跟婆婆吵架，而应该想着，婆婆的出发点是为了更好地照顾自己，这样心里就会轻松许多。如果实在觉得憋得难受，可以委婉地告诉婆婆书本上的科学知识，让婆婆接受你的新观念。如告诉她，你知道她不让你洗澡是怕你受凉，但现在条件好了，把室温和水温调高点，是没有问题的。

2. 发挥老公的中间人作用。新手爸爸是你的老公，也是婆婆的儿子，与婆婆产生分歧时，建议发挥老公这个中间人的作用，请他去协调，会比直接找婆婆沟通更容易些。

另外，当有外人问到家庭关系的问题时，不要一味地抒发自己的不满，要学着理解和感恩。要知道，你说的每一个对婆婆的不满，都可能会传入婆婆的耳朵，那可比当面说更让人受不了。

3. 学会睁一只眼闭一只眼。对一些难以沟通的问题，或自己看不惯的事情，不要太较真，有时候睁一只眼闭一只眼就过去了，尽量不要给自己太大的压力。新手妈妈自己安心休息好，并照顾好宝宝就是最重要的工作。

4. 另想办法。婆婆过来照顾你和宝宝的起居，是出于家庭的责任感和长辈的好心，做儿媳的要懂得适当回报，孝敬婆婆。实在觉得与婆婆不好相处，就请自己的母亲或者干脆请月嫂照料自己和宝宝，不要总憋着，否则容易患抑郁症。

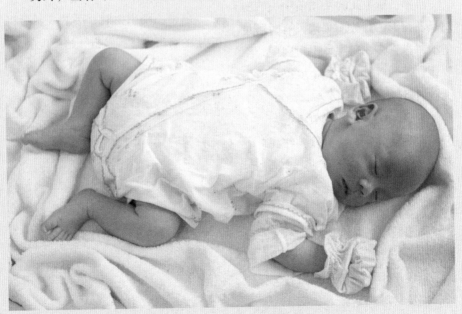

出生第 1 天

新生儿的体格状况

🔔 **知识导读**：每个新生儿在体重、身长、头围等方面都不可能是完全一样的，但差异很小。下面这些参考值多指正常新生儿的平均水平，妈妈们可以参考一下，若自己的宝宝与正常新生儿基本生理指标存在很大的差异，请咨询医生，以寻求更专业的指导。

新生儿体格状况

体格指标	男宝宝	女宝宝
体重（平均）	3.32 千克	3.21 千克
身长（平均）	50.4 厘米	49.7 厘米
头围（平均）	34.5 厘米	34.0 厘米

头部：新生儿的头顶前中央的囟门呈长菱形，开放而平坦，有时可见搏动，爸爸妈妈要注意保护囟门，不要让它受到碰撞。大约 1 岁以后囟门会慢慢闭合。

腹部：腹部柔软，较膨隆。

皮肤：全身皮肤柔软、红润，表面有少量胎脂，皮下脂肪已较丰满。不过，宝宝刚从妈妈肚子里出来的时候需要适应由胎儿循环向正常循环的转换，四肢肤色会出现短暂发紫的现象，此为正常现象，不会有太大问题，新手爸妈不用太过紧张，如果全身青紫，应及时咨询医生。

四肢：双手握拳，四肢短小，并常呈屈曲位。有些宝宝出生后会有单足或双足内翻，这跟宝宝在宫内的姿势有关，大多满月后缓解，双足内翻大约 3 个月后就会缓解，如果持续不改善，需要看小儿骨科医生。

体温：宝宝出生时体温与妈妈相同，因室温较宫内温度低，宝宝出生后要注意保暖，保持体温在 36.7 ~ 37.3℃。

呼吸：新生儿的呼吸浅且不规律，以腹式呼吸为主，每分钟 40 ~ 45 次，有时会有片刻暂停。

循环：新生儿心率比成人快，每分钟为 90 ~ 160 次。

视力：刚出生宝宝的视力范围约为 20 厘米。

脐带：刚出生时，医护人员会将宝宝的脐带夹住，脐带开始呈现白色，之后逐渐变干、变黑，约 2 周后脱落。

新生儿长这样很正常

🔔 **知识导读**：与平常所见的婴儿不同，新生儿会让你觉得有点"丑"，你不免会感叹这样的宝宝是正常的吗？其实新生儿的身上确实会有些奇怪的地方，甚至会有些异常，但是新手爸妈无须太过担心，只要细心照顾，是可以恢复正常的。

新生儿可能是长这样的：

皮肤皱皱的

无论父母属于哪个种族，大部分新生儿的皮肤开始看起来都会有点呈红色、粉红色或者紫色。有些新生儿身上会覆有白色脂质状物，这是胎脂，是在羊水中保护宝宝皮肤的，胎脂在洗澡时会逐渐消失。还有一些新生儿出生的时候皮肤都是皱皱的，看起来像个老头。有些新生儿特别是早产的新生儿又会有一些软软的绒毛，这些在一两周内都会自动脱落。

新生儿鼻子上会有白色的点都是十分常见的，通常在出生儿周后就会消退。

脑袋尖尖的

很多妈妈可能看到电视剧中出生的新生儿都十分圆润，但现实并不是这样。刚出生的新生儿都是又小又湿的。如果是顺产，由于刚刚经过了产道，他们的头都是尖尖的，但这只是暂时的，几天后他们的头就会恢复成圆形了。

耳朵软软的

我们的耳朵可以被折弯，原因就在于耳朵是由软骨构成的，而新生儿

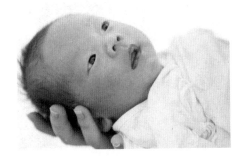

的身体各器官发育还未完善，因此耳朵上的软骨也还未成熟，耳朵自然也比我们软得多。有的妈妈甚至会发现新生儿的耳朵可以弯得很离谱，别担心，一般一个月左右，宝宝的耳朵就会和成人一样硬起来，如果有的宝宝耳郭的外形不够好看，可以咨询耳鼻喉科医生，在出生后3个月内进行矫形。医生也会对每个宝宝的听力进行常规检测，确定宝宝听力是否正常。

总是不睁眼

新生宝宝眼睛可能呈现水肿的状态，可能与产道挤压有关。一般几天后就会恢复正常。新生宝宝也总是不睁眼或睁一只眼，这都跟新生儿还不成熟有关，慢慢地就会自如睁眼了。

手脚弯弯的

新生儿的四肢为什么总是弯曲着？新生儿的脚怎么会内翻？我的宝宝为什么腿会变成弓形？别担心，这是宝宝在妈妈的肚子里长时间的生存状态。一般8周后，新生儿的手脚才会真正地舒展开来。

新生儿检查项目

知识导读：各家医院检查的项目会有所不同，所以在分娩之前最好先问清楚要进行哪些特殊项目的检查。如果家族有某些病史，如遗传代谢疾病等，妈妈可以事先和医生沟通，在宝宝出生之后进行有针对性的特殊检查。

新生儿检查项目：

在产房里

宝宝出生之后,根据宝宝的反应情况,必要时用器械吸宝宝的嘴巴和鼻腔,以清除残留在里面的黏液和羊水,从而确保宝宝口鼻完全打开,畅通地呼吸。接着,护士用毯子把宝宝包起来放在你身上,让他和你亲近一会儿。

如果新生儿早产或是出现呼吸困难,就会立刻被送入新生儿特护病房,接受检查。

如果新生儿体重超过 8 斤则要验血,因为过重的新生儿在出生后的几小时内有可能出现低血糖。妈妈有妊娠糖尿病的宝宝,也要在出生后检测血糖。

Apgar 评分 | 阿氏评分

新生儿出生后医生都会对他进行 Apgar(阿氏)评分来确定新生儿的健康状况。通常这些都是对他的反应和生命特征进行的测试,以此来检查新生儿是否适应了生活环境从子宫到外部世界的转变,包括以下 5 个方面:心率、呼吸、肤色、肌张力和反应。

每个项目都是 0 ~ 2 分的范围,最后将五个分值加起来,总分就是 Apgar(阿氏)评分。这些测试会在 5 分钟后再进行一次。通常 7 ~ 10 分都属于正常的范围,如果你的宝宝得到这个分数的话,就说明不需要特别护理了。

然后,护士会给宝宝称体重、量身长,并且检查有无疾病症状。

必要的疾病防治措施

所有的新生儿都要注射维生素 K,它是用来预防宝宝出血的,因为新生儿的肝脏储备的维生素 K 比较少。

为了防止受感染,根据宝宝情况还会在新生儿的眼睛里抹上含有抗生素的药膏或药水。

护士会给宝宝打第一次防疫针,

也就是乙肝疫苗和卡介苗。

第一次体格检查

在新生儿出生后 24 小时之内，儿科医生会对他进行检查。医生会记录对新生儿的各种测量结果。接下来，医生会听新生儿的胸部，检测有没有心脏杂音和呼吸音；摸摸新生儿的肚子，看看肝脾大不大；看看新生儿的脑袋上有没有鼓包（大多数情况下，鼓包是没有伤害的）。医生还要检查新生儿的眼睛和生殖器。医生还会检查诸如腭裂、锁骨骨折（这种情况在分娩过程中可能会出现，通常能够自行恢复）、胎记、髋部脱臼等情况。

绝大多数新生儿会在 24 小时内排便排尿

绝大多数新生儿会在出生后的 24 小时内排便排尿，具体情况如下：

小便：新生儿可在分娩中或出生后立即排小便，尿液色黄透明，开始量较少，一周后排尿次数增多，每日可达 20 余次。如果新生儿出生后 24 小时尚无小便排出时，应该请医生检查是否患有先天性泌尿道畸形。

大便：正常情况下，新生儿出生后 24 小时内排出的棕褐色或者墨绿色黏稠的大便，医学上称为"胎便"，一般需要 2 ~ 3 天才能排尽。如果新生儿出生 24 小时后尚无大便排出，应该请医生检查是否患有先天性消化道畸形。

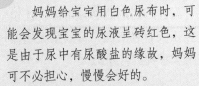

专家这样说

妈妈给宝宝用白色尿布时，可能会发现宝宝的尿液呈砖红色，这是由于尿中有尿酸盐的缘故，妈妈可不必担心，慢慢会好的。

此外，妈妈还可能会发现宝宝的胎便中含有胎儿时期的肠黏液腺分泌物、脱落的上皮细胞、毳毛、皮脂、胆色素等，这种肠腔中的混合液并非肠道出血，父母完全不必担心。

尽早给新生儿喂母乳

如果妈妈顺利分娩，宝宝也非常健康，妈妈应尽快给宝宝喂母乳，最好在宝宝出生 1 个小时内开奶，开奶指的是让宝宝第一次吮吸妈妈的乳房。

虽然，宝宝此时吮吸其实吸不到什么奶水，但是这样做可以刺激垂体，垂体给身体发出指令，多分泌催乳素，这样妈妈就能早下奶、多下奶，为成功实现母乳喂养打好基础，这才是最重要的意义。所以，如果医生没有叮嘱妈妈可以喂奶了，就要主动询问，避免耽误。

如果妈妈还只能躺着喂奶，医生或家人可以帮忙，将宝宝放到妈妈的胸前，嘴巴达到乳头的高度，然后用手臂托住宝宝的后背和臀部、头部，这时，宝宝的脸就接触到了妈妈的胸部，他会自动寻乳吮吸。如果宝宝没有寻乳，可以用另一只手顶着乳头刺激宝宝嘴角或鼻尖几下。

剖宫产的妈妈必须平卧，让宝宝吮吸不太容易实现，可以用吸奶器代替宝宝吮吸进行开奶。

专家这样说

正确的含乳方式是宝宝整个嘴都张开，将乳头、乳晕尤其是乳房下方的部分乳晕都吸入口中。这样，宝宝吃奶省力、省时，也能吃到更多奶水，而妈妈喂奶也才能更省力、省时，妈妈的乳头也不会痛。

为什么生孩子后会有乳汁分泌

几乎所有的妈妈生孩子后都会有乳汁分泌，这是因为孕期形成的胎盘会分泌孕激素和雌激素，这两种激素可刺激乳腺的发育，促使乳房增大。但仅有这两种激素尚不能使乳腺得到完善的发育，还要有体内其他许多激素的协同作用才能完成。妊娠期乳腺的充分发育是为泌乳做准备，但妊娠期并不分泌乳汁，因体内大量的孕激素和雌激素有抑制乳汁生成的作用。分娩后胎盘排出体外，雌激素和孕激素水平迅速下降，解除了抑制乳汁生成的作用，因而分泌乳汁。

有的妈妈说自己并没有奶水，其实并不是没有奶水，而是没有及时或正确地刺激乳汁的分泌。分娩后乳汁

分泌能否成功，很大程度上取决于是不是有哺乳的刺激。哺乳时由于宝宝吮吸乳头，形成一种吸吮排乳反射，保持乳腺不断有乳汁排出，从无到有，从少到多。

所以，妈妈要及时让宝宝吮吸乳房，且做到勤喂养。在开奶后要尽量多吃富含蛋白质的食物，如温牛奶、花生汤、鲫鱼汤、猪脚汤，记得不要太咸太油。

这些情况下不宜母乳喂养

对于新生儿来说，世界上的任何食物都没办法跟母乳相比，只要条件允许，妈妈一定要给宝宝进行母乳喂养。但有些情况比较特殊，妈妈必须放弃母乳喂养，否则会影响妈妈或宝宝的健康。

妈妈不宜进行母乳喂养的特殊情况：

妈妈患有严重的各种疾病，母乳

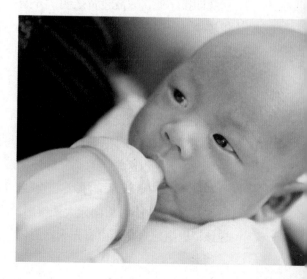

喂养可能会影响妈妈疾病的情况下不宜哺乳；妈妈服用影响母乳喂养的药物不宜哺乳，具体用药是否影响哺乳需要详细阅读药物说明书或咨询医生。

宝宝不宜进行母乳喂养的特殊情况有：

新生儿如有代谢性病症，如半乳糖血症（症状：喂奶后出现严重呕吐、腹泻、黄疸、肝脾大等）不宜母乳喂养。如确诊为半乳糖血症，应立即停止母乳及奶制品喂养，应给予不含乳糖的特殊代乳品喂养。

患严重唇腭裂而致使吮吸困难的新生儿不宜母乳喂养。

专家这样说

给新生儿喂奶时不宜化浓妆；不宜逗笑新生儿；妈妈不宜吃大量味精、麦乳精及喝啤酒、咖啡；不宜穿工作服喂奶，特别是从事医护、实验室工作的妈妈应注意。

注意观察新生儿体温

宝宝在妈妈肚子里的时候浸泡在37℃左右的羊水中。一出生，他面临的就是要自己调节体温。虽然产房的温度不会很低，但因为宝宝赤身裸体而且身上湿漉漉的，所以，刚出生的几分钟，小宝宝的体温下降是普遍现象。很多医生会将刚出生的宝宝放在妈妈的胸前，让妈妈用自己的体温来温暖他。而且，妈妈熟悉的气味也会给宝宝以安全感，这些都是新生宝宝所需要的。

体温关系到宝宝的健康状况，妈妈一定要注意观察，一旦发现宝宝发热或体温不升，都要及时通知医生。发热与体温不升，对新生儿来讲，多数提示患有疾病。但也可能由于新生儿体温调节功能不完善，受环境温度影响引起产热与散热失衡，导致体温异常。区别有病还是生理现象，需要医生结合新生儿的呼吸、面色、哭声、睡眠、吃奶及大小便情况，综合进行判断。

一般正常新生儿的肛温为36.2 ~ 37.8℃，腋下温度较肛温稍低，在36 ~ 37℃。新生儿腋温超过37℃或肛温超过37.8℃即为发热。体温在35℃以下为体温不升。

专家这样说

炎热的夏天或保暖过度，新生儿一时不能调节体温，就可能发热。出生后3 ~ 4天的新生儿，常因为奶量不足，体温可以突然升高到39℃以上。皮肤发红，哭闹不安，别的方面无变化，也没有其他病态表现，通常称为新生儿脱水热。需要医生进行查体或验血除外感染性疾病。处理的方法是，适当降低环境温度或松开包被，多补充水分，一般在24小时内体温就可以降至正常。

出生第2天

初乳珍贵，一定要让新生儿吮吸

在分娩后7天内，新手妈妈分泌的乳汁呈淡黄色，质地黏稠，这就是"初乳"。之后第8～14天的乳汁称为过渡乳，两周后为成熟乳。

新手妈妈一定要让宝宝吮吸到初乳，因为初乳非常珍贵，且错过便不再有。

初乳的珍贵主要体现在以下几点：

1. 初乳中的蛋白质含量远远高出常乳，特别是乳清蛋白质含量高。初乳内含比正常奶汁多5倍的蛋白质，尤其是其中含有比常乳更丰富的免疫球蛋白、乳铁蛋白、生长因子、巨噬细胞、中性粒细胞和淋巴细胞。这些免疫球蛋白不易被肠道吸收，而是附在肠黏膜内，结合或中和病毒及毒素，避免了微生物与肠黏膜表皮细胞的接触，阻止了感染的发生。所以新生儿早喂奶，可获得较多的营养免疫物质。

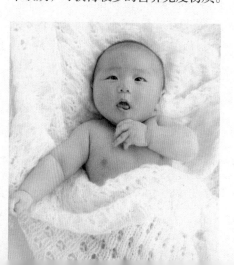

2. 初乳中的维生素A和维生素C比常乳中高10倍，维生素D比常乳中高3倍。初乳中含有较高的无机质，特别是富含镁盐，能促进消化管蠕动，有利于消化活动。

3. 与常乳相比，初乳的脂肪和糖的含量较低，适于出生后10天内新生儿的消化和吸收。

4. 初乳中的生长因子能促进婴儿未成熟的肠道发育，为吸收常乳做好准备，并有助于预防变态反应和对某些食物的不耐受性，即减少过敏。

建议新手妈妈产后30分钟尽可能给宝宝开奶，母婴同室，以不定时、不定量的哺乳原则按需喂养，使宝宝得到最珍贵的初乳。让宝宝分别吮吸两侧乳头各3～5分钟，能吮吸出初乳数毫升。

➕ 专家这样说

牛初乳不能替代人初乳。目前国家对成人和婴幼儿每日摄入牛初乳的推荐量缺失相关标准，所谓的初乳奶粉也就是牛初乳，也都是牛乳来源，跟母乳相比，均不是首选。

妈妈第几天才下奶

产后胎盘一旦娩出，你的激素水平就会发生急剧变化，同时妨碍你下奶的激素也会消失。在胎盘娩出后的30～40小时，你的激素水平会再次有所调整。之后，过渡阶段的下奶期就开始了。

由于激素水平调整的情况有所不同，产后多久下奶也因人而异，并不固定。一般而言，如果是第一次做妈妈，会在宝宝出生后第3～4天下奶。如果不是第一次生孩子，可能会更早一点儿，大概在产后第2～3天内下奶。当然，有些妈妈的产后下奶时间会比这个早或晚。不管产后下奶的时间是早还是晚，新手妈妈要记住在产后头48～72小时，给宝宝喂奶，喂得越频繁，奶下得就越快。因为在正常情况下，宝宝的吮吸会刺激妈妈的身体产生泌乳素，这是一种能让新手妈妈下奶的激素。所以只要宝宝吃奶，妈妈就在下奶。

要想奶水多就让宝宝多吮吸

产后1周至2个月内，泌乳主要依靠婴儿的吮吸刺激来促使垂体催乳素分泌上升，垂体催乳素抑制因子分泌减少。因此，产后你尽管身心疲惫，乳房也不一定感到发胀，但最好坚持在产后30分钟即给宝宝开奶，让宝宝及早地吮吸乳房，刺激乳房尽快分泌奶水。最好与宝宝同室同床，这样可以便利你经常让宝宝吮吸乳房。多次不定时地吮吸，可以刺激你的大脑分泌释放催乳素。另外，只要宝宝一啼哭就抱起来喂奶，以促进妈妈体内

的催乳素分泌增多，增加乳汁的分泌量。

此外，要做到以下几点奶水才会更好：

1. 多喝温开水，多喝汤。
2. 保证睡眠。
3. 心情要好，开心一些，不要烦闷，心情开朗对产奶是有很大影响的。
4. 可以吃豆腐鲫鱼汤、黄豆猪脚汤、墨鱼炖母鸡、米酒煮蛋这些下奶的食物。

✚ 专家这样说

奶没通之前不能喝太油腻的汤，只能以清淡的蔬菜汤和稀粥类为主。否则奶管没通，而奶又来得急，一方面妈妈会感觉非常胀痛，严重的可能引发乳腺炎，另一方面还可能将原本已经通畅的奶管堵塞，导致下奶失败。一般产后3～5天宝宝把奶管吸通了才能正式开始喝下奶汤。

下奶前可以不喂代乳品

知识导读： 新手妈妈都担心宝宝开奶前不喂食，会造成低血糖，影响健康，所以急着给宝宝喂糖水或奶粉等代乳品。但事实证明，孩子在出生后的2～3天时间里，只要频繁吸奶，妈妈多少还是会分泌一点儿乳汁的，小宝宝的胃容量也很小，基本上通过频繁地吮吸就可以满足喂奶需要。

妈妈下奶一般都需要2～3天的时间，在此之前，妈妈可让宝宝多吮吸，以促进快速下奶。若宝宝因饥饿而哭闹不止，或其他医疗原因需要加喂，可用小勺喂点温开水，妈妈可选择口味较淡的奶粉冲调后喂宝宝喝点（少量），为了避免乳头错觉，最好不要用奶瓶，而是用勺子喂。但若宝宝并没有哭闹得厉害，妈妈最好不要给宝宝喂代乳品，而是要一直让宝宝吮吸妈妈的乳房直到妈妈下奶（大概2～3天）。因为开奶前喂代乳品或糖水，往往使宝宝有饱腹感，降低宝宝对母乳的渴求，不能做到勤吮吸，吮吸不充分，乳汁分泌就不充分，影响早期喂养成功；而且一开始就给宝宝用奶瓶奶嘴吃奶粉，容易让宝宝产生乳头错觉，不愿意再吃妈妈的奶，使乳汁分泌不充分。

宝宝出生后，妈妈一定要多让他吮吸乳头，宝宝即使吸不到奶水，也会乐此不疲地吸，这样就不会哭闹了。

产后乳房胀痛正常吗

正常情况下，乳房胀痛会持续1～2天，以后随着乳腺管的畅通，胀痛会逐渐消失。但也有些新手妈妈明明已经在源源不断地分泌乳汁了，可乳房还是非常胀痛，为什么？这是因为在分娩后的最初几天里，尽管乳房在源源不断地出乳，但有些新手妈妈乳腺管仍没有完全通畅，导致部分乳汁淤积在乳房内发生胀痛。

下奶后，新手妈妈有时会感觉乳房又热、又重、又硬。乳腺管通畅时，可以看见奶往下滴，这是正常的充盈，这时新手妈妈只需将乳房中的奶排空，让宝宝吮吸乳汁或用吸奶器将奶吸出，症状就会减轻，乳房会变软，新手妈妈也会舒服许多。

除了多给宝宝吮吸奶汁外，新手妈妈还可通过冷热敷、按摩等方法来促进乳腺管的畅通，消除乳房胀痛。

➕ 专家这样说

如果妈妈感觉乳头疼痛，那应该是喂奶姿势不对引起的。妈妈应让宝宝含住自己的整个乳晕、乳头才对，只含住乳头就会造成吮吸不当，从而令妈妈产生疼痛感。

新生儿每天拉多少次大便

知识导读： 新生儿刚开始几天会不断地排胎便，待胎便排干净之后，新生儿开始正常地排便，大便次数不定，一般为2～5次/天，母乳喂养的宝宝排大便次数偏多，奶粉喂养的宝宝排大便次数偏少。

吃母乳的新生儿大便呈金黄色，偶尔会微带绿色且比较稀；或呈软膏样，均匀一致，带有酸味且没有泡沫。通常在新生儿期大便次数较多，一般为一天排便 2～5 次，但有的新生儿会一天排便 7～8 次，也属正常，只要宝宝精神饱满，吃奶情况良好，身高、体重增长正常，妈妈就没有必要担忧。

如果新生儿吃的是配方奶，那么大便通常呈淡黄色或土黄色，比较干燥、粗糙，如硬膏样，常带有难闻的粪臭味。如果奶中糖量较多，大便可能变软，并略带腐败样臭味，而且每次排便量也较多。有时大便里还混有灰白色的"奶瓣"。

什么时候给宝宝换尿布（纸尿裤）

知识导读： 新生儿更换纸尿裤比较频繁，随着宝宝的长大，更换次数可以逐步减少，从每天平均 10 次左右减少到 6～8 次。需要提醒的是，尿尿和便便都对宝宝娇嫩的皮肤有刺激性，如不及时更换尿布（纸尿裤），宝宝娇嫩的皮肤可能发红或出现尿布疹，严重者还可能脱皮、溃烂，所以妈妈要及时给宝宝更换尿布。

有的妈妈不知道什么时候该给宝宝换尿布（纸尿裤），总是等到宝宝忍受不了哭闹抗议的时候，才想起是不是该换尿布了。相反，有的妈妈因

为怕宝宝不舒服，便不管宝宝是在睡觉还是在吃奶，只要发现宝宝尿湿了就马上给宝宝换尿布（纸尿裤）。这两种做法都不妥。其实，抓住下面几个时间点换尿布最合适。

1. 新生儿虽然不会说话，但他们懂得用哭声提醒妈妈。当听到宝宝哭，妈妈应该用手探入宝宝的尿布（纸尿裤）中检查。有的品牌纸尿裤上有会变色的线，可以一目了然地看出宝宝是不是尿了。

2. 早上宝宝醒来后，第一件事就是去检查尿布干湿，通常情况下，经过一个晚上的时间，宝宝几乎都已经将尿布尿湿，要及时更换。

3. 不宜在宝宝喝完奶后更换纸尿裤，因为宝宝吃饱后抬腿换尿裤的姿势很容易导致宝宝吐奶。

4. 有的妈妈会在宝宝喝奶前换尿布，但宝宝有时会边喝奶边便便，因此可能刚给宝宝换完干净的尿布，宝宝马上又尿湿了。

5. 宝宝睡觉前一定要给他换尿布，换完以后宝宝会睡得更好、更舒服，如果不换，宝宝的小屁屁容易得湿疹。

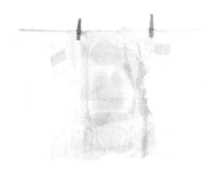

出生第 3 ~ 4 天

大部分妈妈都能正常下奶

有的妈妈到产后第三天还没有下奶或仅有一点点奶，便开始担心自己是否没有奶，不能给宝宝进行母乳喂养了。这里必须提醒新手妈妈不要轻易放弃母乳喂养，即使分娩已经几天了还没有下奶，也不要太担心，大部分妈妈都能正常下奶，即使不能实现完全母乳喂养，进行混合喂养，让宝宝能吃到母乳也比完全吃不到要好。

心态对产奶很重要，有的妈妈因为生产后奶特别少，自己郁闷生气，结果就是本来有的一点点奶都回去了。所以，请新手妈妈放平心态，不要胡思乱想，有的妈妈在生孩子后 6 天才开始产奶。

新生儿可能出现黄疸

新生儿黄疸一般出现在出生后第 3 天。如果是生理性黄疸，对新生儿健康没有危害，即使不采取任何措施，也会慢慢自然痊愈。

生理性黄疸出现和消退都比较有规律，一般在新生儿出生后 2 ~ 3 天出现，这时新生儿的皮肤开始慢慢变黄，4 ~ 6 天达到高峰，之后逐渐减轻，7 ~ 10 天后慢慢消失，早产儿持续时间较长。出现生理性黄疸时，新生儿其他方面没有任何不适，吃睡也都正常。父母只要注意观察新生儿的肤色和黄疸的出现、消退时间，无异常就不需担心。为了观察方便，建议房间的光线一定要明亮，最少每天要留出一部分时间，打开窗帘，在自然光线下观察新生儿的肤色。

➕ 专家这样说

吃母乳的宝宝可能会有母乳性黄疸，表现为黄疸持续不退，但宝宝的精神好，吃、睡正常。这时需要看儿科医生，帮助除外其他可能导致黄疸的病理性因素，确定是母乳性黄疸后，就不用担心，安心地等待黄疸消退即可。母乳性黄疸不必要停母乳，也不影响预防接种。多数母乳性黄疸的宝宝会在 1 ~ 2 月时恢复正常。

不能哺乳时，要将奶水挤出来

知识导读： 如果新手妈妈因为某些原因暂时不能哺乳时，要将奶水挤出来，这样既可防止发生乳房胀痛，还防止了由于宝宝未吮吸而乳汁分泌的减少。

挤奶一般采取手工挤奶法和吸奶器挤奶法。

手工挤奶法

新手妈妈先采取热敷的方法使乳房变得柔软些，再用拇指和食指挤压乳晕，以无疼痛感为宜。即使乳汁很难流出，也不要使劲挤压。挤奶的关键是挤压的部位和角度，用力过度会弄伤乳晕。挤压乳晕的位置有多种，手指可以上下挤压，也可以左右挤压，还可以斜着挤压。

每次挤乳每边乳房至少挤 3 ~ 5 分钟，然后再挤另一侧。如此反复数次，直到乳汁不再流出为止。产后几天，新手妈妈通常需要 20 ~ 30 分钟才能把乳汁充分挤出。

吸奶器挤奶法

吸奶器分为手动吸奶器和电动吸奶器，其使用方法均按说明操作即可。吸奶器的压力并不是越大越好，压力过大可能会造成乳腺的损伤。吸奶器每天要清洗与杀菌，买前最好也请教有经验的妈妈看哪一种较理想。使用挤奶器挤奶前，先进行乳房按摩是有助于挤奶的，按摩时以小圆圈之旋转从乳房之外围向乳头方向按摩，然后以拇指及食指轻轻地揉乳头，这样有助于挤奶。

新生儿乳房增大是怎么回事

知识导读： 从第 4 天到第 7 天，新生儿的乳房可能变大。不论是男孩、女孩都是如此，有的新生儿乳房甚至增大到像鸽蛋那么大。妈妈用手摸可感觉到蚕豆大小的硬结，轻轻挤压，还可能会有少量淡黄色乳汁分泌出来。这种现象属正常的生理现象，妈妈不需要担心，一般会在生后 2 ~ 3 周自然消失。

妈妈怀孕时体内雌激素与催乳素等含量逐渐增多，到分娩前达最高峰，这些激素的功能在于促进母体的乳腺发育和乳汁分泌，而胎儿在母体内通过胎盘也受到这些激素的影响，因此不论男宝宝或女宝宝的胸部都会稍微突起，有些甚至会分泌少许乳汁，俗称"新生儿乳"。

这些属于正常现象，不需任何的治疗。在胎儿离开母体后，来自母体激素的刺激消失，胸部也会自然平坦。有的老人有挤新生儿乳头的习惯，建议最好不要，如果不小心把乳头挤破，会感染细菌，造成乳腺红肿、发炎，对新生儿健康不利。

此外，除了这种生理性的乳房增大，如果妈妈在宝宝发育的过程中再发现宝宝乳房增大，特别是像小馒头、小包子这样的隆起，就要及时就诊。乳房增大除了单纯性乳房早发育外，还有患其他疾病的可能性，如脑垂体肿瘤、卵巢肿瘤、乳内肿瘤、甲状腺功能减低等。

观察护理新生儿的私处

宝宝私处护理不容忽视，首先来说女宝宝，给宝宝清洗的时候，使用温开水，不要添加任何别的东西；给宝宝清理私处的时候，先洗净自己的双手，然后用软毛巾轻轻从上往下，从前往后擦洗。洗过以后要及时擦干水，让阴部时刻保持干净清爽。

然后再说男宝宝，同样的道理，

男宝宝的私处也必须每天清洗，也是用温开水，一般控制在38℃左右，在给男宝宝清洗前要先检查一下男宝宝的私处是否有红肿、发炎的现象，如果都没有的话就用温开水擦洗阴茎根部，还有尿道口，如果妈妈发现宝宝有红肿的现象，最好带宝宝到医院去做检查，在给男宝宝清洗的时候，也要先洗净自己的双手。

新生儿外阴出血是怎么回事

知识导读： 有妈妈说，给出生几天的女宝宝换尿布的时候，在尿布上发现血性分泌物。这是假性月经，一般发生在新生儿出生后一周左右，通常持续2～3天，出血量很少，看上去有点像女性的月经，但没有什么气味。对于新生女婴的假性月经，妈妈不需要做特别的处理，只要及时为宝宝更换尿布，并将分泌物清理干净就可以了。

一般认为，这种生理性的新生儿阴道出血，是新生儿在妈妈的子宫里的时候，妈妈体内的雌激素通过胎盘进入宝宝体内，而新生儿出生后体内雌激素水平迅速下降，新生儿的子宫黏膜失去了雌激素的作用，因而脱落出血，形成"假月经"。

通常新生女宝宝阴道出血是一种正常的现象，爸爸妈妈一般不需要担心。但是，如果出血量比较多，或者持续的时间比较长，或者分泌物有异味，家长一定要及时带宝宝去医院就

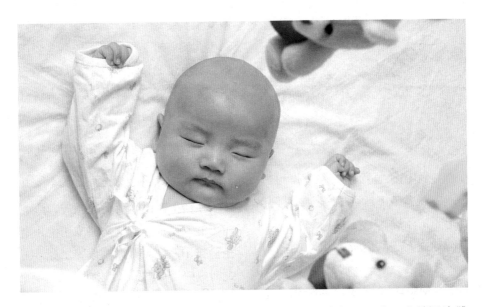

诊，以排除疾病的可能性。

除阴道出血外，有些新生女宝宝外阴有时会出现白色、黄色或透明的分泌物，女婴阴道这种分泌物的形成原因，与阴道出血一致，也是因为雌激素突然降低而引起了子宫内膜的改变。护理宝宝的家长可以用蘸了清水的棉签轻轻地为她擦拭。

出生第 5 ~ 7 天

大部分新生儿都已经出院了

🔔 **知识导读：** 不管是顺产还是剖官产，只要妈妈和宝宝没有什么异常情况，一般在 3 ~ 4 天后出院回家。这是从医院到家庭过渡的关键阶段。新手爸妈要开始亲自为宝宝进行日常护理了。

脐带的护理方法

🔔 **知识导读：** 新生儿的脐带在脱落前，是细菌的良好培养基地，所以特别容易感染，而脐带感染很可能会导致败血症、破伤风等，所以父母一定要护理好，有异常及时发现，并尽量保持脐带的干净、干燥。

护理新生儿的脐带主要注意以下几点：

1. 关注脐带有无出血。脐带在脱落前出血，一般是因为脐带结扎不紧，需要报告医生，重新结扎。脐带脱落时出血，出血量较少，一般是因为脐带根部细小血管破裂，问题不大，用

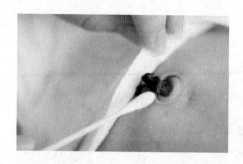

干棉签轻压止血再消毒，观察即可。

2. 观察脐部是否干燥。要时刻保持脐部的干燥，一旦沾水要仔细用消毒棉球擦干，并用酒精消毒。

3. 要注意清洁。脐窝经常有分泌物，会使脐窝和脐带的根部发生粘连，如果不及时清洁，会出现脐带久久不脱落的现象。正确的清洁法是一只手将脐带的结扎线或脐痂提起，另一只手用棉签蘸75%的酒精，仔细分离脐窝和脐带根部的粘连部分，周边都分离开后，换新的酒精棉签从脐窝中心向外转圈擦拭，最后将结扎线也用酒精擦一下就可以了。

4. 清理脐窝渗液。脐带脱落后，脐窝会有些潮湿并有液体渗出，也需要用酒精擦拭，每天1～2次，2～3天后就会干燥。如果发现有脓性分泌物、红肿或有臭味，就说明脐部感染了，应找医生及时处理。

5. 除了要注意脐带本身的状况外，还要注意不要让衣服、尿布等污染、摩擦到脐带。衣服不要太紧，应常洗常换，尿布不要盖到脐带上，纸尿裤的边也应该尽量保持在脐带下方。

一般情况下，新生儿的脐带会慢慢变黑、变硬，1～2周脱落。如果新生儿的脐带2周后仍未脱落，要仔细观察脐带的情况，只要没有感染迹象，如没有红肿或化脓，没有大量液体从脐窝中渗出，就不用担心。

新生儿体重下降了是怎么回事

在新生儿出生后的前几天，体重有可能不增反降，这是因为新生儿出生后排出胎便、排尿，损失水分，而此时妈妈奶水较少，新生儿吃得不多，摄入相对较少造成的差距导致的，所以这是正常的。在出生后大约第7天，新生儿吃奶量增加，体重就会开始增加，约到第10天的时候，恢复到出生时的体重，接着就会迅猛增加。

如果过了这个阶段体重仍未增长或再次下降，就要引起注意，检查新生儿是否有消化道疾病或者营养不良。

母乳喂养指导

所有的配方奶都无法与母乳媲美

知识导读： 母乳含有丰富的免疫球蛋白、乳铁蛋白、生长因子等免疫营养成分。从新生儿的免疫系统、消化能力以及生长需要、营养需求等任何一个角度讲，母乳都是新生儿最好的食物，所以要尽量给新生儿喂母乳，尤其是生产以后7天内的初乳一定要喂给新生儿。

很多妈妈放弃母乳喂养，一方面是怕母乳喂养会使乳房下垂或变小。其实，乳房的丰满、坚挺与否，是由个人乳房的支撑组织决定的。它与是否给孩子喂奶，或者给孩子喂了多长时间的奶（1个月、3个月、6个月，还是12个月）都没有关系。有些妇女从来没有给孩子喂过奶，但是，乳房却是扁平的。而有些妇女用自己的乳汁喂大了好几个孩子，但是体形上没有任何改变。有的人反而体形更美了。有两点需要注意，在喂奶阶段和怀孕后期乳房膨大的阶段，哺乳妈妈都应戴一个合体的乳罩，以便把乳房托起。

另一方面是有不少妈妈认为奶粉添加了其他成分等，比母乳更有营养。其实，所有的配方奶都无法与母乳媲美，母乳中含有400多种营养素，这是配方奶粉无论如何都无法实现的。就以下几个方面来说，母乳有无法替代的优点：

1. 增强免疫力。研究表明，与配方奶喂养的婴儿相比，母乳喂养的婴儿中胃肠道感染、呼吸道感染的概率明显要低，同时，过敏（如湿疹、胃肠道过敏、呼吸道过敏、过敏性鼻炎）等相应的发生率比较低。这是因为配方奶粉中的蛋白质80%为酪蛋白，不像母乳中的蛋白质那么容易消化，新生儿的消化能力较差，配方奶喂养更容易发生胃肠道不适。此外，母乳可提供双歧因子，通俗地讲就是双歧杆菌的"食料"。而双歧杆菌则是肠道内的有益菌之一。所以，吃母乳的宝宝较吃配方奶的宝宝不易发生肠道感染，自然免疫力也更强。

2. 智力发育。研究发现，母乳中含有多种促进脑发育的丰富并且比例适宜的营养素，如：牛磺酸、多不饱和脂肪酸、微量元素等。而且母乳这些宝贵的营养成分的吸收率也很高。尽管配方奶中也添加了有利于大脑和眼发育的各种营养素，但比例来源是无法与母乳相媲美的。配方奶粉中添加的营养素也是基于母乳的科研结果。可以说，母乳总是被模仿却不能被超越。

3. 情感交流。母子肌肤接触的交流是用奶瓶人工喂养难以比拟的。实际上母乳喂养能开发宝宝感知、激发其人类独有的感情和高级神经中枢的综合活动，对促进宝宝情感及智力发育的作用不可替代。

喂奶时感觉疼痛是怎么回事

相信对于很多养育过孩子的妈妈来说，给宝宝喂奶应该是育儿过程中最幸福的一件事。然而，有的妈妈却为此痛苦不已，在给宝宝喂奶时总能感觉乳头刺痛，严重时乳头与乳晕接连的地方都裂开了。这是怎么回事呢？那是因为有的妈妈没有采取正确的喂奶姿势，所以才会感觉疼痛。

很多妈妈喂奶时喜欢用手夹着乳头往宝宝嘴里放，这样宝宝可能就只叼着妈妈的乳头在吮吸，这样妈妈当然会感觉疼痛。正确的方法是：把乳房用手呈 C 字形托起，让宝宝含住乳晕。一定要让宝宝含住整个乳晕（用唇部包覆大部分或全部的乳晕），只有这样宝宝的吮吸才不会使妈妈感觉疼痛，更不会造成乳头皲裂。

妈妈乳头皲裂时能喂奶吗

知识导读：乳头皲裂是指妈妈因采取错误的喂奶姿势而导致乳头出现细微裂纹，严重时会出血。任何触碰甚至凉风吹过都会引起钻心的刺痛。

妈妈乳头破裂可继续给新生儿喂奶，为了防止破裂情况加重和减轻喂奶时的疼痛感，妈妈可以在哺乳前先挤出少许乳汁，以湿润破损的乳头，然后再让新生儿吮吸，从而能够减轻疼痛；每次哺乳结束时，要将一滴乳汁涂擦在乳头皮肤上，让其自然干燥，这样有利于皲裂皮肤的愈合。也可以涂抹专用的药膏或哺乳时佩戴乳罩来保护乳头。

如果乳头破损较严重，哺乳时疼痛难忍，应暂时停止用乳头喂奶，但不能断掉母乳，而是应该将乳汁挤出来喂新生儿，直到伤口愈合后再继续母乳喂养。如果乳头一周都没有愈合，妈妈可以去医院看看，在医生的指导下于乳头皲裂处涂抹一些药膏。

新生儿不要强行定时喂养

知识导读：新生儿胃容量小，一次吃不了很多，所以一天要吃很多次，建议妈妈不要强行规定宝宝喂奶间隔的时间，早半个小时或晚半个小时喂都是正常的，原则是：宝宝饿了就喂。

新生儿的胃容量小，每次吃奶不一定能顶 2 ~ 3 小时，按时喂养容易饿着新生儿，因而按需喂养更符合新生儿的生理特点，所以无论是母乳喂养还是奶粉喂养，最好还是按需进行。这样新生儿吃饱喝足，生长更快，心理上也容易满足。

但是，按需喂养时，父母容易犯一个错误就是新生儿一哭就认为是饿了，马上喂。事实上，按需喂养不是一哭就喂，新生儿啼哭的原因有很多，除了饥饿会啼哭，尿布湿了、受到惊吓了、想要人抱了或者想运动运动也都会啼哭，所以父母要学会观察判断，单从哭上不能判断宝宝饿了，还要注意观察宝宝是否有觅乳反射，觅乳反射就是宝宝饿的时候，妈妈将手指放到他的嘴角边，他会把头转向手指并含住手指做出吮吸的动作。如果宝宝在哭的同时有觅乳反射说明宝宝的确饿了，需要喂食。喂食之后若宝宝仍哭闹不止，宝宝可能还有其他不适，妈妈要逐一检查。

母乳喂养的正确姿势

好的哺乳姿势可以使妈妈新生儿都不累，使哺乳成为一件幸福舒适的事，所以妈妈还是要多探索，看哪种姿势最适合自己，能让自己和宝宝最舒服。

一般来讲，哺乳可以坐着也可以躺着，但是躺着时松软的乳房容易堵住新生儿的口鼻，对于还不会躲避危险的新生儿来说有些冒险，所以还是以坐着哺乳为好。

坐着哺乳，妈妈可以选择背有依靠的地方坐好，然后准备一个小凳子用来抬高腿部，这样可以让妈妈身体达到最放松的程度，有利于顺利哺乳。接着，妈妈一只手托住新生儿的屁股，另一只手肘托住新生儿的头颈部，新生儿的身体躺在妈妈的前臂上，新生儿的肚皮和妈妈的肚皮紧贴着，让新生儿的头和身子呈一条直线。然后再将乳头轻轻送入新生儿口中，使新生儿用口含住整个乳头，并用唇部包覆大部分或全部的乳晕。

一次喂多长时间宝宝就吃饱了

如果妈妈乳汁充足，一般新生儿在头两天只吸 2 分钟左右的乳汁就会饱，3 ~ 4 天后可慢慢增加到 20 分钟左右，每侧乳房约吸 10 分钟，妈妈要注意尽量让一侧乳房先吸空，这样有利于增加泌乳，因为老不吸空乳房，乳汁会慢慢减少。

刚出生 10 多天的新生儿在吃奶的前五六分钟时间内就已经吸饱，剩下的时间只是含着乳头玩了，有的干脆就已经睡着，为了能让宝宝把一侧乳房的乳汁吸空，妈妈可轻轻动一下乳房，看宝宝还吸不吸，如果宝宝不吸了，宝宝会松开妈妈的乳头。

妈妈不要攒奶

知识导读： 有些妈妈担心自己的奶水不足，故意不排空乳汁，想把奶水攒到一定量再喂给宝宝吃，这种做法是完全错误的。

首先，奶并不是越攒越多，而是越吸越多的，只要宝宝在吮吸，妈妈就会一直"产奶"，而经常攒奶，反而会因为减少了泌乳刺激而使奶越来越少。

其次，"攒奶"易致乳腺炎。"攒奶"行为会造成乳汁淤积，很容易诱发乳腺炎。乳汁是细菌的良好培养基，当妈妈的乳汁没有及时排空时，通过各种途径乘虚而入的细菌会在乳房这个温室生长繁殖，使乳房发生不良改变——疼痛、发热，甚至出现脓肿，这就是乳腺炎！

有时候妈妈认为没有乳汁，就不让宝宝吸奶，其实乳汁是现产现吃的，即使妈妈感觉乳房很瘪，宝宝也能吸到几口奶。

奶多了要不要挤掉

与奶水不多的妈妈一样，奶水多的妈妈也有烦恼：到底没吃完的奶水是挤掉好还是留着好？挤掉了又怕宝宝下次不够吃，而且每次挤也麻烦；留着又怕时间久了的乳汁不好，或得乳腺炎。剩下的奶水要不要挤掉，妈妈需要根据自身情况处理。一般来说：

当挤奶可以促进乳汁分泌时，应挤出来。如果把宝宝吃剩的乳汁挤出来之后，下次母乳分泌得很充足，就可以在每次吃奶之后把剩余的乳汁挤出来。

➕ 专家这样说

一般来说，经过一段时间的配合，妈妈的供乳量和宝宝的食量会达到一个供需平衡，新手妈妈哺乳间隔不要过长，不要等到宝宝很饿而自己乳房又很涨的情况下再去喂，一般不会有很多剩奶的情况。

当挤奶对乳汁分泌没有帮助时，可不挤。如果吃剩的乳汁不论挤还是不挤，都不会影响下次乳汁的分泌，就没有挤出的必要了。

对于乳汁充足甚至过剩的妈妈而言，如果不挤出来的话，夜里乳房可能会发涨而痛，也容易形成乳腺炎，这时则应该挤出。哺喂自己的宝宝的妈妈如果母乳有富裕，可以冷冻储存，等以后母乳不足时再喂给宝宝，或捐赠给母乳库供给有需要的其他的宝宝们。

两侧乳房需轮换着喂

妈妈给宝宝喂奶时一定要让宝宝将一侧乳房吸空后再换另一侧乳房，待下次哺乳时将两侧乳房的先后顺序调换。如，让宝宝先吮吸左边的乳房，直到左边乳房吸空后（一般来说，一半以上的奶水在开始喂奶的5分钟就吸到了，8～10分钟能吸空一侧乳房）再换右边。下次哺乳就从右边开始喂，让宝宝将右边的乳房吸空后再

换左边。如此轮流哺乳，可以使左、右乳房轮流被吸空，这样可刺激产生更多的奶水。

判断乳房已被吸空的方法是：宝宝吃奶时一般都会产生奶阵，宝宝吃时也会发出咕咚咕咚的声音。一般两三次奶阵后，宝宝吞咽就没那么明显了。奶也就吃得差不多了。还有摸摸乳房软软的，一般就差不多排空了。再者，挤压乳晕处，挤两下就没奶了也代表排空了。

母乳前段奶含乳糖、蛋白质多，后段奶含脂肪多

🔔 **知识导读：** 前段奶指的是每次哺乳先泌出的乳汁，后段奶就是后来泌出的乳汁，前段奶和后段奶在营养价值上有所不同，前段奶含乳糖、蛋白质多，后段奶含脂肪多。只有均衡摄入，宝宝才能长得又快又健康。

有的妈妈觉得前段奶太稀，以为没营养，还占宝宝的胃，于是每次哺乳前都会把奶挤掉一些，之后再喂，让宝宝直接喝后段奶。这种做法是错误的。

前段奶指的是每次喂奶的前部分，主要提供水、乳糖、蛋白质，相当于宝宝的开胃餐，解渴又补充营养的同时还可避免摄入过多的热量。后段奶主要含有丰富且高热量的脂肪，最后一段乳汁的脂肪含量比初段高2～3倍。脂肪有特殊的意义，吃得

不够，宝宝很容易饿，睡眠被频繁打断，妈妈也比较累，吃得太多，消化不好，而且容易肥胖。因此，喂奶的时候让宝宝每次都能吃到前段奶和后段奶，即前面所说让两侧乳房轮流吸空，可保证宝宝摄入均衡的营养。有的妈妈喜欢在哺乳时频繁换边，这边吃两口，又换另一边，这样做的结果是宝宝吃了太多的前段奶，在吃到足够的后段奶之前就吃饱了。也可能因为吃了太多含乳糖高的前段奶而导致大便次数多，大便稀。

双胞胎最好同时哺乳

双胞胎最好同时哺乳，这样有利于他们形成一致的作息规律，妈妈可以轻松一些，当然如果一个新生儿在熟睡，而另一个闹着要吃，也没必要非等睡着的醒来或把他叫醒，慢慢调整即可。两个新生儿也可以喂完一个再喂另一个，这样哺乳时间相对较长，

➕ 专家这样说

双胞胎宝宝出生的时候，可能是一个瘦弱一些，另一个强壮一些，自然而然，妈妈就会给瘦弱的宝宝多一些照顾，多一些优先。要提醒妈妈，最好不要采取这种做法，以免习惯成自然，冷落另一个，这样对宝宝的性格培养很不利。要尽量公平地对待两个宝宝，不要有所偏颇。

如果新生儿吃奶速度较快，倒也比较合适。

每次哺乳，一个新生儿只吸一个乳房，吸左边的就吸左边，吸右边的只吸右边，下一次调换原本吸左边的新生儿吸右边那个，原本吸右边乳房的新生儿吸左边那个，这样可以在质和量上更均衡地摄入母乳，对两个乳房的刺激也比较均衡。

不要让新生儿含着乳头睡

有些妈妈为了哄新生儿睡觉，常常把乳头放在新生儿嘴里，让新生儿边吃奶边睡觉，往往新生儿睡着了，嘴里还含着乳头，这种做法是不恰当的。

1. 新手妈妈乳头皮肤娇嫩、干燥，每天要经受 10 多次新生儿潮湿的口腔吮吸，如此频繁的浸泡和口腔的摩擦易造成乳头皮肤破裂。

2. 这样做很容易让新生儿产生依赖，造成日后断奶困难。

3. 新生儿鼻腔狭窄，睡觉时常常口鼻同时呼吸，含乳头睡觉将有碍口腔呼吸。另外，若母亲睡着了，乳房易把新生儿口鼻同时堵住，会造成新生儿窒息。

4. 长期含空乳头睡觉，可影响新生儿上下颌骨的发育，使口腔变形。

5. 长期含着乳头睡不利于宝宝形成自主入睡的习惯。

所以，如果新生儿吃奶睡着了，妈妈可先用手轻轻捻新生儿的耳垂，

让他醒来再吸一些（新生儿可能没吃饱，只是累了就睡了），如果新生儿实在不愿再多吸，就要及时把乳头抽出。

妈妈在抽出乳头时不能硬拉，应该采取正确的方法从宝宝口中抽出乳头：妈妈可用手指轻轻压一下宝宝的下巴或下嘴唇，这样宝宝就会松开乳头；也可将食指伸进婴儿的嘴角，慢慢地让他把嘴松开，这样再抽出乳头就比较容易了。

新生儿为什么容易呛奶

造成新生儿呛奶的原因有以下几种：

1. 妈妈奶水过多。宝宝总是呛奶可能是妈妈乳汁分泌过多引起的。妈妈若乳汁分泌特别多，特别是奶阵时奶流速度大宝宝可能还会拒绝吃奶，每当给宝宝喂奶时，宝宝就打挺、哭闹，刚把乳头放入宝宝口中，宝宝很快就吐出来，这时妈妈会发现自己的奶水向外喷出，甚至喷宝宝一脸。要减少宝宝因妈妈乳汁分泌过多引起的呛奶，妈妈可采取剪刀式喂奶法：妈妈一手的食指和中指做成剪刀样，夹住乳房，让乳汁慢慢流出。如果这种方法仍然没解决乳冲的现象，妈妈可在乳冲时将乳头拔出，等乳冲过了再喂宝宝。乳汁分泌过多时，妈妈千万不要想办法减少乳汁的分泌量，因为

宝宝以后对乳汁的需求量会越来越大。

2. 喂奶姿势不对。喂奶姿势要"三贴"：嘴及下颌部紧贴妈妈乳房、妈妈与孩子胸贴胸、腹部紧贴腹部。给宝宝喂奶粉时要注意奶嘴孔的大小，以奶瓶倒立时奶滴出来为宜，且要注意不要让奶嘴里留有空气，倾斜奶瓶，使奶嘴中充满奶，这样可以降低宝宝呛奶的概率。

3. 宝宝吃奶时太急。妈妈不要等宝宝很饿了再喂宝宝，否则宝宝一心急猛吃几口就可能会呛到。对于吃奶性急的新生儿，母亲在哺喂时要注意让他先吃几口后，将奶头拔出，稍停片刻再喂。每次喂奶后应竖直抱起拍背，最好打个嗝儿后再放下侧卧，这样既降低吐奶的概率，又可避免万一吐奶吸入气管而发生窒息的可能。

4. 患先天性疾病。宝宝如果出现反复吸呛，要注意有无喉软骨发育不良、腭裂等先天性畸形，最好带宝宝

到医院检查一下。

有时候，妈妈已经特别注意了，宝宝还是会发生呛奶的情况，这时妈妈需正确处理：

如果呛奶程度较轻（宝宝有咳嗽，但是没有面色发紫的表现），将宝宝脸侧向一边，用空掌心拍宝宝的后背。

如果宝宝呛奶的程度较重（有面色发紫的表现），应让其俯卧在大人腿上，上身前倾45°～60°，并用力拍打宝宝背部四五次，利于将气管内的奶引流出来。

如果宝宝没有哭声且面色发紫，提示其情况非常危险，在拨打120求救的时候，要给宝宝做初步的心肺复苏。

新生儿吐奶是怎么回事

小婴儿胃体呈水平位，胃容量小，胃入口处贲门括约肌松弛，而出口处幽门括约肌却相对紧张，进入胃内的奶汁，不易通过紧张的幽门进入肠道，却容易通过松弛的贲门反流回食道，

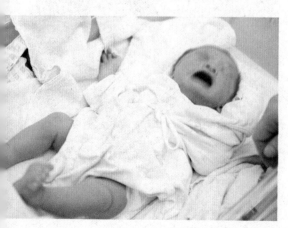

溢入口中，并从小嘴巴里流出来。另外，新生儿消化道神经调节功能尚未发育完善，这也是造成奶汁反流的原因。新生儿吐奶一般是生理性的，不需要治疗，只要注意护理，一般随着月龄的增加，都会慢慢减轻直至消失。

新生儿吐奶的处理办法

1. 若新生儿平躺时发生吐奶，应迅速将新生儿的脸侧向一边，以免吐出物流入咽喉及气管；用手帕、毛巾将吐、溢出的奶水清理，以保证呼吸道的顺畅。

2. 如果发现新生儿憋气不呼吸或脸色变暗时，表示吐出物可能已经进入气管了，应马上使新生儿俯卧在妈妈膝上或硬床上，用力拍打新生儿的背部4～5次，使其能将奶咳出，随后应尽快将新生儿送往医院检查，让医生再做进一步处理或检查。

防止新生儿吐奶的有效方法

1. 喂奶前，先给新生儿更换尿布，喂奶后就不要再换了，以免由于活动引起溢乳。

2. 喂奶姿势要正确。让新生儿的身体保持一定的头高脚低的倾斜度（约45°）可以降低吐奶的概率。使用奶瓶时，要让奶汁充满奶嘴，以免新生儿吸入空气。

3. 如新生儿吃奶急，要适当控制一下；如奶水比较冲，妈妈要用手指轻轻夹住乳晕后部，保证奶水缓缓流出。

4. 喂奶后竖着抱新生儿，轻轻给新生儿拍背，直到打嗝，再缓缓放下。

5. 喂奶后发现新生儿尿了拉了，也不要马上换尿布，待半小时后再轻轻更换。

6. 对于经常吐奶的新生儿，尽量避免仰卧，以避免吐奶后导致吐出的奶呛入呼吸道内。

母乳喂养正常情况下不需要喂水

知识导读： 母乳中 80% 的成分都是水，足以满足新生儿对水分的需求了。尤其是 4 个月以内的宝宝，纯母乳喂养是完全没有问题的，不需要再额外喂水，这一点妈妈们可放心。

小宝宝胃容量小，妈妈如果经常给宝宝喂水，不仅会影响宝宝的吃奶量，还会抑制宝宝的吮吸能力，使他们从妈妈乳房主动吮吸的乳汁量减少，并间接导致母乳分泌量减少，对宝宝的成长是很不利的。而且，母乳可以提供宝宝生长发育所需要的全部营养物质，其中也包括水分。如果过多喂水反而会增加宝宝肾脏的负担。

所以，6 个月以内的宝宝用纯母乳喂养时无特殊情况不要额外喂水。

需要给宝宝喂水的 4 种特殊情况

1. 炎热的夏天，宝宝出汗比较多，而妈妈又不方便给宝宝喂奶时，适当地给宝宝喂一点白开水是十分必要的。

2. 宝宝出现吐奶、腹泻等现象时，为避免发生脱水状况，需要在医生的指导下喂水或口服补液盐，以防脱水或发生电解质紊乱。同时，要注意观察小便量，小便减少要适当喂水。

3. 当宝宝生病发烧时，喂点白开水可以帮助宝宝带走体内多余的热量，有助于降温、退烧。

4. 除了纯母乳喂养的宝宝，人工喂养或混合喂养的宝宝一定要适当地喂一些白开水。宝宝过了 6 个月之后，也要在两餐之间适量补充水分，这不仅对宝宝的健康成长有好处，也是对将来宝宝断奶十分有帮助的。

哺乳妈妈是否需要忌口

母乳喂养期间，可能有很多人告诉妈妈，不能吃凉水果，不能吃青菜，不能吃油腻食物，甚至做菜不能放酱油。这些说法有些有道理，有些则过于小心了。

其实，从营养学来说，妈妈不需限制饮食种类，鸡、鸭、鱼、肉、水果、蔬菜都可以放心大胆地吃。不过，仍然有些食物是不适合哺乳期的妈妈食用的。

哺乳妈妈饮食上需要注意的地方主要有以下几点：

1. 不能吃辛辣的食品。

2. 不能吃未完全煮透的半生食品。

3. 不要吃含有防腐剂的食品或饮料。

4. 特别注意要远离烟酒，咖啡、可乐等饮料也最好不要饮用。

5.妈妈进食某些食物后，宝宝出现不适表现——湿疹、腹泻、便秘、肠胀气等，应停止食用此食物。

另外，哺乳妈妈的饮食既要营养丰富，又不能过于油腻，母乳中脂肪过多也不利于宝宝的消化吸收。哺乳期的妈妈应该多吃些水果，如果是冬季，水果从室外拿进来时太凉，可以在温暖的室内多放一段时间再吃，以免刺激肠胃。夏季哺乳妈妈吃冷饮也应适当有所控制，不可像平时那样随心所欲。

哺乳妈妈最好坚持每天喝牛奶

知识导读：牛奶中钙的含量比较高，一般每100毫升中含钙80～150毫克。如果每天喝两瓶牛奶，就可以获得一天中钙需要量的一半。

让哺乳妈妈坚持每天喝牛奶主要是为了获取更多的钙。钙是一种比较特殊的元素，人体容易缺乏。钙的消化吸收很容易受其他因素的影响，如膳食纤维、草酸、植酸等都会降低其吸收。因此，虽然有些蔬菜中钙含量并不低，却不被人体吸收。而牛奶中的钙则完全不同，它所含有的乳糖、维生素D以及蛋白质等营养素，对钙的吸收都有促进作用，因此牛奶中钙的吸收率比一般食物要高许多。

一般情况下，在哺乳期间，妈妈每天要分泌800～1000毫升的乳汁，按照每100毫升乳汁中含有32～34毫克的钙计算，哺乳期妈妈钙的消耗量要比平时高300毫克，再加上消化吸收以及在人体转运过程中的损耗，妈妈每天膳食中的钙要增加约400毫克，是平时钙供给量的1.5倍，即1200毫克（普通女性每日钙的需要量为800毫克）。

所以，让哺乳期妈妈喝牛奶，就是为了让妈妈能得到充足的钙。可以说，牛奶及各种奶制品是天然食物中钙的最佳来源。

记得给新生儿添加维生素D

知识导读：新生儿从出生的第二周开始，无论是母乳喂养还是人工喂养，都需要添加维生素D。

不管是母乳、牛奶还是一些配方奶粉（维生素A、维生素D强化的除外）中维生素A和维生素D的含量比较少。维生素D可促进钙的吸收，如新生儿体内维生素 D 缺乏，母乳或配方奶中的钙也就吸收不了，只能随大便排出。很多新生儿其实并不缺钙，而是缺少促进钙吸收的维生素 D，所以妈妈要记得给新生儿补充维生素 D。

补充维生素 D 的剂型有单独的维生素 D，也有包含维生素 A 的维生素 AD，不论哪种都可以给宝宝补充维生素 D。而维生素 AD 中维生素 A 的剂量也不会导致维生素 A 过量，家长可以安心给宝宝服用。服用量须按照产品上的说明严格服用，不能认为多吃几滴只有好处没有坏处。过量服用会导致中毒。

配方奶喂养指导

配方奶是母乳喂养失败的无奈选择

🔔 **知识导读：**母乳是新生儿最好的食物，它最能贴合婴幼儿的营养需要，同时也含有配方奶粉所不具备的免疫蛋白和生长因子。然而，由于种种原因，还是会有不少妈妈无法保证一直纯母乳喂养，只能选择婴儿配方奶粉。虽然婴儿配方奶粉能满足 0～6 月龄婴儿生长发育的营养需求，但仍不能与母乳媲美，只能是母乳喂养失败的无奈选择。

很多人认为牛奶是给小牛吃的，人类宝宝吃似乎有些不妥。确实，牛奶是最适合小牛的，母乳才是最适合人类宝宝的，但婴幼儿配方奶粉并不能等同于牛奶。尽管配方奶粉是在牛奶的基础上调配生产的，但它是根据母乳的成分，使用各种原料精心调配出来的，早已跟牛奶有着天壤之别，这也是我们为什么一直强调，对六个月以内的婴儿，若不能母乳喂养，一定要选择婴儿配方奶粉，其他不管是羊奶还是牛奶，都不能直接代替母乳的原因。

母乳中的营养直接来源于母亲平时吃的各种食物，而婴幼儿配方奶粉的主要原料同样来自各种食品。比如其中的乳糖来自牛奶，蛋白质通常来自牛奶或者大豆，脂肪则来自牛奶或

者一些植物油。一部分维生素和矿物质的确来自生物技术或者是化学合成，但也都是食品级纯度的。尽管其中有些矿物质的生物利用率可能不如母乳，但是它们在配方奶粉中的含量也会相应地多一些，从而达到接近于母乳的效果。所以，因各种原因不能母乳喂养的妈妈可以选择配方奶粉喂养宝宝。随着宝宝的成长，为宝宝提供均衡的日常饮食，帮宝宝养成良好的生活习惯，加上理性的教育才是更加重要的。

婴儿配方奶粉的分类

知识导读： 配方奶粉是为了满足婴儿的营养需要，在普通牛奶的基础上加以调配的奶制品。它除去牛奶中不符合婴儿吸收利用的成分，添加了婴儿生长发育所必需的微量元素和维生素，给没有母乳或者母乳不足的婴儿添加配方奶粉成为世界各地普遍采用的做法。

婴儿配方奶粉依其适用对象可分为下列四大类：

普通婴儿配方奶

以牛乳为基础的婴儿配方奶，适用于一般的婴儿。市售婴儿配方奶粉成分大多可符合宝宝需要，但仍有些成分比例不相同。并且按月龄分为不同阶段。

喂养指导：随着宝宝月龄的增加，妈妈应该选择适合宝宝月龄的阶段奶粉。当发现宝宝食用目前配方有不适

时，应咨询医生，并在医生指导下调整配方。

早产儿配方奶

早产儿因未足月出生，消化系统尚未发育成熟，此时仍以母乳最为合适或使用专为早产儿设计的早产儿配方，待早产儿的体重发育至正常才可更换成婴儿配方奶粉，早产儿配方奶的主要成分（如含有更高的热卡，更多的蛋白质及维生素、矿物质等）已经修正为适合早产儿使用。

水解蛋白配方奶粉

此类配方奶中的蛋白质被不同程度地水解，可分为部分水解蛋白配方奶粉和深度水解蛋白配方奶粉，而不含有蛋白或多肽，100% 由氨基酸组成的配方奶粉则为氨基酸配方奶粉。此类奶粉用于预防和治疗牛奶蛋白过敏。当宝宝出现牛奶蛋白质过敏的相关表现时，应及时就诊，在医生的指导下调整喂养配方。

不含乳糖婴儿配方奶

此配方不含乳糖，是针对天生缺乏乳糖酶的宝宝及慢性腹泻导致肠黏膜表层乳糖酶流失的宝宝设计的。宝

宝在拉肚子时间较长时可停用原配方奶粉，直接换成不含乳糖婴儿配方奶粉，待腹泻改善后，若欲换回原奶粉时，仍需以渐进式进行换奶。

配方奶粉选购的技巧

知识导读： 无论什么品牌的奶粉，其基本原料都是牛奶，只是所添加的维生素、矿物质、微量元素的含量有细微的差别，只要是国家批准的正规厂家生产、正规渠道经销且适合自己的宝宝的奶粉，都可以选用。

妈妈在给新生儿选择奶粉时可从以下几个方面入手：

1. 选择规模较大、产品质量和服务质量较好的知名企业的奶粉。规模较大的生产企业技术力量雄厚，产品配方设计较为科学、合理，对原材料的质量把控较严，生产设备先进，企业管理水平较高，产品质量也有所保证。

2. 看营养成分是否齐全，含量是否合理。有些配方奶粉中强化了钙、铁、维生素 D 等营养元素，在调配配方乳时一定要仔细阅读说明，不能随意冲调。新生儿虽有一定的消化能力，但调配过浓会增加他消化的负担，并可能引起新生儿便秘、消化不良、失水等。

3. 看奶粉的配方是否适合宝宝。如宝宝有腹泻、牛奶蛋白过敏等情况，需要在医生的指导下选择无乳糖配方、水解蛋白配方或氨基酸配方。

4. 选择适合宝宝月龄的奶粉。妈妈在给宝宝买奶粉时要看清产品包装上注明的是适用于何种生长阶段的婴幼儿的。0 ~ 6 个月的婴儿可选用 1 段婴儿配方奶粉。6 ~ 12 个月的婴儿可选用 2 段婴儿配方奶粉。12 个月以上至 36 个月的幼儿可选用 3 段婴幼儿配方奶粉、助长奶粉等产品。

怎样判断配方奶粉是否适合宝宝

知识导读： 最好的奶粉，不一定是最贵的，但在营养成分和口味上一定是最接近母乳的。如果宝宝吃后无便秘、无腹泻，体重和身高正常增长，食欲正常，睡眠充足，无皮疹等异常情况，那么这种奶粉就是适合宝宝的。

妈妈给宝宝吃某一个品牌的奶粉后要注意观察以下两点，以确定此品牌奶粉是否适合宝宝：

看便便

宝宝吃了一种配方奶粉，如果能每天顺畅地排便，大便色金黄，糊状或者成形，这就可以确定奶粉是适合的，不需要更换。

如果宝宝便秘了，喂再多水都不能缓解，或者有腹泻现象，吃了较长一段时间都没有好转，就可判定这种奶粉不太适合宝宝，需要更换。

看体重

如果吃了一段时间后，宝宝体重、

身高增加达标，说明这种奶粉非常适合，根本没必要更换。

宝宝之间个体差异较大，所以当妈妈听到别的宝宝吃什么奶粉长得很好或者有其他妈妈给自己建议换别种奶粉，也先别着急，仍然要先看看现在的奶粉是不是适合自己的宝宝再说。

如何为宝宝选择合适的奶瓶

知识导读： 奶瓶是宝宝进食的主要工具，如果选得不适合，宝宝就可能不喜欢喝奶，甚至影响健康，所以奶瓶选择疏忽不得。

市面上奶瓶种类非常多，而且质量也有高低之分，妈妈购买时要看清是否适合自己的宝宝。

婴儿奶瓶：玻璃瓶好还是塑料瓶好

市售奶瓶有玻璃的和塑料的两种。玻璃材质的奶瓶适合不会自抱奶瓶吃奶的婴儿。优点：安全性佳、耐热性佳，且不易刮伤、不易藏污垢、好清洗等。缺点：瓶身较重、易碎，

对宝宝有潜在的危险，而且玻璃奶瓶容易过热，不方便宝宝捧着喝奶，所以适合在家里或医院使用，并由大人喂食。

3 个月后，用塑料奶瓶多一些。要

选择不含双酚 A 和双酚 S 的奶瓶。PPSU 或 PES 材质的奶瓶是较好的选择。塑料奶瓶在用一段时间后可能出现透光度差或可能不易清洗等问题，需要定期换新。

形状不同的婴儿奶瓶适合不同月份的婴儿

圆形奶瓶： 适合 0 ~ 3 个月的宝宝用。这一时期，宝宝吃奶、喝水主要是靠妈妈喂，圆形奶瓶内颈平滑，里面的液体流动顺畅。母乳喂养的宝宝喝水时最好用小号，储存母乳可用大号的。用其他方式喂养的宝宝则应用大号喂奶，让宝宝一次吃饱。

弧形、环形奶瓶： 4 个月以上的宝宝有了强烈的抓握东西的欲望，弧形瓶像一只小哑铃，环形瓶是一个长圆的 "O" 字形，它们都便于宝宝的小手握住，以满足他们自己吃奶的愿望。

带柄小奶瓶： 1 岁左右的宝宝就可以自己抱着奶瓶吃东西了，但又往往抱不稳，这种类似练习杯的奶瓶就是专为他们准备的，两个可移动的把柄便于宝宝用小手握住，还可以根据姿势调整把柄，坐着、躺着都行。

购买奶瓶时的注意事项

1. 透明度要好。在选择奶瓶的时候，家长首先得看看奶瓶的透明度如何。一般好的奶瓶透明度很好，能够很清楚地看到奶的容量和状态。

2. 材质。可选择玻璃奶瓶或不含

双酚 A 和双酚 S 的塑料奶瓶。

3.造型。奶瓶的瓶身最好不要有太多图案和色彩，以简单为原则。

如何为宝宝选择合适的奶嘴

选购奶嘴，主要看奶嘴的软硬程度和奶孔的大小。首先软硬要适中，太硬吸不动，太软容易因粘连而堵塞出奶孔。

奶嘴的规格

挑选奶嘴之前，首先要认识奶瓶用奶嘴的规格和种类。奶瓶用奶嘴依照"奶洞的大小"，一般分 S、M、L 三个规格。S 号：适合 0 ~ 3 个月内的宝宝；M 号：适合 3 ~ 6 个月内的宝宝；L 号：适合 6 个月以上的宝宝。现在也有专门为早产宝宝设计的奶嘴，可以满足早产宝宝的吸吮力比较弱的需求，可在医生指导下选购。

此外，奶嘴洞的设计还有所不同，如圆孔、"十"字孔、"Y"字孔。圆孔：比较常用的设计。即使宝宝只是含住奶嘴而没有吮吸，奶嘴还是会慢慢滴出奶水。通常建议给吮吸动作较

差的宝宝使用这种奶嘴。"十"字孔、"Y"字孔：这两种奶嘴可以借由宝宝吮吸的力道来控制流出多少奶量。如果宝宝没有做吮吸动作，奶水就不会自动流出。适合 3 个月以上的宝宝使用。

奶嘴要经常更换

无论什么样的奶嘴，都需要经常更换，一般不出 2 个月，就要换一个新的，以免奶嘴老化、破裂，碎块被新生儿吸到气管，发生危险，所以可以多准备一些。

冲调配方奶粉应按照说明进行

冲调奶粉就是奶粉加水摇匀，看似很简单，但妈妈必须按照说明进行，不能想当然地以为只要能冲成牛奶状就可以了，特别要注意以下几点：

尽量现配现用

奶粉尽量现配现用。配好后如果没有一次吃完，在室温下不要存放超过 2 小时。因为吃剩的奶粉可能已含有宝宝的唾液，很容易滋生细菌，也

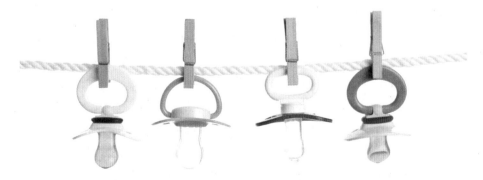

不建议放在冰箱中储存。配好的奶粉不要用微波炉加热，以免局部过热的奶水烫伤婴儿口腔。

先放适量的水再按比例加入奶粉

有的妈妈在冲调奶粉的时候先在奶瓶里放好一定量的奶粉，然后再加入定量水，其实这样的操作方法正好与正确的冲调顺序相反。

正确的方法是，在给宝宝冲奶粉时一定要先配好水，在水温水量合适的时候加入奶粉，这样配方奶粉可以充分地溶解在水里。

注意水温，不能用开水冲

有的妈妈在冲调奶粉时会用开水，这会破坏奶粉的营养成分，是错误的冲调方法。最好是看说明进行，不同品牌的配方奶粉对水温有不同的要求，有的要求70℃，低于该温度，营养物质不能充分溶解，有的则要求50℃，高于此温度，营养物质会被破坏，也要严格按照产品说明操作。

掌握好量，不能太稀或太浓

说明中说的1勺奶粉指的是其中附带的奶粉勺自然挖1平勺的量，不是尖尖的1勺，也不是紧紧实实的1勺，否则冲调出的奶粉就过于浓稠了，会增加宝宝的消化压力，造成上火、便秘、肥胖等麻烦。

此外，有的妈妈看宝宝吃奶量较少，担心宝宝长得慢，于是会少放些水，多放些奶粉，这种方法是不可取

的。妈妈给宝宝冲调奶粉一定要按说明进行，多少毫升水配几勺奶粉必须严格执行。奶粉过于稀薄会导致宝宝营养不良发育滞后；奶粉过于浓稠会导致宝宝消化不良而腹泻。

充分摇匀

冲调奶粉要尽量摇匀，使奶粉充分溶解，注意不要上下摇，要左右摇，否则会不匀，而且伴有奶块，同时不要摇得太用力，避免有泡沫出来。

每次喝完奶马上将奶瓶奶嘴洗净

许多妈妈不明白为什么喝奶粉的宝宝爱闹肚子，其中，奶具的清洁是关键，新生儿的免疫系统不完善，抗病菌能力较差，很容易被感染，而喂奶的餐具经常残留奶液，奶液是营养非常丰富的物质，容易滋生细菌。

妈妈每次给宝宝喂完奶都要立即将奶瓶清洗干净，除了奶瓶内部，瓶颈和螺旋处也要仔细清洗。清洗奶嘴时要先把奶嘴翻过来，用奶嘴刷仔细刷干净。如果奶嘴上有凝固的奶渍，

则可以先用热水泡一会儿，待奶渍变软后再用奶嘴刷刷掉。靠近奶嘴孔的地方比较薄，清洗时动作要轻，注意不要使其裂开。

此外，奶具还需定期消毒，但不必每次用完都消毒，可每天消毒1次，可以放在普通的锅里用开水煮，或应用专用的奶瓶消毒锅。

专家这样说

奶瓶消毒后，不要放在桌子上晾干，也不可以用纸巾或者抹布擦拭，应该放在厨房纸巾上晾干。而且奶瓶消毒完以后要用奶瓶夹来取奶瓶，不要直接用手去触摸。

配方奶喂奶粉量怎么确定

当然，和成人的食量有大有小一样，不同的宝宝每次吃奶的量也可能有所差异，奶粉包装上的说明所提供的量只是一个平均参考值，新手妈妈要根据自己的宝宝具体情况进行调整。一般而言，只要宝宝吃奶后可以坚持到2～4小时后才要吃下一顿，宝宝睡眠正常，大便正常，体重增加稳定，就说明宝宝目前吃奶量正常，爸爸妈妈就不必担心。

注意奶瓶喂奶的姿势

知识导读： 和母乳喂养一样，人工喂养也需注意姿势。姿势不对容易造成宝宝呛奶、吐奶。

在喂奶前，妈妈应将奶瓶中的奶水向手腕内侧的皮肤上滴几滴，检查一下奶的温度。牛奶不宜过热，也不宜过冷。然后应该提前检查好奶的流速。把奶瓶的盖子略微松开，让空气能够进入瓶内，以补充吸出奶后的空间。如果不这样做，在瓶内便会形成负压，使瓶子呈扁形，而且宝宝吮吸非常费力。这时宝宝可能会发脾气、生气或者不想再接着吃剩下的牛奶。出现这种情况时，可以轻轻地把奶嘴从宝宝的嘴里拉出让空气进入瓶内，然后接着喂奶。

奶瓶喂奶时，让奶瓶与宝宝的脸呈直角，让奶嘴被奶液充满，这样宝宝在吮吸的时候就不会吸太多空气到胃里而引发呛奶或吐奶。

妈妈不要让宝宝自己躺在床上喝，即使宝宝已经长到可以自己抱着奶瓶喝奶的程度，只要宝宝愿意，还是将宝宝抱着喂比较好，这样有利于新生儿吞咽，也有助于建立亲子感情。

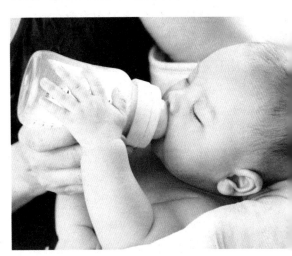

吃过奶后，妈妈要轻轻而果断地移去奶瓶，以防宝宝吸入空气，这时宝宝也会放开奶瓶。如果宝宝不放开，可以轻轻地把你的小手指塞到宝宝的嘴角，使宝宝放开奶瓶。

奶粉的保存方法

知识导读： 奶粉应储存在干燥通风的地方，相对湿度不高于 70% ~ 75%，温度不高于 15℃。如需要长期储藏，温度应在 4 ~ 5℃ 为宜，以防脂肪氧化，产生哈喇味或变苦。而且，奶粉应放在清洁无污染的地方，不要和易污染的物品放在一起。

一般未开封的奶粉好保存，已经开封的奶粉不注意保存方法很容易过期浪费。对于已开封的奶粉的保存方法如下：

1.当奶粉罐被打开，请储存在阴凉、干燥的地方。

2.罐装奶粉，每次开罐使用后务必盖紧塑料盖。如果每次取完把铁罐盖好，反过来扣着，奶粉会把盖口封住，能保存很长时间。

3.袋装奶粉每次使用后要扎紧袋口，常温保存。为便于保存和取用，袋装奶粉开封后，最好存放于洁净的奶粉罐内，奶粉罐使用前用清洁、干燥的棉巾擦拭，勿用水洗，以免生锈。如果使用玻璃容器盛装，最好是有色玻璃，切忌透明瓶子。因为奶粉要避光保存，光线会破坏奶粉中的维生素等营养成分。

4.有一个容易被忽略的细节，就是舀奶粉的小勺在往奶瓶中倒奶粉的时候，奶瓶中的热水会在小勺底部结出水汽，这些水汽累积多了，也会增加奶粉中的湿度，从而引起干结、变质，所以小勺用过之后，应该擦干再放入奶粉中。

5.大多数婴幼儿配方奶粉包装上都有明确规定，奶粉开封后 1 个月内用完。开封后，超过 1 个月，应丢弃不用。值得提醒的是，奶粉包装上的保质日期是在未开封和合适的保存条件下的日期。一旦开封后，就不能采用这个日期。

6.不要用冰箱保存。冰箱是密闭低温潮湿的小环境，而奶粉是极容易

吸潮的。奶粉在冰箱中长期保存时，极容易受潮、结块、变质，从而影响饮用效果。为此建议在开袋后最好用细绳把口扎紧，放置在室内通风、干燥、阳光照射不到的地方保存。只有液体状奶粉水或预混合的液体奶粉才可以储存在冰箱里。

7.罐装的奶粉可以放进几块方糖，因为方糖具有吸收湿气的效果。

宝宝洗护指导

抱起、放下新生儿有讲究

知识导读： 新生儿在8周以前，不能控制头和肌肉，因此家人搬动新生儿时，要一直扶着新生儿身体，使新生儿的头不奔拉下来，四肢不垂着。

抱小婴儿的姿势

1～2个月的婴儿主要采取平抱法，也可采用角度较小的斜抱。

平抱方法：一只手轻轻放在新生儿的腰部和臀部，另一只手轻轻放到头颈下方，慢慢地抱起新生儿。将新生儿头部慢慢移向臂弯，使新生儿斜躺在大人的怀里，则为斜抱。

无论是平抱还是斜抱，大人的一只手均要托住新生儿的头部，另一只手则托住新生儿的臀部和腰部，易吐奶的新生儿适合采用斜抱法。

3个月的婴儿主要采取斜抱法或直立抱法。

大一点儿的婴儿能控制自己的脑袋，斜抱时倾斜的角度可比之前稍大些，直立抱时可采取朝前或朝后两种方式：

朝前：婴儿背朝成人，坐在成人的一只前臂上，成人的另一只手护住婴儿的胸部，让婴儿的头和背贴靠在成人的前胸。

朝后：婴儿面朝成人，坐在成人的一只前臂上，成人的另一只手托住婴儿的头颈、背部，让婴儿的胸部紧贴在成人的前胸和肩部。

宝宝再大一点儿后能够挺直身体时，可以直接把双手放在孩子的腋下抱起来，然后放到肘弯内，或靠在大人的肩上；还可以把宝宝放在膝上，一只手横在宝宝身后。

放下婴儿的姿势

放下婴儿时必须用整只手臂的力量去支持婴儿的脊骨、颈部和头部，直到婴儿的重量完全落到床面上，再抽出放在婴儿头下的手，慢慢将婴儿的头放平在床垫上。

宝宝大一点儿后可以采用抱起的

方法放下；也可以一只手护着宝宝的后背，另一只手扶着臀部放下；若是放到高椅上，可以双手扶住宝宝的腋下，让双腿自然下垂，落下时要轻缓。

新生儿不宜久抱

家人不要长时间将新生儿抱在手里，不管醒着还是睡着的。适当抱新生儿是建立亲子感情的第一步，但是如果久抱，就有悖于新生儿的生长发育规律，不利于新生儿的生长发育了，尤其是睡觉的时候，比起抱着，躺着睡更有利于睡眠质量和生长发育。

不能久抱新生儿，也不能把新生儿扔在一边完全不抱，刚从子宫出来的新生儿，来到一个陌生的世界，爸爸妈妈充满爱意的拥抱会让他感觉到温暖和安全。新生儿被抱起时视线开阔，会接受更多的环境刺激，有利于大脑发育。

值得借鉴的宝宝衣服选购经验

知识导读：宝宝衣服的选购真的有很多值得借鉴的经验，好的经验可以帮助妈妈省下不少钱，更重要的是对宝宝的健康更有利。

下面推荐一些值得借鉴的宝宝衣服选购经验：

新生儿衣服宜多，宜稍大

新生宝宝往往一天内需要换多套衣服，所以一定要准备足够，但宝宝长得快，因此衣服也一定不要太小，一件衣服至少应保证能让宝宝穿两个月，实际上略大一些的衣物更适应宝宝的生长需求。

一般来说，宝宝前3个月长得最快，大约每个月长5厘米，以后每个月长2厘米左右，婴儿的衣服也多以3个月为一个档，可以根据码数买大一码的，也可以根据月份选择，还可以根据宝宝身体长度选择。

纯棉、浅色衣服适合新生儿

纯棉材质触感柔软，保暖性、通透性都较好，更适合新生儿，所以给新生儿选衣服最好都是纯棉材质的，这样对新生儿皮肤的刺激性小，而且纯棉材质的衣服更容易清洗。

在颜色方面，颜色越深，其中的化学成分越复杂，含量越大，而且越容易脱色；颜色越浅，越不容易脱色，对皮肤的刺激也越小。另外，新生儿稍微大些，就会常常把衣服角塞到嘴里吃，浅颜色衣服也可以避免新生儿因为吃衣服而把染料吃入肚里的问题。所以给新生儿选衣服，尽量选择浅色如白色、浅粉、浅蓝、浅黄等。还有浅颜色衣服一旦弄脏，更容易发现，更有利于及时清洗。

样式最好是前开口、系带型

新生儿的衣服最好是前开口、系带型，方便穿脱，要避免套头款式的衣服。

具体样式建议：

	0～3个月	3个月以后
上衣	以和尚服样式为最好，方便更换	前开扣的上衣较实用，便于活动
裤子	基本不需要穿裤子，用包被较好；用纸尿裤或者睡觉时可穿爬行服，避免着凉	开档连体服、背带裤，小便规律后更适合

新生儿衣服清洗要点

给新生儿洗衣服不要随便应付，要注意以下几点：

1. 新衣服穿之前要洗。制成一件衣服，要经过很多道工序，经过很多人的手，已经携带细菌，而且衣服为了看上去颜色更鲜亮，可能会加入苯或者荧光剂，为避免衣服刺激宝宝皮肤和被宝宝吃到嘴里，穿之前一定要清洗。

2. 新生儿的衣服与成人衣服分开洗。成人活动范围广，衣物上的细菌也多，妈妈不要把新生儿的衣服与成人的衣服一起洗，以免被细菌感染。新生儿的衣服最好用单独的盆手洗，因为洗衣机内部本身就容易滋生细菌。如果用洗衣机清洗，一定要注意定期清理洗衣机。

3. 用洗衣液或者中性肥皂洗。洗衣粉含有磷、苯、铅等有害物质，而且洗后不容易冲洗干净，残留可能较大，还会破坏衣服纤维，使柔软的衣服变得粗糙、干硬。所以不要用洗衣粉洗新生儿的衣服。

4. 给新生儿洗衣服不要用漂白剂。漂白剂对皮肤的刺激性较大，很容易引起湿疹、发痒等。

专家这样说

新生儿的新陈代谢速度快，汗特别多，也可能有溢奶、吐奶，衣服容易脏，所以要勤换洗，尤其是内衣更是如此。如果是冬天可以2～3天换一次，如果是夏天，一天最少需要换一次。

新生儿多久洗一次澡最好

知识导读： 洗澡可以促进血液循环，增强人体免疫能力，新生儿最好可以每天都洗澡。

从医学角度讲，最好是可以每天给新生儿洗澡，但有时由于条件有限，室内温度无法控制在新生儿所能承受的范围，稍有疏忽，新生儿就生病了，特别是在寒冷的冬天。所以，给新生儿洗澡的间隔时间应根据气候来定。

夏天的时候，因为周围环境温度较高，妈妈可以一天给新生儿洗两次澡。春、秋或寒冷的冬天，由于环境温度较低，如家庭有条件使室温保持在24～26℃，也可每天洗一次澡，但是如果不能保证室温，最好每周洗1～2次澡。

固定时间给新生儿洗澡

知识导读： 固定时间给新生儿洗澡，新生儿能够建立起条件反射，更容易适应，所以洗澡时间不要经常变化。

5.洗净污渍后要多次漂清。污渍洗净，只是进行了第一步，接下来的漂洗才是重头戏，应该用清水漂洗2～3次，直到水清为止。否则残留在衣服上的化学品比污渍的危害更大。

6.阳光下晾晒很重要。只要天气许可，洗过的衣服都应该放在阳光下晾晒干。

妈妈最好选择在每天晚上睡觉前给新生儿洗澡。洗澡后，新生儿往往感觉非常舒适，加上劳累，很快就能入睡，这也可以帮助新生儿建立起良好的睡眠习惯。如果每天洗两次澡，另一次可以安排在上午十点左右，这时候温暖舒适、阳光充足，可以在房间里洗，让新生儿充分放松下来。

妈妈不要在新生儿吃奶前或者刚吃完奶后洗澡，吃奶前新生儿处于饥饿状态，容易烦躁，而且洗澡体力消耗较大，会让新生儿感觉不适；吃奶后洗澡则很容易导致新生儿吐奶。正常情况下，都要等到吃完奶一个小时后再洗澡，也就是把洗澡时间安排在两次吃奶之间。

给新生儿洗澡的步骤

对于新手爸妈来说给新生儿洗澡是一件大事，不过只要胆大心细，按照下面的步骤和要点一步一步来，就一定可以做好。

1. 先把房间温度调好，最好在24～26℃，然后放洗澡水。新生儿最好用凉温的开水，稍大些就可以用热水加冷水的方法勾兑，待水温调至38℃左右，就可以着手洗澡。

2. 帮新生儿脱掉衣服，然后用浴巾包住。洗澡脱衣服时，最后脱掉袜子，新生儿的小脚丫很容易受凉。容易受凉而导致生病的部位有后背、脚丫、肚脐。新手妈妈护理新生儿时要特别注意这三个地方。

3. 妈妈将新生儿抱起，让他平躺在自己怀里，手护着他的头颈。先洗头部，用水淋湿新生儿的头发，用清水洗净，擦干，然后洗脸，先洗眼睛，毛巾角沾水后由内眼角向外眼角的方向擦洗，把眼角的分泌物向远离眼睛的方向带离，然后换一个毛巾角擦另一只眼睛；再换毛巾角洗脸部，由脸的中央向两侧耳朵方向擦洗。注意在洗头洗脸的时候不要让水流到耳朵和眼睛里。

4. 接下来洗身体，先洗上半身，洗完上半身，换条毛巾洗下半身，洗完一段就用浴巾包裹一段保暖。腋窝、皮肤褶皱等地方不要漏洗。洗下半身的时候，先洗阴部，不论男女宝宝都要从前向后擦洗，最后洗干净新生儿的腿脚。注意：新生儿最好不要用沐浴露，如果觉得洗不干净实在想用，一定要用婴儿专用沐浴露，也不需要每次洗澡都使用，3 次洗澡用 1 次沐浴露即可。

5. 洗澡的时候要特别关注脐带残留物，最好是能不碰水就不碰水，只需在每次洗完澡后用碘酒擦拭脐带内外，给脐带充分消毒。

新生儿囟门要不要洗

新生儿囟门若长时间不清洗，会堆积污垢，这很容易引起新生儿头皮感染。

囟门的清洗方法

1. 囟门的清洗可在洗澡时进行，直接用清水洗即可，如果洗不干净，可用新生儿专用洗发液而不宜用强碱肥皂，以免刺激头皮诱发湿疹或加重湿疹。

2. 清洗时手指应平置在囟门处轻轻地揉洗，不应强力按压或强力搔抓，更不能以硬物在囟门处刮划。

3. 如果囟门处有污垢不易洗掉，可以先用麻油蒸熟后润湿浸透2～3小时，待这些污垢变软后再用无菌棉球按照头发的生长方向擦掉。

专家这样说

囟门是人体生理过程中的正常现象，用手触摸前囟门时有时会触及如脉搏一样的搏动感，这是由于皮下血管搏动引起的，未触到搏动也是正常的。

洗澡后不要马上喂奶

洗澡时，新生儿外周血管扩张，内脏血液供应相对减少，这时马上喂奶，会使血液马上向胃肠道转移，使皮肤血液减少，皮肤温度下降，新生儿会有冷感，而消化道也不能马上有充足的血液供应，会因此影响消化功能。最好洗澡后等10分钟再开始喂奶。

有以下情况的不宜给新生儿洗澡

正常情况下，新生儿应该每天都洗一次澡，炎热的夏天可以一天洗2～3次，但是有的情况不适宜洗澡，以免引起不适或造成感染。

1. 打预防针后24小时内不要给新生儿洗澡。打针后留下一个针眼，如果洗澡针眼会被污水污染，容易引起感染。

2. 新生儿皮肤有损伤如皮肤感染、水疱、溃烂及严重湿疹时不宜洗澡，一方面洗澡有可能引起感染，另一方面洗澡会使皮肤的创面扩大，不利于愈合。损伤以外的部分可以擦洗。

3. 新生儿身体不舒服时，不要洗澡。发烧或退烧不出48小时不要给新生儿洗澡，那样有可能引起再次发热。最好等到退热后48小时后再洗澡。另外，如果新生儿频繁呕吐，也不能洗澡，洗澡的动作会给新生儿肠胃较大刺激，加重呕吐情形。还有在新生儿病情较严重、精神不济的时候，也不适合洗澡，洗澡本来是一个比较耗费精力的事，会让新生儿承受不了。

如果新生儿只是轻微的感冒，不

用停止洗澡，这时候洗澡反而有助于促进感冒痊愈，因为洗澡可以促进血液循环，增强抗病力。不过，一定要注意做好保温工作，并尽量缩短洗澡时间。

新生儿能不能吹风扇和空调

一般来说，如果不是太热，是不建议新生儿用空调或电风扇来降温的，而应多通风，更新室内空气。但如果天气很热而且新生儿很怕热、爱出汗，甚至已经出现了热痱子，还是有必要使用风扇或空调来降降温的，否则会影响新生儿的食欲和睡眠，严重的可能导致中暑。

其实，不管是风扇还是空调，只要不直接对着新生儿吹，就不会使新生儿着凉。给新生儿使用电风扇时，可把电风扇安置在离新生儿远一些的地方，并定时变换一下电风扇吹的方向，这样室内空气流通，室温降低的同时，又不会使新生儿受凉。而使用空调时，空调的温度调到以大人不感

觉很热为宜。如果新生儿出汗了，在开空调前先给新生儿擦干身上的汗，最好洗个温水澡并擦干。开空调后房间会比较干燥，建议买个加湿器。

注意，不要让新生儿整天都待在空调房间里，每天清晨和黄昏室外温度不是很高时，应带新生儿到阳台上活动，可让新生儿呼吸新鲜空气，进行日光浴，加强身体的适应能力。同时，把房间的门窗都打开，通通风，每次至少 20 分钟。

新生儿口腔不需要特别清洁

有的妈妈会定期给新生儿清洁口腔，其实新生儿口腔一般不需要特别清洁，首先，新生儿口腔黏膜很薄、很脆弱，如果用纱布擦拭很容易擦破，即使再怎么小心、动作轻微都有可能；另外，如果妈妈的手或者纱布不够干净，清洁口腔的行为反而容易造成口腔黏膜感染、发生鹅口疮等，给新生儿增加额外的痛苦。

新生儿总打嗝儿有什么好的止嗝儿法

知识导读： 新生儿打嗝儿是极为常见的现象，不是病。新生儿为什么容易打嗝儿的原因还不是很清楚，目前认为是由于小儿神经系统发育不完善，导致膈肌痉挛，所以打嗝儿的次数会比成年人多。

宝宝打嗝儿看起来很不舒服，而

且每次打嗝儿时间基本超过一分钟，要想使宝宝停止打嗝儿，妈妈可试试用中指弹击宝宝足底，使宝宝大哭几声，宝宝就能停止打嗝儿了。如果没有停止，可再来一次。注意，一定要让他哭出声来，并多哭几声，妈妈不要心疼，宝宝哭上几声，比持续打嗝儿要好受得多。新生儿的哭，有利于锻炼身体，并无害处。

或者，妈妈可将不停打嗝儿的宝宝抱起来，把食指尖放在宝宝的嘴边，待宝宝发出哭声后，打嗝儿的现象就会自然消失，因为嘴边的神经比较敏感，挠痒即可放松宝宝嘴边的神经，打嗝也就会消失了。还有转移注意力可使宝宝停止打嗝儿，可试试给宝宝听音乐，或在宝宝打嗝儿时不住地逗引他。

宝宝大小便管理

什么样的大便是不正常的

知识导读： 正常母乳喂养的新生儿大便呈金黄色糊状，奶粉喂养的新生儿大便呈淡黄色，可成形。新生儿大便稍微有些改变，颜色或深或浅，状态或稠或稀都没有很大问题，不需要忧虑，但当新生儿的大便出现了较大的形态或次数上的改变就一定要警惕了，这可能是某些疾病的警示信号。

一般来说，若新生儿的大便只是出现了稍微的改变，如拉稀便，大便次数稍有增多，可能是新生儿消化不良，可以观察宝宝的大便变化趋势，如果只能暂时的改变，一般不需要特殊处理。

如果新生儿只是消化不良问题倒不大，若新生儿大便出现以下几种异常情况，妈妈需引起重视：

1. 如果大便颜色灰白，同时白眼球和皮肤呈现黄色，有可能是胆道梗阻、胆汁黏稠或者肝炎的征兆。

2. 如果大便呈现柏油样的黑色，可能消化道有出血的情况。

3. 如果大便带有红血丝，可能是牛奶蛋白过敏或肛周有破损。

4. 如果大便呈赤豆汤样，可能是出血性小肠炎。如果新生儿哭闹不止，一定及时就医。

5. 大便有黏液，呈鼻涕状，并且带血，可能有肠炎或食物过敏。

新生儿有以上大便异常时，一定要及时就医。

新生儿一吃就拉是母乳性腹泻吗

知识导读： 由于新生儿肠道功能发育不完善，肠道极易被激惹，宝宝的吮吸动作和吸进的奶液，都可能成为刺激源，刺激肠道蠕动加强、加快，结果就是"一吃就拉"。新生儿一吃就拉是正常的。

有些新生儿的确是吃完就拉，而有些新生儿3天才拉一次，这两种情况都正常。母乳喂养的新生儿和吃配方奶粉的新生儿排便习惯不同，但可能都会出现这种一吃就拉的现象，不过母乳喂养的新生儿出现一吃就拉的现象更多。若新生儿精神状态好，大便没有什么异常，体重正常增加，一天多拉几次或一吃就拉都是正常的，妈妈不要太担心，新生儿吃饱了才会有便便，这说明母乳很充足。

母乳性腹泻的症状

若妈妈发现新生儿一天的大便次数达到3～7次，大便呈淡绿色、泡沫稀水状，便便上有泡沫和奶瓣，还散发着酸臭味，有时候还带有条状的透明黏液；腹泻时没有发热，新生儿没有明显的痛苦与哭闹，大便化验没有感染方面的异常，腹泻程度一般，没有其他症状；新生儿精神活泼，食欲良好；虽腹泻病程较长，但体重增长每10天在300克左右；这就是母乳性腹泻，也称生理性腹泻。母乳性腹泻并非疾病，但如果腹泻时间长则有可能导致生长停滞、营养不良等严重后果，需要及时治疗。

母乳性腹泻无须断奶

比较轻的生理性腹泻无须治疗，也无须断奶，会随着宝宝长大（经过三四个月的时间）而自愈。有时候新生儿腹泻是偶尔情况，往往是由于妈妈的饮食改变而引起的，如果母亲吃得太过油腻，新生儿摄入脂肪量过高，也会拉肚子，大便呈油性。妈妈注意喝汤的时候把上面的油用勺子捞出去除。

对于严重的腹泻（每天大便20次左右，且宝宝精神不佳），应该及时带宝宝看医生。

每次大便后要清洗小屁屁

知识导读： 新生儿的皮肤很细嫩，加上新生儿大便都比较稀，拉在尿布或纸尿裤上会弄一屁股尼尼，不及时清洗容易造成感染，所以妈妈应在新生儿每次大便之后都用清水清洗宝宝臀部和外阴，将大便处理干净后用清水擦洗即可。如果外出没有水源时可用湿纸巾为宝宝清理。

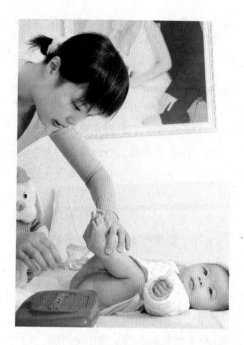

妈妈一旦发现宝宝拉了大便就要马上给宝宝清洗小屁屁，擦洗时要注意顺序，无论是女宝宝还是男宝宝都应该从前向后擦洗，先洗外阴，然后才洗臀部，这样做可以避免将脏污带到阴部引起尿路感染。擦洗干净后用干净的纸巾或毛巾从前向后揩干净水渍即可。小便之后无须每次都用水清洗，只要揩干净尿液就行了。清洗和擦干的动作要轻柔，尤其是擦干的时候，最好是用拍打毛巾或纸巾的方式将水吸干。擦干皮肤后再涂上薄薄的护臀霜。

使用尿布注意事项

虽然现在纸尿裤的使用已经很普遍了，但是还是有些家庭觉得给宝宝用尿布比较好，也不会有太大的开销，但是新生儿使用尿布要注意一些特别事项。

尿布最好选择颜色浅、纯棉的

新生儿每周大约需使用80块尿布，所以父母需要多准备一些。尿布可以购买成品，选择纯棉材料、吸水性好、手感柔软的产品，另外颜色要浅，白色、浅粉、浅蓝色等都可以，避免深蓝、紫等颜色。深色的尿布不但不容易观察新生儿的尿便，而且还会掉色。也可以购买符合要求的棉布自己裁制，裁的时候要注意长短合适，一般裁成75厘米见方的方块即可。新尿布使用之前要先用开水煮沸10分钟消毒，晾干后将方块折成三角形或者长方形即可使用。

尿布要勤换

勤换尿布是使用尿布的第一守则，也是最重要的守则。如果没有勤换尿布，那么脏东西包久了就很容易滋生细菌，会刺激阴部，很容易引发尿布疹，特别是女宝宝。女宝宝的私处更是要注重清洁，只要勤换尿布就能保持宝宝私处的干净健康。

包尿布的正确方法

将尿布整理好，折成长条状，一端置于新生儿臀下低于腰部的地方，另一端折过来覆盖在小腹上低于脐带的部位。尿布也可折成三角形，如果是男宝宝，把宽的一头垫在臀下，窄的一头覆盖在小腹上。

另外，使用尿布时还要注意以下几个问题：

1. 不要把尿布放到宝宝腹部。尿布的温度，远远低于宝宝腹部皮肤温度。新生儿一天更换十几次尿布，如果每次都把尿布放在宝宝的腹部，那么宝宝每天要暖十几块尿布，腹部受凉的程度可想而知。因此不要把尿布兜到腹部。

2. 不要用刚暴晒过的尿布。夏季气候炎热，空气湿度大，给宝宝换尿布时不要直接取刚刚暴晒的尿布使用，应待其凉透后再用，从防止发生尿布疹的目的出发，应该增加不裹尿布的时间。

3. 不用火炉烘干尿布。冬季气候寒冷，为宝宝换尿布时应用热水袋将尿布烘暖，也可放在大人的棉衣内焐热再用，使宝宝在换尿布时感到舒服。不要用烘干的尿布，防止宝宝臀部红肿。

尿湿了等宝宝醒了再换

有的妈妈怕宝宝包着湿尿布不舒服，不管什么时候，只要宝宝尿湿了就会马上给宝宝换掉。正常情况下，是湿了就换，这样能让新生儿更舒服。但是宝宝睡眠时尿湿了不用更换尿布，而是应该等宝宝醒了再换，以免影响新生儿建立正常睡眠周期，如果宝宝感觉不适会自然醒来。

另外，新生儿可能会在喂奶时或

喂奶后马上大小便，如果宝宝没有吐奶的现象，妈妈可以帮其更换尿布，如果宝宝有吐奶现象，最好先竖着将宝宝抱起，拍拍后背，待宝宝打饱嗝后再轻轻给宝宝换尿布。对于经常吃完奶就尿的新生儿，可以在吃奶前换一块干净的，尿后不用立刻换，等20～30分钟后再换即可。但如果是大便则必须及时更换。

通常情况下，早晨醒来、睡觉前和洗澡后都更换干净尿布是必需的。

使用纸尿裤（片）的注意事项

🔔知识导读： 宝宝每次大便后，妈妈都要用婴儿护肤柔湿巾为宝宝擦拭干净小屁屁和皮肤褶皱处，或用清水洗涤局部，然后用干布或软布轻轻抹干，涂好护臀霜，再换上干净的纸尿裤（片）。

婴儿的皮肤很嫩，因此对于纸尿裤（片）的挑选，父母应多花一些心思，尽量从正规商场、超市购买。妈妈在给宝宝购买纸尿裤（片）时，还需要注意：秋冬季节使用的纸尿裤（片）应是加厚、吸水性强的，而春夏季则不能只注重厚度和吸水强度，应多选择轻薄透气的。

此外，妈妈在使用过程中需要注意几个问题，以免引起宝宝的不适。

勤换纸尿裤（片）

妈妈要勤给宝宝换纸尿裤（片），特别在使用初期，无论宝宝有无尿尿，每隔2～3小时都要换1次。随着宝宝的不断成长，纸尿裤（片）的更换次数会逐渐减少，开始时平均每天是10次，逐渐减少到6次。如果宝宝有大便拉在尿片上，应马上更换，并且用温水和棉纱清洗宝宝臀部，千万不可用湿巾随便擦拭了事；清洗之后，一定要等小屁股完全干燥了，再换新的纸尿裤（片）。倘若小宝宝屁股上有些发红，妈妈可涂抹一些软膏（凡士林油、氧化锌软膏或尿疹膏），短时间内即可消除。

不要包得太紧

有的妈妈怕纸尿裤被宝宝蹭掉，总喜欢紧紧包裹住宝宝的小屁股。殊不知，这样不但会勒坏宝宝的双腿，限制下肢活动，令宝宝感到不舒服，还会降低纸尿裤的透气性能。宝宝皮肤娇嫩，包裹太紧会摩擦宝宝大腿内侧，造成皮肤破损感染，女宝宝还会引起外阴炎和尿道炎。

纸尿裤不要包得过紧，标准是以包好后，粘贴处能伸进去两个叠在一起的手指头为宜。当然，纸尿裤也不

能包得过松，如果后腰那里经常漏便和漏尿就说明包得松了。

每晚检查宝宝屁屁和大腿

每晚睡前给宝宝洗屁屁或洗澡时都要检查宝宝的屁股是否红肿，大腿是否有勒痕。如果有要及时涂沫凡士林油，并暂停使用纸尿裤（片）。

换好新的纸尿裤（片）还要拎起宝宝的腿，用食指把一圈防漏边勾好，侧面裤边要拉出来捋平，这样做可以避免磨宝宝的腿。换的过程中脏的和新的两边粘贴处要粘好，不要粘到宝宝的皮肤。

在使用纸尿裤（片）时，如果发现宝宝皮肤有过敏现象，应该立即停止使用，给其换另一种品牌使用可能就不过敏了，或者与布尿片交替使用一段时间，也许宝宝便能适应了。

怎样预防处理尿布疹

尿布疹的症状是在宝宝肛门周围、臀部、大腿内侧及外生殖器，甚至可蔓延到会阴及大腿外侧等地方出现皮疹，初期发红，继而出现红点，甚至鲜红色红斑，会阴部红肿，以后融合成片。严重的会出现丘疹、水疱、糜烂。若合并细菌感染则产生脓疱。

预防尿布疹的方法

1. 勤清洗。每次排尿排便后都要用温水清洗宝宝的臀部，擦上薄薄的护臀霜；或用湿棉球蘸取具有清洁作用的润肤露从前向后擦拭干净。但不可过度清洗和擦拭，以免损伤皮肤。也最好不要扑粉，扑粉结成块反而刺激宝宝的皮肤。

2. 及时换纸尿裤或布尿片。每次宝宝大便后，要及时清洗，并换上干净的纸尿裤或布尿片，这是减少尿布疹发生的重要因素之一。但要注意为宝宝购买质量可靠的布尿片或纸尿裤，如果质量不能保证，即使换得勤也有可能诱发尿布疹。

患尿布疹时注意恰当处理

如果宝宝臀部发红，已经患上尿布疹，一定要勤换尿布，并在每次换尿布时用清水清洗尿布垫过的皮肤。然后轻轻吸干臀部皮肤上的水分，不要擦干，应让该部位充分风干。可在皮疹部位涂上一层防护膏或霜（含有矿脂或氧化锌），形成皮肤的一道屏障，缓解皮肤的过分潮湿，下次换尿布时无须除去这层膏或霜。要记住，动作要轻柔，用力会加重对皮肤的损害。

在尿布疹严重时，可暂时不用尿布，让宝宝的臀部暴露在空气中，以保持皮肤干爽。

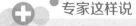

专家这样说

有些宝宝屁屁受碱性洗涤液的影响，可能会引起白色念珠菌感染的皮疹，表面看似尿布疹，实际是一种真菌感染，一定要及时治疗。

宝宝睡眠管理

新生儿的床垫应软硬适中

有的妈妈希望宝宝睡得舒服，给宝宝睡软床垫；有的妈妈则觉得宝宝睡硬床，对脊椎发育好。其实，过硬过软的床垫都不好。太软的床垫，睡起来虽然舒服但容易陷落，翻身困难；而太硬的床垫则不能适当地承托身体各部位，反而对脊椎形成更严重的慢性伤害，特别是正在发育的宝宝。

比较适合新生儿的床是软硬适中的，在木板床上铺2～3层棉被就比较好。判断合适的标准是当新生儿仰面躺在床上时，身体可以下陷1厘米，如果下陷太深就有些软，下陷太浅又有些硬。

新生儿床垫以天然椰棕和天然乳胶床垫，透气、抗虫、防螨、防霉、弹性和支撑力适中为优选。床垫大小和床架相符，以免发生夹伤、跌落等意外。

新生儿不用枕头

刚出生的宝宝，脊柱平直，平躺时背和后脑勺在同一个平面，颈、背部肌肉自然松弛，侧卧时头与身体也在同一平面，如果枕头垫高了，反而容易使脖颈弯曲，有的还会引起呼吸困难，以致影响其正常的生长发育。因此，新生儿是不需要枕头的。但为

了防止吐奶，必要时可以把新生儿上半身适当垫高一点。

小宝宝的头部较往后突，当仰卧平躺时，由于后枕部突出及两肩平坦，将使得前颈部的脖子处弯曲打折，而呼吸道的咽喉及气管正好位于前颈部，过度的弯曲就像橡胶水管弯折一样，会使此处的呼吸道内径变得狭窄，增加呼吸时气流阻力，使得呼吸较费力。所以，小宝宝的枕头应该横垫于下颈上肩部。这样一来，可避免婴儿呼吸道受压迫。

新生儿睡觉头总歪向一边怎么办

知识导读： 宝宝前3个月是塑头形的关键时期。从宝宝出生的第一天起，妈妈就应该习惯经常变换宝宝睡觉的姿势，以保持宝宝头部两侧受力均匀。不要让宝宝经常采取同一种睡姿。另外，妈妈和宝宝同睡时应经常和宝宝变换位置或者掉头睡，因为宝宝睡觉时一般都习惯于面向妈妈。

有的妈妈由于一开始没有经常给宝宝调换睡姿，使得宝宝睡觉时头总歪向一边，这时妈妈要尽快采取一些办法纠正。

1. 在宝宝头部一侧垫高点或给宝宝买个定形枕。在宝宝的头部有点偏

正常生理现象，并非惊吓所致，因为新生儿神经系统的发育尚不完全，神经管还没有完全包裹住，当外界有刺激时，新生儿会突然一惊，或者哭闹。3~4个月后，随着他们的神经系统功能逐渐成熟，对刺激就不会那么敏感了，"一惊一乍"的现象也就会慢慢消失。当宝宝出现惊跳时，妈妈轻轻按住宝宝身体的任何一个部位，就会使宝宝安静下来。

新生儿睡觉时总用劲是怎么回事

很多妈妈发现新生儿睡觉时总是用劲，有时小脸通红，嘴里发出"嗯嗯嗯"的声音，有时候甚至突然哭起来。这是一种新生儿正常的生理现象，可能是由于新生儿在妈妈子宫里被包得很紧，出生后活动筋骨的表现，也可以形象地称这种现象为"长身体"，所以当妈妈遇到这样的情况先不要着急，把它当成宝宝健康成长的一部分看待。一般宝宝一到两个月挣劲就会消失。

如果宝宝在睡觉的时候，或者刚睡着的时候，或者快清醒的时候肢体扭动、脸色发红，然而呼吸什么都很正常，这种情况对小宝宝来说是属于正常的。

如果宝宝这种使劲是肢体比较僵硬，脸色发干、发紫，或者口中青紫，这种情况就不正常了，应该带宝宝去看医生。

的一侧，用比较松软的东西给其垫高一些，以使其头部不能随意偏向该侧。或者去婴童专卖店里买个定形枕，效果也很不错的。

2.适度地按摩宝宝的颈部。可以根据宝宝偏头的方向，经常给宝宝的颈部适度地按摩一下，以缓解其颈部的压力。时间长了，会有很好的效果的。例如，宝宝的头习惯偏向右，就给其右颈部按摩等。

新生儿睡眠时容易一惊一乍

新生宝宝好像特别容易被"惊吓"，只要家里动静大点，身体就会震颤，胳膊和腿都往外伸展。其实，新生儿睡眠中出现这种情况时，属于

会等妈妈来抱他，而失去了很多自我入睡或自己玩耍的机会。有时宝宝可能并没有睡醒，妈妈急忙将他抱起，可能会打扰到宝宝的正常睡眠，影响宝宝的情绪和身体发育。

新生儿睡觉不踏实，动作多多，妈妈不要宝宝一动，就马上去拍、去哄，本来宝宝没有醒，这样一拍一哄，倒把宝宝弄醒了。

不要经常抱着宝宝睡

有的妈妈说自己的孩子只能"抱着睡"，不能放，一放就醒。这主要是因为妈妈从一开始就随着宝宝的喜好，让他在自己怀里睡习惯了。所以，妈妈应该从一开始就习惯将睡着了的宝宝放到床上，而不是一直抱在手里，只为了让他睡得更安稳。

而且，新生儿睡眠浅，很容易醒来，这时妈妈不要急忙抱起，也不要理会他，也许过一会儿他又睡着了；真的醒了，只要不闹，也不要急忙抱起他，让他自己在床上玩会儿。如果妈妈看见宝宝醒了就马上抱起，宝宝就会越来越习惯被妈妈抱着，一醒就

新生儿俯卧、仰卧哪个好

中国的家长往往习惯让宝宝仰卧，认为这样宝宝舒服，呼吸通畅，而且宝宝的头可以转转方向。确实，小婴儿颅骨较软，受压后容易变形，仰卧时大人可帮宝宝经常换换头的方向，这有利于两侧头部均匀受压，可避免后脑勺变歪，但如果不经常调整其脸的朝向，而让宝宝长期脸朝上睡，宝宝仍有可能变成"睡扁头"，即上述的后脑勺扁平的头形。至于宝宝是否会觉得舒适、呼吸通畅却不一定，因为仰卧时宝宝身体和四肢都伸得很直，全身肌肉不能完全放松，达不到充分休息的目的；而且，仰卧时宝宝通常会不自觉地将双臂放在胸前，使心肺受压，引起呼吸不畅。血液循环受阻，易做噩梦，感觉十分疲乏。另外，小婴儿经常吐奶，仰卧位脸朝上睡时，吐出的奶液很容易呛入气管，引起窒息。所以，如果新生儿要采用仰卧位，也应将其头部稍稍垫高，并

将其脸转向一侧，以避免漾奶。

而以往在西方，家长普遍推崇让婴儿趴着睡，认为这样有利于胸廓和肺部的生长发育，能提高婴儿的肺活量，促进呼吸系统的发育成熟。但到了1992年，西方就不再广泛呼吁婴儿趴着睡觉，因为这种姿势是造成婴儿猝死综合征的最大危险因素，尤其是吐奶、咳嗽的婴儿绝不能趴着睡。而且，老是把头侧向一边，头和颈长期扭转着也让新生儿感到难受。

侧卧则是比较科学的睡姿。侧卧时脊柱略向后突，肩膀前倾，两腿弯曲，两臂可以自由放置，全身肌肉都得到最大限度的放松，血液循环通畅，新生儿不但睡得安稳，而且醒后精力充沛，心情愉快。侧卧位也可以避免呕吐所致的误吸及面部被枕头捂住所致的窒息。侧卧位中又以右侧卧位为更佳，因为右侧卧位不但不会压迫心脏，还可以帮助胃中食物向十二指肠运送，有利于消化吸收。

虽然右侧卧位是比较科学的睡姿，但这并不是说妈妈就一定要让新生儿总是向右侧卧，因为这样就会导致头部发育不对称，而且，就是再舒适的姿势，长时间不变也会感到很难受。妈妈需要经常给宝宝换换睡眠姿势，有时向右侧卧，有时向左侧卧，有时也不妨让新生儿尝试仰卧位，但注意脸要偏向一侧。

当然，上述的睡姿选择适用于小宝宝，当宝宝长到三四个月，会翻身后，他就不再受爸爸妈妈的"摆布"，要自己选择睡姿了。

常见疾病防护

新生儿听力筛查通不过

🔔**知识导读：** 听力筛查是通过耳声发射、自动听性脑干反应和声阻抗等电生理学检测，在新生儿出生后自然睡眠或安静的状态下进行的客观、快速和无创的检查。国内外报道表明，正常新生儿和高危因素新生儿听力损失发病率的差异较大，正常新生儿为1‰～3‰，高危因素新生儿为2%～4%。

一般在新生儿出生24～48小时

内，医生会对他进行听力筛查，大部分新生儿都能通过检查，但有部分新生儿可能通不过。此时的筛查通不过有可能是有干扰因素存在，比如新生儿的耳道有羊水、胎脂，或者耳朵分泌物较多影响了听力，待这些因素消失了之后，听力筛查就没有问题了，所以不需太担心。听力筛查不过的新生儿，在第一次体检的时候，还会再做一次听力筛查，也许就过了。如果仍然不过则需要在 3 个月时再进行筛查。

对于听力筛查不过的新生儿，父母要注意多观察他对声音的反应，看在他耳边弄出声音有没有反应或者有大的声音出现时他是否会被惊醒等。如果有反应，就说明问题不大。但还是要按医生要求进行复查，只有复查通过才能真正放心。

新生儿惊厥

知识导读： 惊厥俗称"抽风"，大部分是危重疾病的一种表现。一旦发现新生儿惊厥，应立即送到医院做进一步的检查和治疗。

新生儿惊厥发作持续时间较短，动作较小，又由于许多新生儿被包得严严实实，如不仔细观察很难发现新生儿抽风的动作。新生儿惊厥有多种表现形式，可以是面部小肌肉的抽动，表现为眼睛的斜视或嘴部类似吮吸的动作，也可以是一个肢体、一侧肢体或双侧肢体抽动。总之表现形式多种多样，有时特别是局部小的抽搐与新生儿的正常动作不易区别。

抽搐与新生儿的正常动作区别

1. 姿势的改变。正常的新生儿肢体常呈屈曲状态，但又非过分屈曲，腕、膝、肘、踝等关节的角度一般不小于 90°，打开包被四肢常有不规则的舞动。如四肢各关节角度小于 90°，说明肌张力增高，若四肢松软、伸直，全身呈大字形，说明肌张力低下。

2. 面色改变。新生儿严重惊厥时，常伴有短时间的面色发白或青紫，有时可同时伴有口吐白沫。

3. 眼神的改变。新生儿惊厥时大部分同时伴有短时间的意识丧失，表现为失神、瞪眼或斜视等。还会伴有神志、面色、肌张力等的改变，仔细观察不难识别。

如果家长发现新生儿肢体抖动、面部表情变化等有异于常，又不能判断性质时，最好进行视频录制，可以把视频给医生看来帮助判断。因为新生儿惊厥可能不是持续性的，如果就诊时无发作，仅靠家长的描述可能不能帮助医生判断。

新生儿肺炎

知识导读： 新生儿肺炎是新生儿时期最常见的一种严重呼吸道疾病。年龄越小发病率越高，而且患病后危险性较

高，特别是体弱儿、佝偻病、贫血、营养不良及有先天畸形的新生儿，更容易患肺炎。由于新生儿呼吸器官和功能不成熟，如不及时治疗，就很容易引起呼吸衰竭、心力衰竭、败血症乃至死亡。

症状识别

新生儿肺炎的典型症状是口唇周围肤色发紫，其他部位皮肤苍白，口吐微小泡沫，并且呼吸困难，气促，精神萎靡，嗜睡，啼哭次数也较少或者干脆不哭，还会拒乳，也可有鼻塞和呛奶的现象。提醒父母要注意一点，就是新生儿肺炎和普通肺炎表现不完全一样，多数没有咳嗽，而且有部分也并不发热，所以这两点不能作为新生儿是否患肺炎的依据。另外患肺炎的新生儿呼吸较快，在不是刚喂过奶、刚洗过澡、刚排过便以及哭吵时，连续数两分钟，每分钟的呼吸次数都超过60次，并且在吸气的时候胸壁下

端明显凹陷，就可以断定为重度肺炎，一定要及时就医。

预防措施

预防新生儿肺炎的方法是，给新生儿创造一个良好的生活环境。首先房间要经常通风，如果家人感冒，要戴上口罩，并尽可能远离新生儿。另外，要密切关注其他部位的感染，如皮肤、脐带等感染要及时治疗，以免病菌进入血液，威胁到肺部。

护理方法

新生儿患了肺炎后，要及时看医生，另外还要积极护理，包括以下几个方面：

1. 密切关注新生儿的体温变化、精神状态和呼吸情况，一旦发现异常要及时报告医生。

2. 室内空气要新鲜，不能太闷热或太干燥，那样会使痰液变稠，呼吸更困难，所以要做到经常开窗通风，

并在室内放加湿器。

3. 患肺炎的新生儿不愿吃奶，父母要注意给他补充足够的液体和热量。另外，患肺炎的新生儿水分流失较严重，要多喂水，补充水分的同时，有助于保持咽喉部湿润，使痰液变稀，有利于呼吸道顺畅。

4. 新生儿患肺炎后可以暂时停止吸奶，改为用小勺喂，这样可以避免新生儿因为吃奶而加重气喘。

5. 新生儿患肺炎后，往往呼吸困难，父母要注意观察新生儿鼻腔内有无干鼻屎，及时清理，尽量保持新生儿鼻腔呼吸通畅。

新生儿病理性黄疸

知识导读： 妈妈一旦怀疑新生儿是病理性黄疸，就应及早去医院进行详细检查，确定后及时治疗，避免病情进一步发展，引起核黄疸。核黄疸不仅有引起智力发育障碍的可能，甚至会导致死亡，是新生儿黄疸中最严重的后果。

大部分新生儿出黄疸都是正常的生理表现，但有少数孩子属于病理表现。病理性黄疸在出黄疸的时间和退黄疸的时间，以及新生儿的各方面表现都与生理性黄疸有所差异，因此只要妈妈仔细观察，就能及早发现、及早治疗。

病理性黄疸的表现

病理性黄疸很容易识别，一般出现较早，在新生儿出生 24 小时后就会出现，而且出现后程度迅速加重，颜色很深，呈金黄色或是暗铜色。黄疸消退较慢，2 周后仍不见减轻，或者在减轻后又加重了，同时可能伴有嘴唇面色发紫或大便发白，或脐部发炎，或皮肤脓疱等。一旦发现有这些迹象，可能是严重的溶血性黄疸，或是感染所致病理性黄疸。出现这些情况，一定要及时带新生儿看医生。还有两种情况也须注意，一是比较轻的溶血性黄疸，这是 ABO 溶血造成的，可以照蓝光及用药物阻断继续溶血治疗；二是母乳造成的，不需要停母乳也可以慢慢消退。

一般新生儿会跟随妈妈住院 2 ~ 3 天后出院，在住院期间医生会注意观察新生儿的黄疸情况，如果比较黄会进行胆红素检查，如果胆红素超过正常标准，医生就会让新生儿住院进行病因检查及蓝光治疗。

如果新生儿黄疸正常，随妈妈出院回家，也不能放松警惕。因为新生儿出院后黄疸也可能逐渐加重。妈妈每天要在自然光下观察黄疸的变化，如果每日都在加重，还是要对宝宝的黄疸进行专业检测。现在很多社区或月子会所可以进行经皮胆红素的测定，可以简单无创地监测黄疸变化的趋势，但不能作为病理性黄疸的判断方法，如果经皮测胆红素数值较高，还是应该带宝宝到医院进行血液检测。

在玩耍中开发新生儿能力

每天跟新生儿说各种各样的话

🔔**知识导读：** 即使新生儿还不会说话，也不了解语言，但是爸爸妈妈所说的话会不断灌输到新生儿的头脑里，表面上看不出来，但其刺激会对新生儿的脑细胞产生惊人的影响，刺激新生儿智力的发育。

刚出生的宝宝还不能了解语言，但这并不代表和宝宝说话没有意义，相反，对着宝宝说话是非常重要的。一方面，爸爸妈妈面对面的话语声可以给新生儿丰富的声音刺激，让新生儿渐渐熟悉爸爸妈妈的声音，同时也让他注意到爸爸妈妈嘴的动作和声音的联系，然后学着用嘴来模仿。

爸爸妈妈不妨在新生儿睡醒后用和蔼亲切的语音对他讲话，也可以唱一些歌或给新生儿听一些柔和悦耳的音乐，但声音要小，以免过强的声音刺激到新生儿，使新生儿受到惊吓。另外，爸爸妈妈还可以尽量在每次给新生儿喂奶、换尿布、洗澡时与新生儿谈话，每一句话语如"宝宝吃奶了""宝宝乖，马上就洗得干干净净了"等都能增进亲子间的交流与情感。

你做什么，我就做什么

🔔**知识导读：** 模仿是成长的开始，从出生的那一天起，新生儿就开始模仿大人的表情、声音、动作。爸爸妈妈不妨也经常模仿宝宝的表情与声音，这样可以让宝宝得到更多的互动，这也是对宝宝的一种回应。

模仿宝宝的表情

刻意模仿宝宝的动作与表情会让宝宝兴奋，促使宝宝更积极地学习大人的动作、表情，即使做一些夸张的动作，宝宝也能学得惟妙惟肖，通过这种互动，宝宝能慢慢了解将不同的心情用不同的表情表现出来的方法。

模仿宝宝的声音

当宝宝看到爸爸妈妈用舌头、嘴唇发出声音时，也会模仿着自发地发出一些无意识的单词，如"呀、啊、呜"等，如果爸爸妈妈尽量模仿宝宝咿呀学语发出声音，宝宝会因为有类似的回应而兴奋，为了得到更多的应答，宝宝会更积极地学发声。

拨浪鼓，咚咚响

妈妈轻轻摇动拨浪鼓，可以帮助宝宝感受声音的节奏。摇动拨浪鼓会使它发出声响，这个过程可以让宝宝认识到自己对外界事物产生的影响，初步感觉到事物的因果关系。

在宝宝面前拿起拨浪鼓，轻轻摇晃几下，发出"咚咚"的响声，吸引宝宝的注意；然后拿起宝宝的小手，帮助他抓握住拨浪鼓，摇晃几下，也发出声响。

由于拨浪鼓的声音不好控制，这个游戏时间不宜太长，每次 1 ~ 2 分钟即可，但可以每天都玩一玩，直到宝宝对拨浪鼓不感兴趣。

小宝宝的耳鼓膜非常脆弱，因此摇拨浪鼓的时候，幅度不要太大，防止发出的声响太过刺耳，摇动时不要贴近宝宝的耳朵，要放在眼睛前方，避免伤害宝宝的鼓膜。

趴一趴

趴是一个最适合新生儿的运动，运动以后有助于吃奶和睡觉的质量，最好的循环就是"吃奶后 1 小时——趴或睡觉——吃奶"。趴对缓解新生儿胀气非常有好处，可以说是最有效的一个天然方法之一。

此外，趴对整个背部肌肉锻炼都大有好处，可以训练宝宝的抬头能力。坚持练趴的宝宝大动作比一般的宝宝都会提前。

开始趴的时间

出生半个月就可以了。从抬头开始练习趴，抬头也是趴的一种形式。每天早上洗完澡按摩，按摩背部时让宝宝练抬头。

练习趴的方法

宝宝刚开始练习趴的时候，很难抬起头来，妈妈可把宝宝的胳膊和小手摆在胸下垫起来。在宝宝抬头的时候在宝宝面前用玩具吸引宝宝抬头，这样可以帮助宝宝练习更持久地抬头。

宝宝练习趴的注意事项

1. 循序渐进，从少的时间开始趴，逐渐过渡到长的时间。第一次 2 ~ 3 分钟就好，然后过渡到 5 ~ 10 分钟。

2. 趴必须是两次喂奶中间，不可以刚喂完奶就开始趴，否则可能会吐奶。一般在喂奶以后 30 ~ 40 分钟就可以开始趴了，当然不要把睡着的宝宝弄醒了来趴。

宝宝满月了

满月时宝宝的体格标准

满月时宝宝的体格标准如下：

体格指标	男宝宝	女宝宝
体重（平均）	4.51 千克	4.20 千克
身长（平均）	54.80 厘米	53.70 厘米
头围（平均）	36.90 厘米	36.20 厘米

注：本书中宝宝身体发育的数据来自由首都儿科研究所制定，原卫生部发布的《中国 7 岁以下儿童生长发育参照标准》

满月宝宝具备的能力

大动作能力
——上下肢能自由屈伸

第一、第二周内，新生儿会有些痉挛的样子，下巴会颤抖，手也会抖动，快满月时逐渐消失，取而代之的是更顺畅的上下肢运动，看起来像在骑自行车。腹部朝下时，新生儿的下肢会做爬行运动，而且像是要撑起来的样子。

精细动作能力
——有先天的抓握反射

新生儿还不会做什么精细动作，整天握着小拳头，用大拇指包着其余四指。由于先天的抓握反射，将东西塞到手掌里的时候，会自然将物品抓住。

视觉能力
——最喜欢看妈妈的脸

第一个月内，新生儿的视力将发生许多变化，出生时只能看见身旁，逐渐他喜欢观看在他前方 20 ~ 30 厘米处的物体。他将学会跟踪运动的物体，并且喜欢黑白或者高对比度的图案，喜欢看人的面孔甚于其他图案。

新生儿最喜欢看妈妈的脸。当妈妈注视宝宝时，宝宝会专注地看着妈妈的脸，眼睛变得明亮，显得异常兴奋，有时甚至会手舞足蹈。

听觉能力
——喜欢听人类的声音

新生儿的听力相对视力要成熟得多，听觉系统已经发育得非常完善，能够捕捉到声音的来源，而且可以听出妈妈的声音。只是新生儿此时的耳膜很脆弱，太大的声音容易造成伤害，这一点要注意。

触觉能力
——喜欢身体接触

新生儿感知世界的主要能力之一是触觉，所以触觉特别敏锐，父母跟新生儿的身体接触能够带给他莫大的满足和愉悦。

语言能力
——哭就是宝宝的语言

新生儿只能发出细小的喉音，除此之外就是啼哭，啼哭是他的主要语言，所有的表达或要求都以啼哭来达成，所以此时的爸妈要想跟新生儿进行很好的交流，就要先听懂新生儿的啼哭。

不过必须承认，新生儿已经能注意到别人说话了，当有人在他可视范围内跟他说话时，他会注意到人们嘴部的变化，并偶尔有模仿的行为，这时候他最喜欢温柔的语音。

社会交往能力
——宝宝表情很丰富

新生儿有多种情绪、情感，如厌恶、愉快、疼痛等，会用皱眉、噘嘴、微笑等表达。在出生 7 天左右，还会对一些事情发生兴趣，如果用光线、声音刺激，新生儿会明显集中注意力，表现出自己对这些事物的关注。

第2个月

本月重点问题：
宝宝为什么喜欢哭

家长：宝宝为什么总是喜欢哭？

我的宝宝已经一个多月了，从出生到现在就是喜欢哭，很烦，吃饱了，也没有尿湿，也睡足了，还是喜欢哭，都不知道他到底是想怎么样？

问题解决 小婴儿还不会说话，一切问题只会用哭来表示，父母经常会觉得莫名其妙，且束手无策。父母要掌握宝宝哭的规律，哭是宝宝向父母表达意愿的一种方式。宝宝哭有以下几种原因：

第一，饿了。饥饿是婴儿哭闹的主要原因，吃饱就不哭了。有时宝宝只差几口他也不干，不吃饭就使劲哭。新生儿隔两三个小时就要吃一回奶。奶粉喂养的宝宝出现这样的啼哭时，不一定就是饿了，也有可能是渴了，需要喂水。

第二，尿了。有时宝宝睡得好好的，突然大哭起来，好像很委屈，很有可能是宝宝大便或者小便把尿布弄脏了，妈妈就要赶快打开包被，及时给宝宝更换干净的尿布（片），宝宝即会停止哭闹。

第三，脱衣服。有的宝宝不喜欢脱衣服，脱衣服使他感到紧张。因此妈妈给宝宝脱衣服时尽量快些。脱衣服时跟宝宝说说话，转移他的注意力。

第四，冷或热。宝宝的房间不要过冷过热，宝宝盖的被子也不要太厚。如果你觉得温度很好，宝宝还在哭，那你要看他体温有无变化。大人感受的温度不一定是最合适孩子的。

第五，困了。有些小宝宝想睡觉时总是会哼哼唧唧，显得比较烦躁。如果宝宝的眼皮显得很重或一直揉眼睛，就表示他想睡了。这时妈妈应提供一个温馨、安静的睡眠环境，对于帮助宝宝入睡会有很大的加分效果。

第六，需要安抚。宝宝有时哭了，抱起来就不哭了，这是他感到孤独了，他需要妈妈的安抚，这是宝宝因为想要大人抱而哭泣。这个时候宝宝哭的话可以抱起他，将他包在被单中抱着或背着，或让宝宝趴在你的膝上轻轻地按摩其背部，他在母亲子宫里时，无时无刻不受到羊水和子宫壁的安抚。初来人世，孤零零地独自躺在小床上，有时他会感到害怕。抱他在怀里，接触到亲人，他会感到安慰。妈妈可把宝宝紧贴在胸前，让他听到母亲心跳的声音他慢慢就会安静下来。

第七，疼痛或生病。疼痛会使宝宝大哭不止，宝宝不舒服，除了哭还不爱吃。妈妈排除其他原因之后，要紧紧抱着宝宝，如若宝宝仍哭闹不止，应带他去看医生。

❖ 妈妈要耐心对待爱哭闹的宝宝

睡觉不踏实，很快就醒，无病无痛，但常常啼哭，这样的宝宝很可能就是个高要求儿。高要求儿总是希望别人多陪伴，不愿意自己待着。这样的宝宝，除了比较磨人，妈妈比较累之外，并没有什么严重问题，只是更敏感一些，妈妈要多些耐心，多受累，及时满足他的要求，当宝宝长大一些，就不会这么难带了。

高要求儿在夜里总是要醒好几次，而且每次醒来都不能自己入睡，妈妈不要试图让宝宝自己哭累了入睡，否则可能宝宝越哭越厉害，到最后变得很难安抚。尽管很累，还是要起来跟他说说话，抱一抱，等他安静下来再放在床上，宝宝就会再次睡去了。

母乳喂养指导

坚持母乳喂养

🔔 **知识导读：**宝宝满月后，妈妈即使母乳仍然较少，也不要放弃，还是要坚持让宝宝多吮吸，刺激乳房，并且适当调整饮食，合理休息，想办法让乳汁多起来。有的妈妈乳汁下来得就是晚，甚至要到满2个月之后才突然多起来。

有的妈妈可能一直以来母乳就不多，随着宝宝的食量增加，会感觉母乳不够宝宝吃，于是想混合喂养或干脆直接断掉母乳。其实此时的宝宝食量不大，母乳不够吃的情况还很少，只要勤吮吸，一般都不会饿着。如果急着添加奶粉，宝宝吮吸母乳的机会自然会减少，乳房少了刺激，乳汁很可能就真的不够吃了。只有当妈妈确实母乳不足，宝宝吃不饱时，才考虑添加奶粉。

另外，宝宝吃母乳期间可能出现一些健康问题，如腹泻、体重增长缓慢等，大家可能很自然就归罪于母乳，从而有很多人建议妈妈停止母乳喂养，改为奶粉喂养。其实这不一定是母乳的问题，宝宝着凉、消化不好等都会影响他的健康状况。在这样的情形下，改为奶粉喂养可能情形更糟，毕竟奶粉都是参照母乳制成的，母乳才是最适合宝宝的食物。所以不要轻易停喂母乳，只有医生认为宝宝不适合继续喂母乳的时候才考虑停喂。

怎么知道母乳够不够宝宝吃

人工喂养可以准确掌握宝宝的进食量，而判断母乳是否充足却没有一个量化的标准，新手妈妈没法计算自己一天能产生多少奶量，因此，担心自己奶量不够是新手妈妈经常遇到的问题。新生妈妈可以通过以下方法来判断。

根据宝宝的表现来判断

1. 生长发育情况。妈妈每隔半个月或一个月都要测量一下宝宝的生长发育情况，如果宝宝各项指标都发育正常，表明母乳充足。

2. 吞咽的声音。如果妈妈乳汁充

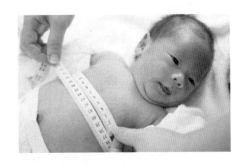

足，宝宝吃奶时平均每吮吸2～3下就会发出吞咽声，并能保持这种状态连续吃约15分钟，基本上就吃饱了；反之，如果妈妈乳汁稀少，喂奶时听不到咽奶声，即是乳汁不足。

3. 吃奶后的满足感。如喂饱后宝

宝对妈妈笑，或者不哭了，或马上安静入眠，说明宝宝吃饱了。如果吃奶后还哭，或者咬着奶头不放，或者睡不到2小时就醒，都说明奶量不足。

4. 大小便的次数。宝宝每天尿8～9次，大便4～5次，粪便呈金黄色稠状，这些都可以说明奶量够了。如果不够的时候，尿量不多，大便少，且呈绿色稀便，妈妈就要增加喂养的次数。

根据妈妈乳房的满涨来判断

1. 乳房如要撑爆一般地涨，有乳汁从乳头不间断地溢出的满涨感。

2. 乳头挺立，乳尖会有触电的感觉，并会有乳汁溢出的满涨感。

两种现象都有，或者只有其中一种情况，都说明母乳是足够的。如果两种现象都没有，而且乳房还回到了怀孕前的大小，说明母乳已经不足。母乳不足不要急着加配方奶粉，而是

➕ ●专家这样说

出生后的前6个月，特别是前3个月是婴儿的猛长期，在这一阶段，宝宝们就像鸟窝里的小鸟，一整天都张着嘴找吃的。这并不能说明妈妈的奶水不足，这时婴儿所需要的养分比较多，他就通过频繁吮吸来刺激妈妈制造更多的乳汁。在这种时候，坚持勤喂，一旦乳汁分泌量达到宝宝的要求，他的吮吸频繁程度自然会降低。

要让宝宝勤吮吸。

如果母乳减少怎么办

有的妈妈受到一些因素的影响，可能出现母乳减少的情况，母乳减少时妈妈不要急着给宝宝加配方奶粉，而是应该采取一些方法使母乳量增加。

加强宝宝的吮吸

增加产奶量，妈妈要做到的就是让乳房多得到宝宝的吮吸，让乳房里的乳汁频繁地溢出，这样乳房收到积极的产奶信号，就会积极地产奶。

最常见的母乳不足，原因是婴儿的吮吸时间不够，妈妈应该保证足够的时间来喂养自己的婴儿，特别是新生儿，每天的哺乳时间可能长达8个小时，出生1～2个月的婴儿，每天应哺乳8～10次。3个月的婴儿，24小时内哺乳次数至少有8次，奶量减少的妈妈应每天喂到12次以上。

此外，母乳是婴儿最佳食品和饮料，完全能满足出生4～6个月婴儿生长发育所需的全部营养，不必添加牛奶、果汁，甚至水。

充分休息

妈妈照顾宝宝的同时要想办法让自己多休息一会儿。不要宝宝一睡着就立刻去做家务，宝宝醒来又急着去照顾他，这样会让自己身心俱疲，母乳分泌肯定受影响。妈妈应该在宝宝睡觉时跟着一起睡，家务可等宝宝醒来后再做，如叠衣服时把宝宝放在床

上，妈妈在床边叠衣服，并边做边和宝宝聊天。但不可把宝宝放在自己照顾不到的地方。

调整饮食

哺乳妈妈的饮食很重要，吃得合理与否对母乳是否充足、是否营养有直接的关系。首先母乳中70%都是水分，因而哺乳妈妈补水非常重要，白开水、牛奶、鲜榨果汁、各种汤水都要适当饮用。另外要有充分的优质蛋白质摄入，瘦肉、鸡蛋、鱼都要经常食用。有些食物对催乳有明显的作用，如猪蹄、鲫鱼、小母鸡、木瓜、莲藕、莴笋、黄花菜等，妈妈可以多吃些。

放松心情

妈妈要学会放松，不要老想着母乳太少的问题，工作、宝宝的抚养、教育问题等，也完全不必马上去想，安安心心享受宝宝带来的快乐即可。

吸奶器追奶法

如果宝宝不在身边或是宝宝不肯吮吸奶水不多的乳房，妈妈可用吸奶器来增加奶量。

1.宝宝吃完再用吸奶器两边各吸15分钟左右。这种情况下吸奶器往往只能吸出很少的奶来，甚至什么都吸不出来。很多妈妈等宝宝吃完后用吸奶器吸两三分钟，没吸出奶来就放弃了。其实这个时候千万不能放弃，虽然奶没有吸出来，但是吸奶器不停地在帮你刺激乳头，促进乳汁分泌。所以，即使吸不出奶，妈妈也最好能坚持吸15分钟。

2.对于那些宝宝不在身边的妈妈来说，只能单纯依靠吸奶器增加产量了。这种情况下，建议是不管你有没有奶，每2个小时吸一次，两边各15分钟。坚持一个星期左右，肯定能提高母乳产量。等产量基本稳定以后，可以慢慢拉长吸奶的间隔时间，或2.5小时吸一次，或3小时吸一次，这个要由妈妈们自己调整了。

3.结合吸奶器一起实施的辅助手段：多喝汤水、牛奶，多吃发奶的食物，保持心情愉快，充分休息。

总之，如果妈妈身体健康良好，自然受孕，孕期平稳，孩子为健康足月儿，完全可以实现母乳喂养。

✚ 专家这样说

产奶量其实和乳房的大小没有关系，只不过，乳房小的妈妈可能在喂奶的频率上会更频繁些。而频繁地喂奶会让他人误认为产奶不足。或许家人为了延长喂奶间隔，添加了配方奶粉等，一些错误的干预导致妈妈的乳房得不到宝宝足够的吮吸刺激，产奶量便会真的变小了。

宝宝只吃一边奶怎么办

知识导读： 虽然宝宝只吃一边的奶是完全可以的，但是因为乳汁分泌是在供需基础上产生的，所以宝宝不吃的那个乳房里的母乳量就有可能会减少，所以妈妈应尽量交换着给宝宝喂奶。

宝宝只吃一边奶的原因

宝宝对乳房"挑食"，是常见现象，原因可能有以下几种：

1. 乳房不对称。有的妈妈两侧的乳房大小不一样，奶水量也不一样，常常出现一只乳房奶水充足，而另一只较少的情况。这样，有的宝宝就喜欢吃奶水充足的那一侧，因为吃起来省力，而有的宝宝却偏好奶水流得较慢的那一侧，因为不容易呛到。

2. 吃奶时遇惊吓。如果宝宝在吃某一侧奶时受到了惊吓，如宝宝吃得正认真的时候，妈妈突然因为宝宝咬疼而大叫，宝宝便容易把不愉快与当时吃的那一侧奶联系起来，以后会尽量避免吃那一侧奶。

3. 妈妈乳房有病变。还有一种很少见的情况。当有肿瘤在一侧乳房开始生长时，宝宝会拒绝吃这一侧的奶。即使他以前两侧的奶都吃得很好。

4. 宝宝生病。耳朵有感染或者鼻塞，躺在患侧吃奶会有疼痛和不适感。所以，只偏一侧吃奶。

纠正宝宝只吃一侧奶的方法

1. 妈妈从一开始哺乳就要坚持两边轮换着喂奶。

2. 如果宝宝已经变得偏好某一侧奶了，妈妈可在喂奶前先抱一会儿宝宝，让他的头贴着他不喜欢的一侧。妈妈跟他说话、玩耍，在他忘情而毫无防备的情况下，悄悄塞入乳头。久而久之宝宝会习惯的。

3. 尽量坚持鼓励宝宝吃他不太喜欢的那一边乳房。每次宝宝饿了（但不是特别饿，因为特别饿可能会让他生气或烦恼），都要让他先吃那一边乳房。

4. 如果宝宝坚决不吃，就用一下吸奶器，促进小的那一边的产奶，以防止奶量变少。

宝宝吃奶时哭是为什么

吃奶对宝宝来说是一件快乐和幸福的事情，如果没有任何不适，宝宝是不会哭的。宝宝吃着吃着奶突然哭起来，原因可能有以下几种：

1. 呛奶。宝宝吃奶时被奶呛到就会哭。这种现象一般会出现在有奶冲现象的妈妈身上，此外，宝宝吃奶比较性急也会呛奶。

处理方法：妈妈可以按照奶冲的处理方法，将食指和中指分开呈剪刀状夹住乳房前半部分，降低乳汁的流速，宝宝就不会被呛到了。

2. 吃不到奶。一般发生在乳汁比较少的妈妈或者含乳不正确的宝宝身上。乳汁较少或者宝宝含乳不正确，只含住乳头，吸不到奶，宝宝就会哭。

处理方法：妈妈需要调整宝宝含乳的正确方式，乳汁较少的妈妈需要催乳，或者进行混合喂养。

3. 口腔疼痛。有鹅口疮的宝宝吃奶时会刺激口腔，引起疼痛性哭泣。

处理方法：对于患鹅口疮的宝宝，妈妈需要积极治疗。鹅口疮痊愈后，宝宝吃奶也就顺利了。

4. 厌奶。厌奶一般发生在宝宝三四个月的时候，当宝宝厌奶时，妈妈若硬塞给宝宝吃，宝宝就会在每次吃奶时哭闹。也有的宝宝厌奶程度较重，奶量急剧减少，或厌奶持续很长时间，就有可能是宝宝对妈妈饮食中的某种成分过敏。

处理方法：遇到宝宝厌奶期，妈妈不要强行哺喂宝宝，可将每次喂奶的间隔时间延长，慢慢地帮助宝宝度过厌奶期。如果宝宝是因为过敏而厌奶就需要及时带宝宝看医生。

不管因为什么情况使得宝宝拒绝吃奶，妈妈都不应强行喂宝宝，一定要找对原因，然后做适当调整，让宝宝愉快地吃奶。

妈妈感冒还能喂母乳吗

知识导读： 妈妈感冒后，多数情况下都可以继续喂奶，除了持续高烧时（体温在 39℃ 以上），须暂停喂奶。

妈妈轻微的感冒完全不用停喂母乳，很多人担心感冒病毒会随乳汁进入宝宝体内，从而引发宝宝感冒。其实，感冒的传播途径主要是飞沫和直接接触传播，是不会通过母乳传染孩子的。像咳嗽、打喷嚏等可使感冒病毒通过飞沫传染给对方，感冒患者亲吻孩子的嘴和脸蛋，或用带有病毒的手接触孩子，也有可能将感冒病毒传染给孩子，所以说当妈妈感冒时，为了防止将感冒病毒传染给宝宝，最好的办法就是戴口罩、勤洗手和定时给房间通风，这样既可以最大限度地切断感冒的传播途径，还能够利用新鲜空气稀释和去除房间内的感冒病毒，减弱它的致病力。另外，感冒时给宝宝喂奶，能够使宝宝从母乳中获得相应的抗体，增强其抵抗力，反而降低宝宝患感冒的风险。

如果感冒同时伴有发热症状，只要体温不超过 37.5℃，可继续给宝宝喂奶。如果体温高于 37.5℃，应暂时停止哺乳，因为妈妈发烧时乳汁浓缩，可能会引起宝宝消化不良，出现腹泻等症状。

如果感冒较重，需要服用较大剂量或药性较重的药物时，要咨询医生，能不能继续哺乳以及如何哺乳要听从

医生嘱咐。有的时候需要停喂几天，有时候则可以通过尽量拉大喂奶与吃药的时间间隔而降低药物影响。喂奶暂停期间要注意吸奶。

患乳腺炎时还能喂奶吗

乳腺炎是哺乳期妇女多发的一种疾病，任何时间都可以发生，尤其是产后4周左右最常见，主要表现为乳房胀痛、硬结、局部红肿、皮温高等，这与乳汁淤滞、静脉和淋巴回流不畅有关，如果是这种情况，那么更不应该停止哺乳。因为哺乳有利于乳汁的排空，是乳腺炎非常有效的治疗手段，同时还可以通过不断改变哺乳的姿势来保持乳腺管的通畅。为了预防乳汁过稠导致凝乳阻塞乳腺管，妈妈平时还应该注意多喝水和汤，多吃些流质食物。

如果乳腺有肿块，说明发炎还不严重，仅仅是乳汁有淤积，可以通过热敷、按摩等疏通乳腺，将淤积的乳汁排出，乳腺炎就会痊愈了。这期间不但不应该停止哺乳，还应该勤喂，这样可以减轻乳汁的淤积情况，促进乳腺炎痊愈。喂奶时应先吸患侧，再吸健侧，在宝宝吸奶时可朝乳头方向轻柔地按摩硬块，帮助该处淤积的乳汁被吸出。另外，宝宝吃不完的乳汁要及时挤出。

如果乳腺肿块变得有波动感，触之疼痛，而且妈妈有发热现象，说明乳腺已经化脓，就不能喂了，但是要挤出扔掉，以防回奶。

暂时停喂母乳时要挤出奶水

宝宝出生后，有很多情况让妈妈暂时不能喂母乳，需要暂停一段时间。比如早产儿吮吸困难，暂时不能喂母乳，需要等宝宝吮吸能力加强了再直接哺喂；妈妈有些疾病治疗用药不能喂母乳，需要等停药药效过去后再喂宝宝，等等。当出现以上这些状况的时候，妈妈要注意千万别回奶。

将奶水挤出，预防回奶

预防回奶最主要的方法就是让乳汁排出来，在固定的时间最好是和宝宝吸奶一致的时间，也就是每隔2～3小时就吸一次，每次都将乳房吸空，这样垂体可持续得到刺激，然后刺激催乳素持续泌乳，就不会回奶了。

乳汁可以用手挤，也可以用吸奶器，吸奶器效率比较高。如果乳汁是安全的，那就最好准备带有集乳瓶的吸奶器。

专家这样说

乳腺炎是由于妈妈的乳腺导管不通畅引起的，所以要预防乳腺炎，首先不要让乳汁淤积，定时喂奶，不要经常涨奶，宝宝吃不完要及时挤出扔掉。另外，不要让胸罩的钢托压到乳房，这也会导致部分乳汁淤积排不出而引起发炎。

配方奶喂养指导

什么情况下需要添加配方奶

知识导读： 不管是什么情况需要添加配方奶，一定要先让宝宝吃到足够的母乳，因为母乳是宝宝6个月内的最佳食品。

如果不是真的母乳不足，这个时候妈妈尽量不要添加配方奶。母乳是否不足，最好根据宝宝的体重情况分析，如果一周体重增长低于200克（排除宝宝生病的情况），可能是母乳量不足了，需要添加配方奶。

添加一次配方奶，一般在睡前吃一次配方奶，加多少，可根据宝宝的需要。具体方法如下：准备120毫升，如果一次都喝了，好像还不饱，下次就冲150毫升，如果吃不了，再减下去，但最好不要超过180毫升。如果一次喝得过多，就会影响下次母乳喂养，也会使宝宝消化不良。如果宝宝不再半夜起来哭了（饿得），或者不再闹人了，体重每天增加30克以上，或一周增加200克以上，就可以一直这样加下去。

如果宝宝仍会饿哭，夜里醒的次数增加，体重增长不理想，那可以一天加两次或三次，但不要过量。过量添加奶粉，会影响母乳摄入。

奶粉喂养谨防过量

知识导读： 喂养是否过量，可以通过体重监测，一般1～3个月的宝宝每天增重30～40克，每5天增重150～200克是比较理想的。

有的妈妈以为，宝宝食量大、能吃总是好事，小时候胖点也没事，因而父母下意识地希望宝宝多吃些。然而宝宝进食过量，不但会给宝宝带来过多负担，也会让宝宝长大后甚至是年老时带来影响。增长患肥胖、糖尿病、冠心病等疾病的风险。

父母要注意，不要在宝宝不吃了之后，再督促宝宝吃一点儿。事实上，宝宝在已经吃饱的情况下，还是可以吃20～30毫升的。每次多吃一点，真的会养出小胖子。

不要随便改变奶粉的浓度

宝宝吃得不多，妈妈就会兴起把奶粉调浓些的念头，而当宝宝吃得太多时，则会兴起把奶粉调稀些的念头。这些念头在成人眼里非常合理且正常，然而这对于宝宝的营养和消化却是大挑战，非常不合宜。如果调得太浓，宝宝就会消化不良，进而引起便秘；如果调得太稀，长期下去就会营养不良，因此不要随便改变奶粉的浓度。

所有奶粉的外包装上都明确说明了如何冲调奶粉，建议父母严格按照说明去做，不要自作主张。除非有些特殊情况，比如宝宝腹泻了或者其他情况，医生认为需要改变奶粉浓度才改变，否则不要这么做。如果宝宝的食量大，宁可在吃完奶后再喂些水，也不能把奶粉调稀。

不要频繁更换奶粉

知识导读： 配方奶粉之间看上去大同小异，但实际配方还是有较大的区别的，只要更换对宝宝来说就是新食物，宝宝的消化系统还没有发育好，适应新奶粉需要较长的时间，而且有些适应，有些不适应，即使都适应也是需要一个过程的。因此妈妈不要频繁给宝宝更换配方奶。

妈妈不要听说别人家的宝宝用什么奶粉好，生长快，或者在购买奶粉时听推销员推销某种奶粉添加了什么有益身体的营养，就急切地想给宝宝换掉吃得好好儿的奶粉。宝宝之间存在个体差异，适合别人家的宝宝不一定适合自己家宝宝，而那些添加的营养素也未必就是宝宝所需要的，所以无须太过热衷于别人的说法。

宝宝在吃了一种奶粉之后，父母可以观察他的反应，只要没有腹泻、便秘，口气清新，眼屎少，无皮疹，而且睡眠、食欲都正常，体重在平稳增加，就说明奶粉很适合宝宝，无须更换。

宝宝在使用一种新奶粉后，如果有不适出现，不用马上更换，再观察几天，如果过一个星期仍不能适应，就要更换。

别常用矿泉水冲奶粉

知识导读： 最适合用来冲泡奶粉的水就是自来水烧开后，放凉至 50℃ 左右；或者用已经放凉的开水兑刚烧开的水至合适温度。

有的妈妈认为矿泉水比自来水更干净，因此经常用矿泉水加热后给宝宝冲泡奶粉。其实，饮用自来水都是经过了科学处理，符合国家卫生标准的，只要烧开了完全可以放心使用。而矿泉水由于含丰富的矿物质，长期用来冲奶粉给宝宝喝，可引起宝宝消化不良或者便秘，甚至有可能让宝宝患结石。

与不能长期使用矿泉水冲奶粉一样，也不能长期使用纯净水冲泡奶粉，纯净水经过净化后，与矿泉水相反，矿物质太少了，这对宝宝身体也不是很好，容易缺乏微量元素和矿物质。

当然，偶尔用几次矿泉水给宝宝冲泡奶粉是没有问题的，妈妈只需要注意不宜长时间用矿泉水冲奶粉就好。

宝宝洗护指导

洗澡用具要定时清洗、消毒

婴儿洗澡用的浴盆、脸盆、毛巾等要正确清洗、消毒和收纳，避免潮湿、污染。

澡盆、脸盆每次使用之前可以用开水烫洗一遍，用完之后用清水冲洗，然后用毛巾擦干，放在通风、干燥的地方。用了 3 ~ 5 次之后，需要用儿童专用消毒水消毒，记得消完毒后要用清水反复冲洗几次，避免消毒水残留。

擦洗不同部位的毛巾不要混用，并且要分开放置，每次用完之后也最好用开水烫洗一下，然后放在阳光下暴晒晾干。一条毛巾用的时间长了，可以放在开水锅里煮 10 分钟消消毒。

宝宝穿多少最合适

知识导读： 宝宝和成人的体温相同，只是婴儿体温调节中枢功能尚不完善，对过热、过冷的调节能力较差而已。因此，一般健康的宝宝平时穿着比大人稍微增加一点就可以了，体质差的宝宝比成人多穿 1 ~ 2 件衣服也足够了，体质好的宝宝和大人一样多就可以了。半岁以上的宝宝要比大人少穿。因为孩子都是胖乎乎的，并且好动，他们不怕冷。

宝宝衣着以温暖无汗为准

预防着凉的最好方法就是预防宝宝在冬季时出汗。宝宝好动又容易哭闹，如果穿得过多，便容易出汗受凉，因此，妈妈应给宝宝穿适量的衣服，不要以宝宝的手脚温度作为判断宝宝的冷暖和穿着是否合适的尺度，应该以颈部温度作为标准，只要颈部温暖就说明宝宝并不冷，不要再加衣服和被褥了。

不要以为宝宝的手凉就是冷，因为宝宝尤其小的宝宝神经末梢没有完全发育的灵敏，所以他们的手比一般的大人的手要凉点。等到孩子接近一岁，你可以试试让你的宝宝穿和你一样多的衣服，通常他的手比你的热。

四季穿衣准则

1.春天：适当"捂着"。在初春，

可适量给宝宝"捂着"，等大人感觉到热了，再给宝宝尝试着减一件衣服，或将厚棉袄换成薄棉袄。注意是一件一件地逐步递减，比如先换上衣，两三天后再换裤子、鞋子等，而非一下子全部换掉，这样宝宝就不容易生病了。

2. 夏天：穿棉布、吸汗的衣服，并注意及时更换。夏季天气炎热，宝宝爱出汗，妈妈不仅给宝宝少穿，而且衣料及式样还要通风透气。女宝宝可以穿无袖连体服，男宝宝可以穿短袖衫或背心、短裤或背带短裤。

3. 秋季：不要过早给宝宝增加衣服。"春捂秋冻"夏秋交替，气候不稳定，妈妈要注意根据天气给宝宝增减衣服，但不要过早增加衣服。妈妈可根据天气冷暖的变化，在宝宝衬衣的外面适当增加厚绒布衣服或毛织上衣、针织绒裤或加大衣服、斗篷等，方便宝宝的穿脱。

4. 冬天：加衣循序渐进。冬季不要急于给宝宝加衣服，让宝宝慢慢适应逐渐转冷的天气，以增强宝宝的抵抗力，让宝宝能够承受寒冷的冬天。在外出时，注意给宝宝裹上一层厚外衣或棉被保暖。

宝宝应每天洗 2 次脸

有很多宝宝不爱洗脸，是因为从一开始就没让宝宝适应洗脸，妈妈最好每天给宝宝洗 2 次脸，早晚各 1 次，但是夏天可根据情况来看，若宝宝出汗多，可适当增加洗脸次数。洗脸不可贪多，会把起保护作用的皮脂洗掉，宝宝的皮肤会因此而出现干、裂、红、痒等症状。

宝宝的洗脸水，水温应控制在 35 ~ 41℃，水温过高会出现与洗脸次数过多类似的问题，水温过低也会刺激宝宝的皮肤。洗脸动作要轻、慢、柔，宝宝的脸部皮肤十分娇嫩，但免疫功能不完善，若皮肤出现破损，就很容易继发感染，因此给小宝宝洗脸时，动作要轻、慢、柔，切莫擦伤了肌肤。

专家这样说

民间流传一个秘方，用母乳给宝宝洗脸会使面部皮肤白嫩，事实上这样并不科学，母乳会加速婴儿皮肤上细菌的繁殖，使婴儿的皮肤产生红晕或小脓疱。

宝宝老是流眼泪是怎么回事

知识导读：产生眼泪的腺体称为"泪腺"，位于眼窝外部靠上的位置。即使不哭的时候泪腺也会分泌眼泪滋润宝宝的眼睛，眼泪会从一根通向鼻子的管道排出，也就是"鼻泪管"。如果宝宝眼睛经常流泪，且持续数月不好，分泌物也随之增多，可能是鼻泪管出现了问题。

宝宝眼睛经常流泪的原因

1. 鼻泪管阻塞。单纯的泪道阻塞，宝宝的表现就是流眼泪，宝宝哭的时

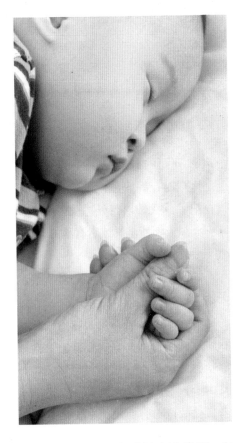

部分的鼻泪管阻塞，经过按摩后可以有效缓解。对于那些无法改善的病例，在全身麻醉的条件下做鼻泪管探通术也会帮助恢复。

2.结膜炎，倒睫，角膜异物。家长应该带宝宝到医院检查，看看宝宝流泪究竟是什么原因造成的。当宝宝不仅仅总是流眼泪，还伴有眼睛、眼角发红，通常会用抗生素治疗。如果宝宝因倒睫而引发结膜炎，在眼科医生示范下，妈妈可以帮助宝宝调整眼睑位置缓解睫毛对眼睛的刺激。

3.眼屎较多要经常清洗、擦拭。清理之前要先把自己的双手洗干净，用一块干净的棉毛巾或小手绢从眼睛内侧向外侧轻轻擦拭干净即可。注意，不要用一块棉毛巾或手绢反复擦拭，也不要用一个棉球擦拭两只眼睛。

满月后要偶尔带宝宝晒太阳

知识导读：适当的日光照射，可促进宝宝生长发育，预防佝偻病和贫血，增强机体的抗病能力。一般从出生后第二个月开始，妈妈就应在阳光温和的时候将宝宝抱出去晒太阳。

妈妈带宝宝晒太阳，要注意以下几点：

1.应避免过强的日光直接照射。

2.选择清洁、平坦、干燥、绿化较好、空气流通，但又避开强风的地方。

3.出去时衣服不要穿太多，尽量

候流眼泪，不哭的时候也流眼泪，有时是一只眼流泪，也可能是两只眼。如果宝宝泪道阻塞，又继发感染，家长就会发现宝宝眼里经常有好多的脓性分泌物，这些脓性分泌物经常会在宝宝的眼睑里面，早晨起来家长会发现有大量眼屎，眼睛甚至都睁不开。泪道阻塞大多数情况下宝宝都能自行改善，妈妈也可以帮宝宝轻揉按摩来慢慢疏通鼻泪管。妈妈可以经常给宝宝按摩一下鼻梁两侧，用指腹从上往下在鼻梁两侧打圈按摩，每天按摩3～4次，每次5～6分钟，迫使泪囊中的分泌物流出，疏通鼻泪管。大

露出宝宝皮肤，刚开始可以露出头部、手和脚、臀部，以后可视宝宝的耐受情况再多露一些，每隔 2 天增加 1 分钟。

4. 宝宝晒太阳时，妈妈要观察宝宝的反应，如脉搏、呼吸、皮肤发红及出汗情况，以判断宝宝可接受日光照射的时间和强度。若日光照射后，宝宝出现虚弱感，大汗淋漓、神经兴奋、睡眠障碍、心跳加速（脉搏增加 30%）等情况，应减少或停止日光照射。

多晒小屁股和后脑勺

晒屁股的时候，把小屁股稍稍掰开点，露出小屁眼，这样晒小屁眼是阳光杀菌，可以预防红屁股。

晒后脑勺，可促进钙的吸收。

晒的方式：太阳直接晒，隔着玻璃晒没用。

第一次带宝宝出门要注意什么

知识导读：很多父母都不敢带很小的宝宝出门到室外去，大部分中国妈妈都等宝宝满月后才带宝宝出门去见识更广阔的世界，而其他国家的妈妈们往往早早就带宝宝出门了。其实，换换新鲜空气和视野，对所有年龄的人都有好处，包括小宝宝。

妈妈第一次带宝宝出门要挑选一个风和日丽的日子去人少的地方走走。出门时，妈妈应该先观察一下天气，把手或头伸出窗外感受温度和风速，大风天、沙尘暴或者有霾的时候，就不要外出了。

妈妈第一次带宝宝出门时不要走太远，外出要选择离家近的、空气好的地方，最适合的就是小区内的花园和附近的小公园了，绿化好，空气足够新鲜，负离子含量相对也高些。而且由于种种原因（宝宝排便、饥饿或者自己疲倦）打算返回家里时，父母会比较容易抽身。

宝宝能够出门后，妈妈可以每天带宝宝出去 2 次，时间选在上午 10 点以前，下午 4 点以后，这时候空气中的灰尘杂质和有害成分较少，而且阳光不是很刺激，适合宝宝。

清理鼻腔的正确方法

知识导读：宝宝的小鼻子内隐藏着无数的毛细血管，再加上小宝宝皮肤非常脆弱，稍有不慎，就会弄伤流血。所以，妈妈给宝宝清理鼻孔应采取正确方法，不能直接用手指去抠。

妈妈要给宝宝清理鼻腔污垢，最

好选择宝宝熟睡的时候，此时宝宝感觉没有醒着的时候那么敏锐，也不会动来动去的，给清理带来一定的便利，同时可减少戳伤等意外的发生。

清理鼻腔的方法

给宝宝清理鼻腔可用纸巾或小棉签。如果要用棉签棒给宝宝清理鼻腔污垢，最好去医院或婴幼儿用品店购买特制的宝宝棉签棒。特制的棉签棒棉签头比较小，适合宝宝幼小的鼻孔，同时它的棉质比较柔软，卫生标准相对比较高，更加适合给宝宝使用。

清理前先在宝宝鼻腔里面滴一小滴温水，或者先把棉签或纸巾沾湿并

挤掉多余水分，然后伸到鼻腔里，顺一个方向边捻转边向外牵拉将鼻屎带出来。

有时候，鼻屎的位置比较深，可以在宝宝洗澡时，先在卫生间内多放一些热水，这时房间里含有比较多的水蒸气，帮助湿化宝宝鼻腔。宝宝打喷嚏会把软化的鼻屎冲到鼻腔较浅的地方，这时候再用纸巾或棉签清除即可。

吸鼻器的使用方法

宝宝因为生病而出现流鼻涕时，鼻涕比较难清除，这时妈妈可以使用吸鼻器来帮宝宝吸出鼻涕，这样宝宝会感觉更加舒服。

吸鼻器清理鼻腔的方法如下：

1.准备吸鼻器（婴幼儿用品专卖店有出售）、小毛巾、小脸盆、细棉棍等用具。

2.将小脸盆里倒好温水，把小毛巾浸湿、拧干，放在鼻腔局部热湿敷。也可用细棉棍蘸少许温水（甩掉水滴，以防宝宝吸入），轻轻湿润鼻腔外1/3处，注意不要太深，避免引起宝宝不适。

3.使用吸鼻器时，妈妈先用手捏住吸鼻器的皮球将软囊内的空气排出，捏住不松手。一只手轻轻固定宝宝的头部，另一只手将吸鼻器轻轻放入宝宝鼻腔里。

4.松开软囊将脏东西吸出，反复几次直到吸净为止。

宝宝耳朵不需要特别清洁

小婴儿的耳朵外耳道相对短，一旦有脏污进入就很容易流入中耳引发感染，所以耳朵的清洁要格外注意。

正常情况下，宝宝的耳部分泌物很少，所以不需要特别清洁，只在洗脸时将外耳道轻轻擦拭干净即可。如果耳朵分泌出较多黏性的物质，有可能是感染所致，在清洁的同时要尽快看医生。

防止污水进入耳朵

妈妈平日里照顾宝宝时要注意不要让脏污进入宝宝耳朵，当宝宝吐奶、眼泪流出时，要么让宝宝侧卧，要么赶快抱起来或者把眼泪、奶液擦干净，避免流入耳朵。洗澡时，用耳郭堵住耳孔，别让脏水流到耳朵里。

不要掏宝宝耳朵

宝宝的鼓膜薄，弹性差，容易弄破，如果清理耳道时不加小心，会造成婴幼儿的听力下降。因此如果发现宝宝耳屎堆积很多，妈妈无法清理干净，应该到医院请医生用耵聍钩将它取出来。千万不要拿掏耳朵的工具伸进宝宝耳道里掏。

宝宝大小便管理

宝宝满月后大小便会减少

满月后，大部分宝宝大小便次数都会相对减少。母乳喂养的宝宝差异较大，有的宝宝一天大便五六次，有的大便仅一次；奶粉喂养的宝宝，大便次数相对较少，一天一两次，甚至隔天一次。但也有例外，即使是母乳喂养，也有大便几天一次的；奶粉喂养的，也有一天几次的。只要宝宝精神好，吃睡正常，大便有自己的规律，妈妈不必太过担心。

此时的宝宝每天尿六七次或十余次都是正常的，有的宝宝一整夜都不小便，妈妈也不要担心，看看白天小便情况，白天尿泡大，次数也不少，就没有关系。特别是夏天，宝宝的小便更少，水分都通过皮肤蒸发了，妈妈需注意给宝宝补充水分。

怎样知道宝宝是不是消化不良

知识导读： 婴儿的消化器官发育还不完善，消化功能比较弱，如果父母不能正确地喂养宝宝，什么都给宝宝吃，使宝宝饮食的质和量不当，损伤了肠胃引起胃肠功能紊乱，宝宝就会出现肚子胀、吐奶、大便稀、有酸臭味，并有大量未消化的食物残渣等消化不良的表

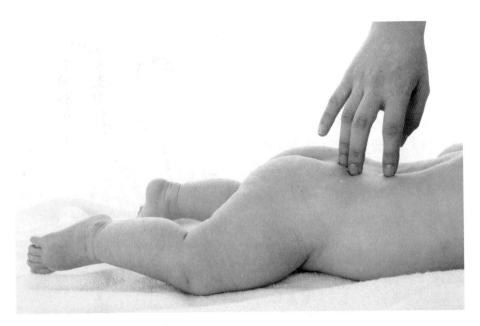

现。婴幼儿长期消化不良，会造成营养素摄入不足，消化吸收不良，影响生长发育。

这个时候的宝宝很容易消化不良，尤其是一些恋奶的宝宝，有时候并不那么饿，却总是做出想吃奶的样子，妈妈以为宝宝饿了就总是喂宝宝，吃得多了自然就消化不良了。如果宝宝出现以下症状，大多是消化不良：

1. 便便次数偏多。

2. 在睡眠中身子不停翻动，排气增多。

3. 食欲不振，还能闻到呼出的口气中有酸腐味。

4. 便便泡沫多，有灰白色的皂块样物，呈奶油状，表示脂肪消化不良，应减少油脂类食物。

5. 便便带腐败性酸味，泡沫多，说明糖类或淀粉类过多导致消化不

良，应适当减少。

6. 便便臭味明显，不成形，则表示蛋白质腐败作用增加，也就是蛋白质过多导致消化不良，这个时候就应当减少奶量。

如果发现宝宝消化不良，妈妈首先要想想是不是给宝宝吃得太多，如果是，就要适当减少奶量，同时妈妈也要少吃不易消化的食物，比如脂肪含量高的食物。

宝宝消化不良能吃消化药吗

一般不建议妈妈擅自给宝宝吃消化药，宝宝肠道正处于各种酶类成熟生长期，如果过多地干预，就会影响宝宝自身消化功能的正常建立和完善。这类药有很多种，对症也稍有不同，最好在医生指导下使用。

如果妈妈发现宝宝消化不良，可

留宝宝一个大便，一个小时之内送到医院化验，如果这个化验只是单纯消化不良的问题，可以不用特殊的药物治疗，在医生的指导下用"益生菌"一类的药物即可。用这些药物对宝宝来说很安全，可以调整宝宝胃肠道功能，再加上妈妈在食物上进行调整，就完全可以好转。

专家这样说

除喂食不当外，胃肠道炎症、滥用抗生素、天气变冷、身体抵抗力低以及肚子受凉也可引起消化不良。因此，若宝宝出现消化不良时，要排除疾病的情况。

宝宝腹泻时喂奶方法需调整

宝宝腹泻时，消化能力减弱，喂奶方法可以适当做些调整，降低宝宝的肠胃负担。

不论是母乳喂养还是奶粉喂养的宝宝，在腹泻初期都可以继续原来的喂养，但喂养量可以适当地减少到原来喂养量的 70% ~ 80%，如果宝宝腹泻有所缓解再逐渐恢复原来的喂养量。同时注意根据宝宝腹泻的情况增加水分补充。如果宝宝腹泻持续时间较长，应该在医生指导下补充乳糖酶或换用无乳糖配方，待腹泻缓解再逐渐换回原来的喂养方式。

宝宝睡眠管理

慢慢让宝宝适应昼夜更替

知识导读： 宝宝刚出生的时候，分不清白天和黑夜，对昼夜的更替也没有意识，总是想睡就睡，想吃就吃，父母可以随时满足他。但到了第2个月，宝宝应该建立起正常的作息规律，养成白天玩耍，夜里睡觉的正确习惯，让宝宝适应昼夜更替。

让宝宝适应昼夜更替，关键要让他感受到昼夜的区别，父母要尽力营造，便于他分别。

白天，房间要明亮

白天的时候，宝宝的房间不必刻意保持昏暗，应该随时调节，在宝宝醒着的时候，拉开窗帘，让室内拥有正常的明亮光照，睡着的时候可以将薄窗帘拉上，营造比较适合睡觉的环境，但不能把厚窗帘也拉上，以免宝宝错以为是黑夜了。

夜里，灯光要调暗

到了夜里，妈妈要适时拉好窗帘，调暗灯光。慢慢地，宝宝就会意识到，明亮的时候是白天，适合玩耍，昏暗的时候是黑夜，适合睡觉，正确的作息规律也就逐渐建立起来了。

另外，宝宝在白天睡觉时，房间里没有必要刻意保持安静，日常的生活噪声不用回避，到了夜里宝宝睡觉的时候，即使父母仍在活动也要尽量

保持安静。声音环境的不同，也可以帮助宝宝建立起昼夜概念。

宝宝睡反觉的纠正方法

🔔**知识导读：** 最好不要让宝宝养成"黑白颠倒"的习惯，以免影响宝宝的生长发育。生长激素是在晚上10点以后分泌最多的，所以一定要让宝宝在八九点睡觉，这样10点就能达到深层睡眠状态，宝宝才会长得好。如果发现宝宝睡反觉，妈妈要想办法纠正过来。

纠正宝宝睡反觉，就要尽量减少他在白天的睡觉时间。此时的宝宝一般白天一次性睡觉时间为 1.5 ～ 2 个小时，如果超出了这个时间就要叫醒他，可以拍拍他的脚心，揉他的耳朵或者抚摩手、脸等，让他醒来。宝宝醒着的时候，要多跟他说话，或者带出去走走看看，尽量延长他的清醒时间。

晚上睡觉时，要调整好灯光。宝宝睡反觉，往往晚上很精神，所以尽量把灯关早一些，房间要保持安静，父母也减少活动或者跟宝宝同时上床，创造安静的、适合睡觉的环境，宝宝一般就可以安静入睡了。

睡反觉的宝宝往往晚上不睡，早晨起得晚，白天睡得香，妈妈总是舍不得早晨在宝宝睡得香的时候叫醒他，白天的时候又想昨天宝宝睡得太晚了就让他多睡会吧。殊不知，越是这样越不能纠正宝宝的睡眠节律。一

定不能让宝宝睡懒觉，白天也不能睡太久，这样才能逐渐帮宝宝养成良好的睡眠节律。

如果妈妈经过上述办法仍然没能将宝宝睡反觉的习惯纠正过来，可以试试将宝宝带去别的地方住两天，比如去娘家。去不熟悉的地方宝宝可能会因为新鲜，或不适应而打乱生活习惯，改变原本睡反觉的习惯。

宝宝总要人抱着睡怎么办

知识导读：宝宝需要培养良好的睡眠习惯，让宝宝独自躺在舒适的床上睡觉，不仅睡得香甜，也有利于心肺、骨骼的发育和抵抗力的增强。如果经常抱着宝宝睡觉，他的身体不舒张，身体各个部位的活动，尤其是四肢的活动会受到限制，不灵活、不自由，全身肌肉也得不到休息。

宝宝要抱着睡可能是肠绞痛

宝宝如果在 5 个月以内的话，这种总要人抱着睡的情况有可能是由肠绞痛引起的。很多健康宝宝都会出现这种原因导致出现睡不好的情况，通常出现在出生后 2 周左右，第 6 ~ 8 周达到顶峰，不过到了 3 ~ 4 个月后就不常见了。

解决办法：

1. 母乳妈妈在饮食上要注意观察，避免食用那些会引起婴儿敏感胀气的食物，如豆类食品。

2. 使用柔软、轻薄、略有弹性的小毯子舒适地将宝宝包住，包裹要松紧适度，让他有回到妈妈子宫内的安全感。

3. 轻抚宝宝的头部或者轻拍宝宝的背部，对宝宝吹口哨或发出轻轻的嘘声。

宝宝养成了抱着睡的习惯要及时纠正

要改掉宝宝抱睡的习惯需要一段时间，妈妈应尽量在宝宝犯困的时候才让他睡，睡踏实了，你放哪里他都无所谓了。如果抱着哄睡了放到床上宝宝就醒了的话，那就让他醒吧，就不要再抱起来继续哄了，当然前提是宝宝放在床上醒了后不哭。久而久之，宝宝就不会这么依赖要抱着了。

另外，妈妈要注意，宝宝生病的时候会特别黏人，抱睡的坏习惯很多都是这个时候养成的。特别是感冒鼻塞的宝宝，大人抱着时呼吸会通畅一些。等病好了，他就再也不愿睡到小床上去了。所以，在宝宝生病时，除非他真的特别不舒服必须在妈妈怀里才睡得着，否则妈妈不要抱着宝宝睡。

宝宝很难入睡怎么办

有的宝宝很难入睡，每次睡觉前都要哭闹好一阵，且必须大人抱着哄睡，这样的宝宝天生就比较磨人，但也并不是没有方法改变，其实宝宝"难入睡"大多还是大人给养成的。

新生儿的大脑发育还不健全，出生后几乎大部分时间都处在睡眠状态，每天有 18～22 小时在睡眠中，只有短时间清醒。清醒后很快就会感到疲倦，这时宝宝常以"哭"表示他累了，只要环境安静、舒适，片刻后宝宝就会本能地自然入睡。可是有许多父母最怕宝宝哭闹，常常是宝宝一哭就抱起来哄，慢慢地，宝宝就会习惯于被大人哄睡，而没办法自己学会入睡，渐渐养成"闹觉"的坏习惯。

有的宝宝一开始是抱着能哄睡，慢慢也不行了，就开始边抱边摇着能哄睡，过一段时间，这一招又不灵了，开始站起来在室内来回走动，甚至有的父母得站在席梦思上悠着宝宝，宝宝还不断打挺哭闹。这是父母不断"培养"的结果。

发现宝宝想睡觉的信号

宝宝困了的时候，如果不及时让他睡觉，过一会儿就会烦躁哭闹，哄他入睡就要再费一番功夫了，因此父母要学会观察宝宝的反应，及时发现他想睡觉的信号，尽量让他自然入睡。

宝宝犯困的时候，会打哈欠，精神不会再那么饱满，眼皮沉重，有人逗，反应也不热烈了，这时基本可以断定宝宝困了，就可以把他放在小床上。如果放在床上后，宝宝很安静，就可以让他自己躺着，一会儿就睡着了，如果不肯自己躺着，妈妈可以温柔地在旁边握着他的小手陪着，并放一段轻缓柔和的音乐，让他心情安静，也就很容易入睡了。

诱导宝宝睡觉的方法

当宝宝犯困时，妈妈可采用以下方法诱导宝宝入眠：妈妈望着宝宝，并发出单调、低弱的"噢噢"声；或将宝宝的单侧或双侧手臂按在他的胸前，保持在胎内的姿势，使宝宝产生安全感，他就会很快入眠。这样，宝宝慢慢地就会养成自然入睡的习惯。

只采取简单的哄睡方法

宝宝"闹觉"比较严重的话，纠正起来可能会比较困难，这时妈妈要有耐心，尽量只采取一种比较简单的哄睡方法，比如轻轻拍拍宝宝，口里发出"噢噢"声。刚开始宝宝可能会哭闹不止，妈妈一定要坚持，绝对不要增加新的哄睡方法，要让宝宝学会自己入睡。另外，妈妈要有信心，随着月龄的增长，或许宝宝会自然好起来的。

宝宝很晚才肯睡觉怎么办

有的宝宝睡前倒是不闹，但就是要等到很晚才肯睡觉，这种情况除了因为小宝宝神经系统没发育好之外，很有可能与家人的作息时间有关，或者与妈妈陪宝宝的时间不够长有关。

解决办法：

1. 睡觉前千万不要玩兴奋的游戏，避免让小宝宝接触让自己兴奋的事物（比如突然出现的小狗，人员拥挤的超市，改变的入睡环境），这些很容易引起小宝宝入睡困难。

2. 家人最好配合妈妈，把灯都调暗，营造一个温馨的睡前环境（如果大人这个时候睡不着，可以等宝宝睡着后再活动，小宝宝睡着只需要 10 分钟左右）。

3. 妈妈和宝宝一起建立规律的、固定的睡前程序：比如同样的时间妈

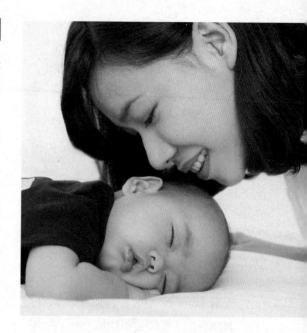

妈按照统一顺序哄宝宝上床：晚上 8 点左右，洗澡—喝奶—漱口—哄睡（雷打不改变）。

4. 白天上班的妈妈们，晚上回家多陪陪宝宝，宝宝晚上闹着不睡，很有可能只是想多让妈妈陪陪而已。

常见疾病防护

小儿湿疹

婴儿湿疹又叫特应性皮炎（湿疹俗称奶癣）。湿疹多出现在出生后 2～3 个月，有的出生后 1～2 周即出现湿疹。湿疹主要发生在两个颊部、额部和下颌部，严重时可累及胸部和上臂。湿疹开始时皮肤发红，上面有针头大小的红色丘疹，可出现水疱、

脓疱、小糜烂面、潮湿、渗液，并可形成痂皮。痂脱落后会露出糜烂面，愈合后形成红斑。数周至数月后，水肿性红斑开始消退，糜烂面逐渐消失，宝宝皮肤会变得干燥，而且出现少许薄痂或鳞屑。

导致宝宝长湿疹的原因

宝宝长湿疹的原因有以下几种：

1. 家族性的遗传会导致宝宝患湿疹。

2. 进食太多造成的消化不良也可能导致湿疹。

3. 不适当的皮肤护理，如频繁清洗皮肤，皮肤反复接触口水、奶液等。

4. 宝宝或受到强光照射，也可能引起湿疹。

5. 过敏（包括食物过敏和外物过敏）也是长湿疹的原因之一。

湿疹宝宝护理方法

长了湿疹的宝宝在护理时妈妈要特别注意以下几点：

1. 最好是母乳喂养，因为母乳喂养可以减轻湿疹的程度。如果宝宝湿疹严重，哺乳的妈妈暂时不要喝牛奶，吃蛋、虾、蟹等食物，以免这些食物通过乳汁影响宝宝。待宝宝大些后要避免让宝宝吃含气体、色素、防腐剂、稳定剂或膨化剂的食品和易过敏的食物，宝宝的食物要尽可能是新鲜的。

2. 宝宝的贴身衣服和被褥必须是棉质的，所有衣服的领子也最好是棉质的，避免化纤、羊毛制品对宝宝造成刺激。给宝宝穿衣服要略偏凉，衣着应较宽松、轻软，过热、出汗都会造成湿疹加重。要经常给宝宝更换衣物、枕头、被褥等，保持宝宝的身体干爽。

3. 患湿疹的宝宝千万不可以用有刺激性的香皂或浴液洗澡，清水洗就可以了。夏天要注意保持皮肤干燥，不要使用太多的痱子粉，宝宝衣服要宽松、柔软。

4. 勤给宝宝剪指甲，避免宝宝抓搔患处，造成继发性感染。

5. 宝宝的卧室室温不宜过高，否则会使痒感加重。室内要保持通风，家里最好不要养宠物。

治疗湿疹的方法

治疗婴儿湿疹最主要的方法是对症治疗——消疹、止痒。消疹可以缓解皮肤的损坏，避免皮肤感染；止痒可以解除宝宝的痛苦，避免皮肤抓伤，也可预防感染。

目前，真正有效的药物即是含有激素的药膏，应在医生指导下应用，一般将药膏薄薄地涂在皮疹上 2 ~ 3 次，皮疹即可明显好转，痒感也明显减退。在皮疹好转后经常涂些润肤露可以帮助修复皮肤屏障功能。但是，湿疹是会反复发作的，用药初期可能会有所好转，但不久又会复发，不建议长期用药，否则会使皮肤形成激素依赖症。

婴儿肠绞痛

知识导读： 一些儿科医生将婴儿肠绞痛定义为：营养充足的健康婴儿每天哭闹至少3个小时，每周哭闹至少3天，发作超过3周。

肠绞痛其实并不是一种病，它只是一个用来描述宝宝身体健康但总是无法控制地哭闹的词语。如果宝宝经常哭闹不止，而宝宝的身体并没有其他问题，不是饿了、困了或者拉了，那他很可能就是肠绞痛。大概20%的宝宝会发生肠绞痛，通常从2~4周时开始。无论宝宝是不是头胎，是男孩还是女孩，是母乳喂养或配方奶喂养，这种情况都很普遍。好在肠绞痛不会一直持续下去。60%的宝宝到3个月左右都会好转，90%的宝宝到4个月的时候就好多了。

肠绞痛的特点

1. 喂奶不总能让宝宝平静下来，尤其在傍晚或者晚上，宝宝一旦停止吃奶就开始哭闹，有时候会哭着睡着了，但是没过多久又突然哭醒。

2. 在哭闹的同时，还会伴随不停地蹬腿。

3. 即使你的安抚起了效果，但是哭闹马上又会重新开始，似乎任何方法都不能长久。

4. 宝宝的哭闹持续时间较长，甚至持续1小时以上，尤其在半夜，这种哭闹会让你觉得时间更加难熬。

5. 你会发现，宝宝每天几乎在同一时间段哭闹，好像上了闹钟一样。

安抚肠绞痛发作的宝宝

肠绞痛并非不能缓解，虽然下面的方法不一定每次都有效，但是尝试一下也没有坏处，或许正巧适合你家宝宝。

1. 喂奶。这是最容易让宝宝恢复平静的办法，吮吸让他拥有安全感。

2. 揉揉小肚子。在手上涂一层婴儿润肤霜或者婴儿油，按顺时针方向轻轻揉宝宝的小肚子，有助于排除肠道内的气体。

3. 轻晃宝宝或保持其趴着玩。将宝宝面朝下放在你的腿上，轻轻摇晃，也能起到一定的镇静效果。宝宝在子宫里通常是头朝下，平时妈妈在活动时，子宫里的宝宝也会感受到轻轻的晃动，和这个动作的感觉比较相似。有时将宝宝置于俯卧位也会获得意想不到的效果。

4. 声音的模仿。用嘴在宝宝耳边有节奏地发出"嘘嘘"的声音。宝宝在妈妈肚子里的时候，一直与妈妈腹部大血管内血液流动的声音相伴，这种声音是有节奏且间断的。熟悉的声音会让宝宝有安全感。有些白色电器的声音也会有相似的效果，比如吹风机、吸尘器，所以往往在家中很嘈杂的时候，宝宝也会停止哭泣。

5.注意睡姿。可以利用侧睡枕将宝宝保持在侧卧位。这样的姿势对孩子的腹部有一定压迫，可以在一定程度上缓解腹部疼痛。

在玩耍中开发宝宝能力

带宝宝去游泳

知识导读： 专家研究发现，游泳能促进身高和体重增长。进入水中后，宝宝会不由自主地做全身的运动，可以加快血液循环速度，从而供给骨骼、肌肉更多营养，生长速度也就加快了。游泳是一项对身体能量消耗较大的运动，宝宝在游完泳后食欲增加，睡眠良好，这也促进了身体的发育。另外，宝宝在水中的活动会直接刺激大脑皮层神经，进而促进大脑的快速发育。

宝宝第一次游泳最好到专业游泳场馆去。妈妈应安排好宝宝的游泳时间，一般情况下，宝宝游泳要在吃奶后半小时或1小时左右。刚吃完奶不能游泳，容易吐奶。另外，观察宝宝情绪是否良好，有没有生病等，如果宝宝烦躁，身体不舒服就不要游了。宝宝心情愉快、身体健康的情况下游泳，才能起到积极的效果。

针对婴幼儿的生长发育状况，一岁以下的宝宝，每周进行2～3次的游泳比较适合。因为游泳这项运动对体能消耗较大，频繁地进行锻炼容易让宝宝长期产生疲劳感，影响其生长发育。

以下婴儿不适合游泳

1.有新生儿并发症，或需要特殊治疗的婴儿。

2.胎龄小于32周的早产儿，或出生体重小于2000克的新生儿，在足月（37～40周，视婴儿身体健康发育状况而定）后或体重5000克以上游泳较为适宜。

3.皮肤有破损或感染的。

4.感染、感冒、发烧、拉肚子、脚易抽筋、身体异常者、免疫系统有问题、呼吸道感染（具传染性）的婴儿。

5.注射防疫针至少24小时后方可洗澡或游泳。

6.湿疹局部有感染或非常严重的不适宜游泳。

学会给宝宝按摩

按摩是妈妈向宝宝表达爱意的好方式，也是在宝宝不安的时候让宝宝安静下来的有效方法。按摩还可以促进宝宝免疫系统的发育，促进血液循环，提高身体免疫力。

给宝宝按摩的步骤如下：

1.准备宝宝按摩油或乳液，铺在宝宝身下的柔软毛巾，一张轻柔的音乐碟。

2.出生2周后的宝宝即可开始做按摩，最好在晚上宝宝洗澡后，又安静又放松的时刻，此外，应该在两次喂奶之间。

3.把宝宝放在小床上，然后以轻柔的声音对宝宝说话，令他放松下来。

4.多种按摩方式其实万变不离其宗，都是妈妈跟宝宝的交流，用轻柔的动作给宝宝不同部位以适度的按摩来促进宝宝发育，并增进母子感情。

5.按摩时以宝宝舒适为前提，可以先从刺激比较小的部位开始，如先从小脚开始。

6.按摩也不必拘泥于顺序，可以根据当地的场景、气温、宝宝的状态来进行调整。如冬天的时候，家里温度较低，那就可以只露出小腿、小脚按摩一下。如果宝宝总是肠绞痛，那就多按摩一下宝宝的肚子。

宝宝看过来

知识导读： 宝宝现在还是一个小近视，只能看清楚距离自己30厘米左右的物体，妈妈给宝宝看东西的时候还是要离近点，不然宝宝的注意力难以集中。

现在宝宝的视线会跟着东西移

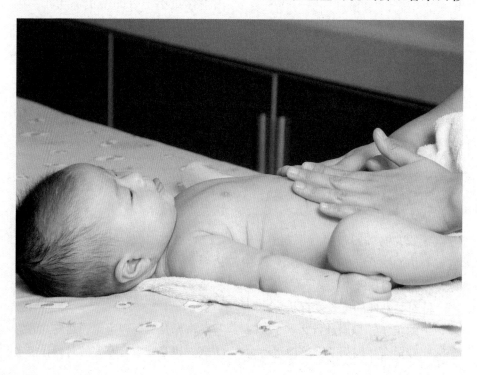

动，妈妈可以用各种方法训练和加强宝宝的这种能力：

1. 看过来。在宝宝醒着的时候，爸爸妈妈可以在宝宝耳边20～30厘米左右处，轻轻地呼唤宝宝，让宝宝慢慢移动头的位置来注视自己，并继续与宝宝说话并移动位置，吸引宝宝追随着移动。

2. 看红球。准备一个直径5厘米左右的红球，在距离宝宝20～30厘米左右处用红球吸引宝宝，然后慢慢移动红球，让宝宝的目光追随红球，从而训练宝宝的目光固定及眼球的协调能力，这种训练每天至少1次，每次宝宝追红球的范围越大持续时间越长越好。

3. 看图片。黑白格子图对新生宝宝最有刺激性，一般宝宝喜欢看条纹、波纹、棋盘等图形，可以将挂图放在宝宝床栏杆左右侧距宝宝眼睛20厘米处，每隔3～4天换一幅图。爸爸妈妈会发现，宝宝能记住图片的样子，熟悉的图片不太会引起注视，而如果有新图片，宝宝会久久地注视。

4. 看玩具。在宝宝的房间悬挂一些能发出悦耳声音的彩色旋转玩具，让宝宝看和听。悬挂的玩具品种可多样化，还应经常更换玩具和位置，悬挂高度以30厘米左右为宜。宝宝睡醒后，可将宝宝竖着抱起，让宝宝看悬挂的玩具，同时告诉宝宝玩具的名字，一般宝宝都会很高兴。

逗宝宝笑一笑

知识导读： 笑是宝宝愉快情绪的表现，让宝宝经常展开笑容，将使宝宝更容易开放心理空间，接受、容纳更多的外界信息，并且乐意接近他人，有利于培养良好的情绪情感。

逗引宝宝发笑的方法

1. 双手扶宝宝的腋下，把宝宝往上举过头顶，宝宝会因此而兴奋起来，能将宝宝逗得哈哈大笑。

2. 把宝宝平放在床上，妈妈轻轻触动宝宝的易痒处，如触一触脖子，触一触胳肢窝，触一触脚心等，同时，发出咯吱咯吱的逗笑声，宝宝会乐得扭动身子，开心地大笑。

逗笑要适当

宝宝适当地笑，可以促进健康，但如果过分大笑，反而影响健康，所以逗笑宝宝应把握时机、强度。不是任何时候都可以逗宝宝发笑的，如进食时逗笑容易导致食物误入气管引发呛咳甚至窒息，晚睡前逗笑可能诱发宝宝失眠或者夜哭。

宝宝满两个月了

满两个月宝宝的体格标准

满两个月时宝宝的体格标准如下：

体格指标	男宝宝	女宝宝
体重（平均）	5.68 千克	5.21 千克
身长（平均）	58.70 厘米	57.40 厘米
头围（平均）	38.90 厘米	38.00 厘米

满两个月宝宝具备的能力

大动作能力——颈部力量增强

宝宝的大动作在这个月有了一定的进步，首先表现在颈椎比较有力量了。趴着时，能够努力把头抬起来，离开床面 5 ~ 7 厘米，抬头后眼睛向四处张望。不过抬头持续的时间不长，一般只有数秒至半分钟。当宝宝被扶坐在床上的时候，头不会马上前倾，搭在胸部，而是可以竖直 2 ~ 5 秒之后才垂下，而且垂下去之后，还会数次努力地反复抬起来。另外，四肢可以有较大幅度的动作，比如俯卧的时候脚可以踢蹬几下；仰卧时，双臂上举伸个懒腰等。

精细动作能力——手会张开了

宝宝的手在这个月不再总是握着的状态了，有时候会突然张开，然后再握住。如果用玩具触碰宝宝的手，宝宝的手也会张开。趁机把带柄的玩具放在他手里，可以握住玩具柄。如果是较轻的环状玩具放在手心，宝宝会握住环，还能把玩具举起来几秒钟。

视觉能力——喜欢看红色的东西

宝宝的视觉能力增强了，开始对颜色感兴趣了。宝宝一般比较喜欢看红、黄、绿、橙、蓝色的东西，对红色最敏感，只要看到红色的东西就会一直盯着看。妈妈可以多在宝宝的床边悬挂颜色纯正的红、黄、绿、橙、蓝色玩具，也可以买些色彩鲜艳的摇铃、铃棒等玩具近距离逗宝宝，或者直接让宝宝拿着玩。

听觉能力——喜欢听音乐

新生儿听力已经比较敏锐，这个月的宝宝听觉能力进一步增强，对音乐也产生了兴趣。如果妈妈给宝宝放噪声很大的音乐，宝宝会烦躁，皱眉头，甚至哭闹。如果播放舒缓悦耳的音乐，宝宝会变得安静，会静静地听，还会把头转向放音乐的方向。妈妈要充分开发宝宝这种能力，训练听觉。

触觉能力——对冷 / 热感知明显

一个多月的宝宝，皮肤感觉能力比成人敏感得多，有时妈妈不注意，把一根头发或其他东西弄到宝宝的身上刺激了皮肤，他就会全身左右乱动或者哭闹，表示很不舒服。另外，这个月的宝宝对过冷、过热的环境都比较敏感，若宝宝感觉到冷或热，会以哭闹向大人表示自己的不满。

语言能力
——想模仿爸爸妈妈说话

宝宝还不能用语言来表达意愿，但这么大的宝宝已经有表达的意愿。当爸爸妈妈和宝宝说话时，会发现宝宝的小嘴在做说话的动作，嘴唇微微向上翘，向前伸，呈"O"形。这就是想模仿爸爸妈妈说话的意愿。

社会交往能力
——对环境有了一定的认识

宝宝对自己周围的环境已经有了一定的认识，环境有变化时，能够敏感地察觉到，当亲密相处的父母走近时，就会变得兴奋，陌生人走近时，就会感觉紧张。此时的宝宝最喜欢妈妈，总会盯着妈妈的脸看来看去。另外，容易被移动的物体、立体的物体所吸引。

第3个月

本月重点问题：
宝宝为什么喜欢吃手指

家长：宝宝为什么喜欢吃手指？

宝宝3个月，很喜欢吮自己的手指，还很享受的样子，每一次手指从嘴巴里拿出来时都沾满了口水。我觉得这样非常不卫生，宝宝吃手是天生的吗？能不能让宝宝不吃手啊？

问题解决 几乎每个婴儿到两三个月的时候都开始喜欢吮吸手指，而且还吮吸得津津有味。

❖ 吃手是宝宝发育的一个必然阶段

6个月之前的婴儿吮吸手指完全是为了满足吮吸的需要，人工喂养的婴儿和饥饿时的婴儿表现得特别明显。同时，也与安全感有关。当他把手指放入口中的时候，他的内心的紧张情绪得到一定的释放，他小小的心灵找到了一份依托。因此，宝宝肚子饿了，或者生气了、疲劳了，他就会吃手，这样可以满足他吮吸的需要和心理上获得安全感。

❖ 宝宝吃手是他想了解自己的能力与对外界积极探索的表现

婴儿最初探索世界的方式就是嘴，所以婴儿喜欢把各式各样的东西往嘴里放，包括自己的小手。宝宝吃手的时候，请妈妈不要阻止。为了防止细菌感染，要常洗手。另外，宝宝吃手，口水会浸润下巴、手指，时间长了容易患湿疹，需要经常给宝宝揩干。

❖ 6个月以后，就不能放任宝宝吃手了

6个月以内宝宝吃手属正常的生

理需求，妈妈不要阻止。一般宝宝在吃辅食之后，吃手的行为就会自动停止。但有的宝宝却一直热衷于吮吸手指，这时妈妈就要注意了，宝宝长期吮吸手指会影响其牙齿发育以及面容。健康宝宝多在六七个月时开始出牙，如果吃手指的习惯仍没有停止，则吸指处的牙就会萌出不足，而造成上下牙之间有较大空隙。此外，宝宝经常吮指过程中，由于不断地进行吮吸动作，两侧颊部收缩使牙齿排列形成弓状变窄。

❖ 1 岁后吮吸手指是坏习惯

随着年龄的增长，到 1 岁以后，宝宝依然吮吸手指玩乐，说明宝宝出现了行为上的偏移。如果宝宝这种吃手不及时纠正，进而会养成顽固性的习惯，将来再要改，便难上加难了。

营养与饮食指导

保证乳汁的量

到了第 3 个月，妈妈的乳汁量已经基本稳定，不会再出现什么大的变化，乳汁较少的妈妈可能已经不可避免地需要添加奶粉进行混合喂养了，而乳汁较多的妈妈千万不要掉以轻心，如果此时饮食质量下降严重、情绪压抑或者休息不好，本来很好的乳汁可能突然间变少，甚至完全没有。

所以，妈妈仍然需要好好安排自己的饮食、休息，并注意调节情绪，多方面着手保证乳汁的质和量。如果已经上班，工作午餐可以尽量丰富些，工作压力不可过大，工作中遇到难题，总会有解决办法，不要老把它放在心头，该休息的时候还是要休息好。另外，最好不要把工作带回家做，这样对家庭、宝宝都很不利，对工作的帮助其实也微乎其微。

母乳不够时采取混合喂养

知识导读： 到了第 3 个月，如果母乳明显不够宝宝吃，母乳再增加的可能性已经不大，需要及时添加奶粉，以免影响宝宝发育。

混合喂养是补授法还是代授法

知识导读： 混合喂养时，应以母乳为主，不足处用奶粉补充。

给宝宝添加奶粉时，有补授法和代授法。补授法，即先喂母乳，母乳不够时再加几十毫升的奶粉。补授法比较适合奶量比较少的妈妈，有规律的吸吮才能维持泌乳。但补授法让宝宝在一顿里吃两种奶，如宝宝的消化功能不好，容易引起消化不良。另外，习惯这种方法的宝宝在吃母乳的时候会偷懒，专门等着后面的奶粉，因为奶粉更香甜，而且不用太费力，宝宝更喜欢。

代授法，即其中的一两顿完全喂奶粉。刚开始时，一天中的大部分时间都喂母乳，只在下午 4 ~ 5 点添加一顿奶粉就可以了。夜里最好母乳喂养，夜里吸吮可以促进母乳分泌得较多，而起来冲奶粉不方便，喂母乳是最适合的。下午添加的奶粉可以先调配 100 毫升，看是否能吃饱，吃不饱下顿喂奶粉的时候就多冲 20 毫升。过一段时间，每天添加 1 顿奶粉不能满足宝宝的需求了，就添加 2 顿。注意：

1. 添加总量不应超过母乳。

2. 两顿奶粉不要连着加，而应该和母乳错开，每顿奶粉都在两顿母乳之间添加，以免太长时间不吮吸母乳，减少刺激，使母乳分泌更少。

宝宝突然不肯吃奶是怎么回事

知识导读： 宝宝突然不喜欢吃奶了，吃奶量急剧下降或者干脆不吃，也不觉得饿，也不会主动要吃的，每当把奶瓶放到他嘴边的时候，就转头避开。这种现象称为"厌奶"。

厌奶主要发生在奶粉喂养的宝宝身上，母乳喂养的宝宝也可能发生，这种现象一般出现在宝宝三四个月的时候，也有的宝宝从 6 个月开始，也就是在吃了辅食后开始厌奶。

造成宝宝厌奶的原因

宝宝厌奶的原因有很多，可能是厌烦了现在吃奶的方法；也有可能是前段时间吃得太多，有些积食了，肠胃负担过重，需要休息一段时间；而吃了辅食后厌奶的宝宝大部分是因为喜新厌旧，更喜欢辅食丰富的口感和味道，因而有些厌奶。也有的宝宝是对奶粉或妈妈吃的某一种食物过敏，吃奶让宝宝觉得不舒服。

厌奶时调整喂养方法

宝宝厌奶的时候，父母可以多尝试一些方法，避开引起厌奶的因素。

1. 换一下喂奶方式，把奶瓶换成杯子、勺子、小碗等轮流使用，如果宝宝是因为吃奶方式太单一而厌奶，这个方法就很有效。

2.增加宝宝的运动量，继续观察几天，如果宝宝是积食了，过几天消除积食，食欲就会恢复正常。

3.适当减少喂奶的次数，间隔时间长了，宝宝感到饥饿，就会吃一些。

宝宝厌奶时不要强迫宝宝吃奶

宝宝厌奶的时候，宝宝精神、身体都很正常，玩得也很开心，所以妈妈不要太担心，也不要总是设法让宝宝吃，甚至在他睡得迷糊时，往宝宝嘴里塞奶瓶，这会让宝宝更反感，厌奶情绪更严重。

宝宝厌奶一般不会持续太长时间，有的几天就会恢复正常，最长时间也不超过1个月。但如果宝宝是因为过敏而厌奶就要带着宝宝看医生了。

母乳喂养的宝宝不吃配方奶怎么办

母乳喂养的宝宝往往不愿意喝牛奶，如果妈妈的奶水确实不够，需要给宝宝补充配方奶，妈妈要注意下面几个问题。

选好喂奶时机

1.饥饿时：在宝宝饥饿时用奶瓶喂奶，喂养前至少2~3小时不给宝宝任何吃的，直到宝宝感觉饥饿并有食欲。

2.昏昏欲睡时：对于比较敏感的宝宝，配方奶喂养开始可以在睡前先进行母乳喂养，等宝宝有睡意时，改用配方奶喂养。

3.愉悦时：喂奶前抱抱、摇摇、亲亲宝宝，使宝宝很愉悦。千万不要在哭闹或生病时喂宝宝吃他不想吃的配方奶。

奶嘴很关键

1.柔软的乳头状的奶嘴最好。

2.把奶嘴用温水冲一下，使其变软些，和妈妈乳头的温度相近。

3.喂养前最好在奶嘴上涂抹一些母乳，便于宝宝很快进入角色。

喂奶姿势

妈妈用衣服将宝宝包着，奶瓶也可贴近妈妈身体，接着，不要将瓶嘴放入宝宝的口中，而是把瓶嘴放在旁边，让宝宝自己找寻瓶嘴，主动含入嘴里。也可在宝宝睡着的时候，把奶嘴放入他的嘴中。

有耐心多尝试

如果宝宝能接受奶嘴却仍不肯吃奶，妈妈可以试着挤出母乳在奶瓶里给宝宝吃，如果他接受了，说明可能他不喜欢奶粉的味道，而不是不愿意用奶瓶。可以换一种接近母乳味道的奶粉试试。总之，妈妈要有耐心多尝试，千万不能因为宝宝不吃或吃得少就放弃，一般宝宝一开始吃奶粉都吃得比较少，慢慢就会喜欢上了。

宝宝咬乳头怎么办

宝宝咬乳头最常见的情况，就是宝宝在长牙的时候，牙床又痒又疼，十分不舒服，恨不得见什么咬什么；柔软的乳头，恰好做了唾手可得的牙胶。

如何避免宝宝咬伤妈妈乳头？很简单，当宝宝咬乳头时，妈妈马上用手按住宝宝的下颌，宝宝就会松开乳头的。或者将宝宝的头轻轻地扣向你的乳房，堵住他的鼻子。宝宝会本能地松开嘴，因为他突然发现自己不能够一边咬人一边呼吸。如此几次之后，宝宝会明白，咬妈妈会导致自己不舒服，他就会自动停止咬了。

妈妈们要记住这样一个重要的事实：一个奶吃得正香的孩子是不会咬奶头的。咬的时候，宝宝已经结束了吃奶。因此那些挨过咬的妈妈在喂奶过程中要注意观察，看到宝宝已经吃够了奶，吞咽动作减缓，开始娱乐性吮吸时，就可以试着将乳头拔出来，防止宝宝咬。有些时候，宝宝用咬奶头来告诉妈妈：我吃饱了。

如果宝宝要出牙，频繁咬妈妈的乳头，喂奶前可以给宝宝一个没有孔的橡皮奶头，让宝宝吮吸磨磨牙床。10分钟后，再给宝宝喂奶，就会减少宝宝咬妈妈的乳头了。

妈妈喂奶时要保持好情绪

宝宝很敏感，能够准确感知妈妈的情绪变化，如果妈妈情绪不好，他也会变得不安。因此，妈妈在护理宝宝的时候，要注意保持好情绪，尤其是哺乳的时候。如果哺乳时情绪不好，宝宝可能会不好好儿吃奶。另外，妈妈情绪不好，发脾气或吵架时，体内激素水平会发生变化，这对宝宝的健康不利。

在喂奶的时候，妈妈要有意识地先调整自己的情绪，如果心情不好可以暂时不喂奶，调整好后再喂也不迟。

宝宝洗护指导

宝宝为什么突然口水很多

🔔 **知识导读：** 宝宝两三个月时喜欢流口水是正常现象，在会吃辅食之后，吞咽功能加强，流口水就会逐渐停止，除了长牙时还会流几天，其他时间都是干干爽爽的了。

宝宝两个月左右开始流口水，还爱吐泡泡，这是因为宝宝随着月龄的增长，其唾液腺分泌功能增强，但吞咽功能尚不完善，致使分泌的唾液不自觉流出。6 ~ 7 个月时，宝宝乳牙萌出，刺激三叉神经也会增加口水分泌，导致宝宝流口水。唾液分泌也受神经支配，幼儿也可因脑发育尚未完善，对唾液分泌的抑制能力及吞咽功能稍差，致使常流口水。这些都属生理性的，随着宝宝的长大，这些现象会慢慢消除，妈妈无须担心。

不要用力亲、捏宝宝的脸颊

宝宝的脸颊皮肤下面有一层特殊组织——颊脂垫，颊脂垫有协调上颚、双颊、嘴唇和舌头的作用，如果经常用力地亲或捏宝宝的嘴、脸颊，有可能会拉扯、扭曲这层颊脂垫，从而影响口腔的动作协调，让宝宝留下爱流口水的毛病。

因此，家人要注意不要用力亲、捏宝宝的嘴巴和脸颊，别人亲、捏宝宝，也要委婉地制止。

宝宝流口水时如何护理

🔔 **知识导读：** 人体唾液偏酸性，里面含有消化酶和其他物质，因口腔内有黏膜保护，不致侵犯到深层。但当口水外流到皮肤时，则易腐蚀皮肤最外的角质层，导致皮肤发炎，引发湿疹等小儿皮肤病。

宝宝流口水时，妈妈要做好以下几点：

1. 要随时为他擦去口水，擦时不可用力，轻轻将口水拭干即可，以免损伤局部皮肤。

2. 常用温水洗净口水流到处，然后涂上油脂，以保护下巴和颈部的皮肤。最好给孩子围上围嘴，以防止口水弄脏衣服。

给宝宝准备合适的围嘴

流口水的宝宝，需要准备 3 ~ 5 个围嘴，1 个湿了能够及时更换另 1 个。围嘴可以购买也可以自己做，材料最好是柔软的棉布，吸湿性好，而且容易清洗。颜色应该尽量浅，深色容易掉色，被口水浸湿之后，很容易污染衣服。另外，注意颈围要跟宝宝的脖子相合，不能太紧，太紧勒脖子不舒服，也不能太松，太松防护作用不太好。

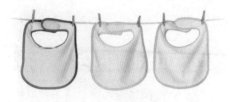

别忘了护理宝宝下巴

围嘴可以保护宝宝的脖子和胸部少受口水的浸润，但是下巴还是很难避免，需要父母及时擦拭，也可以在下巴上提前擦上鞣酸软膏或者其他油脂，减少口水的浸润。如果不及时擦拭或者提前做防护，长时间浸泡在口水里，宝宝的下巴有可能长湿疹。

给宝宝洗澡时别让宝宝盯着浴霸

知识导读：浴霸是靠强光来升温的，它释放的能量和强度必定是极高的。就算是成年人，盯着浴霸的强光时间长了，眼睛还受不了呢，更何况是孩子。

天气较冷的时候给宝宝洗澡，开浴霸能有效保温，但是有一个隐患，就是伤害宝宝的视力。婴幼儿的角膜和结膜表层都比较娇嫩，如果孩子一直盯着浴霸看，很容易对角膜和结膜造成伤害，影响将来的视力发育，甚至有可能造成视力永久受损。因此，建议妈妈在给宝宝洗澡时可使用暖风机或暖气。

如果要开着浴霸给宝宝洗澡，为了避免宝宝目光直接与浴霸强光接触，不要让宝宝仰面朝天。妈妈要注意用自己的身体遮挡一下光线，别让浴霸的光直射宝宝的眼睛。把宝宝放在浴缸里后，妈妈看看宝宝的瞳仁里是否有浴霸的影子，然后调节自己的位置，直到在宝宝的瞳仁里看不到浴霸为止。另外，也可以用白纸或者白布将浴霸蒙起来，以减少危害。

给宝宝使用安抚奶嘴不好吗

给宝宝使用安抚奶嘴有两个坏处：一是经常给宝宝使用安抚奶嘴会使安抚奶嘴成为妈妈敷衍宝宝的替代品。宝宝一哭就找奶嘴，用奶嘴代替了亲人的拥抱、亲吻，减少了亲子间互动，使妈妈不再了解宝宝。二是部分宝宝难以戒掉安抚奶嘴，长期地使用，可引起宝宝的嘴部，甚至牙齿变形。但只要妈妈注意控制宝宝使用安抚奶嘴的时间，给宝宝使用安抚奶嘴还是有很多好处的，如：

1. 吮吸安抚奶嘴有助于让宝宝养成用鼻呼吸的习惯。

2. 减少宝宝的哭闹，使疲惫的妈妈得到暂时的休息。

3. 对早产儿或宫内发育迟缓的宝宝，吸安抚奶嘴是一种安慰刺激，可减少哭闹促进其体重增长。

使用安抚奶嘴注意事项

1. 安抚奶嘴直接跟宝宝的嘴巴接触，要保持干净卫生，每次用之前都要用流动水冲洗，并且定时消毒。

2. 安抚奶嘴很容易损坏，妈妈要勤检查，如果发现破损、裂纹就要更换。

3. 不要用绳子把奶嘴拴在床上，以免缠绕住宝宝，引发危险。

不要频繁使用安抚奶嘴

给宝宝用安抚奶嘴不要太频繁，如果宝宝一哭就给他安抚奶嘴，就会让宝宝失去表达的机会，妈妈和宝宝的沟通质量也会下降。只有在妈妈很忙，或者宝宝无法安抚的时候才考虑用。很多宝宝在 6 ~ 7 个月以后，就自动不用了，但也有的宝宝不能自动戒掉，需要父母多关心，逐渐离开安抚奶嘴，学会自我安慰。

男宝宝不需刻意清洗包皮

多数男宝宝出生时包皮还完全包裹着龟头，这是正常现象，不能把包皮翻起来。在宝宝小便后清洗擦拭私处的时候，不要刻意翻开包皮。

包皮内有许多分泌腺，会产生一些分泌物，与包皮下方的龟头黏膜脱落的上皮细胞混合在一起，常常会形成一层白色的、类似于豆腐渣的物质，也就是包皮垢，这是正常的，在洗澡时要轻轻用清水清洗。单纯包皮垢没有任何症状和不适，如果引起了感染发炎就要治疗。

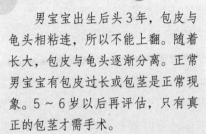

专家这样说

男宝宝出生后头 3 年，包皮与龟头相粘连，所以不能上翻。随着长大，包皮与龟头逐渐分离。正常男宝宝有包皮过长或包茎是正常现象。5 ~ 6 岁以后再评估，只有真正的包茎才需手术。

防感冒，给宝宝拍百日照注意事项

妈妈一般都会给宝宝拍百日照，但拍百日照的时候，妈妈一定要注意防止宝宝受凉感冒。

不要选择周末或节假日

给宝宝拍照，时间选择很重要，最好不要在周末或节假日，这些日子影楼一般比较繁忙，来往人员较多，空气污浊，环境嘈杂，会让宝宝感觉不适，不适合久留。

不要选择宝宝想睡觉时

选好日子之后，还要选一个合适的时机，不要选择宝宝想睡觉时带宝宝去拍照。一般宝宝醒来后的 1 个小时之内，情绪是最好的，兴奋度最高，在此时拍照，更容易出好效果。父母可以在宝宝睡着之后动身去影楼，这样在宝宝睡醒后，就可以很快投入拍照，在他变得烦躁之前顺利完成。

不要频繁给宝宝换衣服

宝宝拍照 1 ~ 2 套衣服就足够了，频繁更换衣服容易着凉感冒。拍照过程中，不要一味追求效果，过度摆弄宝宝，应以宝宝快乐为原则，如果宝宝表现出烦躁了，不肯配合，不要勉强，可以先哄哄再拍。拍完照后，要及时将宝宝的衣服穿好，如果宝宝累了睡着了，一定要记得给宝宝包好，否则很容易感冒。

闪光灯有没有伤害

妈妈们一般担心闪光灯会不会对宝宝有伤害，就一般使用而言，只要避免在近距离、连续闪光的情况下拍照，闪光灯是不会伤害宝宝的视力的。如果妈妈实在担心，可要求摄影师改变闪光灯的照射角度，仰射天花板或侧射墙壁，或用慢速快门、开大光圈拍摄的方法，来避免闪光灯对宝宝视力的伤害。当然，在没有必要的情况下最好不要开闪光灯，可以带宝宝去室外拍摄。

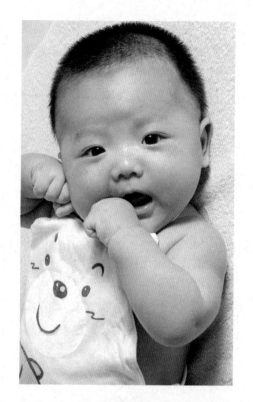

给宝宝剪睫毛，睫毛会长得更长吗

知识导读： 人的睫毛长短、粗细、漂亮与否，是由遗传等因素和营养状况决定的，剪睫毛的方法不会改变什么。

传统认为将小宝宝的睫毛剪掉，宝宝长出新的睫毛会更长更浓密。其实并非如此。睫毛如果剪得不好，可能会给宝宝带来伤害，如剪睫毛时，如果控制不好，宝宝的眼睑眨动或者头部摆动，还可能造成外伤。此外，剪掉睫毛后，刚长出的粗、短、硬的新睫毛，容易刺激眼球、结膜和角膜，会使宝宝产生怕光、流泪、眼睑痉挛等异常症状，严重时会继发眼部感染。再次长出的睫毛很有可能长成倒睫毛，就是睫毛倒向眼内生长，这会刺激角膜，导致宝宝出眼屎和流眼泪。

跟剪睫毛是一样的，剃眉毛会使眉毛长得更浓密的说法并无科学根据。宝宝的皮肤幼嫩，容易被剃刀划破而造成感染，妈妈不要去尝试这种危险的行为。

宝宝大小便管理

长期用纸尿裤会导致罗圈儿腿吗

🔔 **知识导读：** 纸尿裤最大的问题是不环保。因为其中的吸水成分是不能降解的。另外，穿着纸尿裤总没有光屁股舒服。除此之外，再没有什么其他问题了。传说中纸尿裤的很多问题，都是谬论。妈妈完全可以放心使用。

纸尿裤不会导致罗圈儿腿

很多妈妈担心，纸尿裤比较厚，尤其是存了几泡尿后的纸尿裤更厚。宝宝正处于骨骼发育成形阶段，大腿根部长期被纸尿裤挤开不能并排，长此以往，宝宝会不会变成罗圈儿腿？这种担心是没有必要的。发达国家使用纸尿裤时间较长，有医学机构通过大规模人群追踪调查，完全排除了纸尿裤和罗圈儿腿的关联。

胎儿在母体子宫内是呈螃蟹形的。出生后，双腿也是分开的，膝盖部弯曲，像O形腿，这是小宝宝的自然姿势。只要宝宝不缺营养，尤其是不缺钙，绝对没问题，慢慢就长直了，所以大可不必为此担忧。

纸尿裤不会影响宝宝生殖器发育

此外，纸尿裤（尿不湿）影响宝宝生殖器发育的说法也是不科学的。很多国家已用几十年也未发现类似问题。倒是传统的"把尿"或"把便"方式，容易造成婴儿脱肛。

奶粉喂养的宝宝容易便秘

宝宝在9个月前一般不会被诊断为便秘，这是因为宝宝的饮食结构、排便习惯都还在不断变化和成熟的过程中，我们不能轻易诊断宝宝便秘。但很多妈妈都很关注宝宝的排便情况，如果宝宝排便间隔时间较长，大便较干，就认为宝宝便秘了，为了方便交流我们暂且就说这是便秘吧。

奶粉喂养的宝宝更容易便秘，源于奶粉中某些成分构成与母乳不同。

首先，母乳中的蛋白质大部分是乳清蛋白，很容易消化，而奶粉中的蛋白质大部分是酪蛋白，不容易消化，进入肠道中会凝固成硬块，从而引起便秘。

其次，奶粉中的钙也不如母乳中的好吸收，其皂钙含量高，这也是引起奶粉宝宝便秘的一个原因。

最后，母乳含有人乳低聚糖，人乳低聚糖在肠道中可以增加大便中的水分，促进肠道蠕动，预防便秘，而奶粉中不含有这种物质。

多种因素综合起来，奶粉宝宝更容易便秘。

奶粉宝宝预防便秘的方法

添加配方奶后出现便秘可以通过以下几方面进行纠正：

1. 注意配方奶调兑方式，先加水后添奶粉，且奶粉和水的比例要与奶罐说明相符，切忌奶粉多水少；

2. 奶粉宝宝要勤喂水，增加肠道中的水分，预防大便干结。宝宝尿色发黄或出汗比较多时，要增加喂水量；

3. 添加辅食后，多吃含纤维素多的食物或在医生的指导下服用乳果糖口服液；

5. 如果宝宝吃某种奶粉有明显的便秘情况，妈妈可考虑给宝宝更换配方奶粉。

宝宝喝了配方奶就腹泻是为什么

🔔 **知识导读：**有的宝宝一喝配方奶就出现烦躁不安和腹泻的现象，这多因配方奶过敏或乳糖不耐受而引起。

宝宝喝配方奶腹泻主要有以下两个原因：

配方奶过敏——表现为慢性腹泻、大便软、半成形、常伴有黏液和隐匿性出血，少数可能有水泻、反复呕吐和腹痛等症状。宝宝的头面部皮肤还会出现红斑、丘疹或湿疹，自感瘙痒。

解决方法：一旦发现宝宝有上述症状，在医生指导下停止喂给宝宝配方奶或配方奶制品，改用深度水解或氨基酸配方奶品，大部分宝宝在停用原配方奶1周症状就明显缓解，多数宝宝在2岁后对配方奶过敏的现象会自行消失。

配方奶不耐受——表现为腹胀、腹痛和腹泻等症状，原因是宝宝体内缺乏分解配方奶的乳糖酶，喝配方奶后会造成胃肠不适。母乳中也含有乳糖，如宝宝是从母乳换成配方奶时出现的腹泻就不能首先考虑乳糖不耐受。

解决方法：虽然确实有婴儿患原发性乳糖不耐受，但非常少。只有急性腹泻时才会出现暂时乳糖不耐受。所以进食配方奶粉出现问题时，不应首先考虑乳糖不耐受。

若换不含乳糖的配方奶粉或在现有奶粉中添加乳糖酶后，症状有所缓解或消失，就可确定为乳糖不耐受。那么宝宝就需改喝不含乳糖的配方奶或其他代乳品。

宝宝睡眠管理

3 个月后给宝宝选个好枕头

知识导读：宝宝在满 3 个月的时候，脊柱颈椎段的生理弯曲形成了，需要一个枕头了。一个好枕头可以让宝宝呼吸顺畅，而且能帮他塑造一个漂亮头形。妈妈可以亲手给宝宝做一个，也可以到市场上购买婴儿专用枕头。

妈妈给宝宝选购枕头要注意以下几点：

1. 枕头的长度与宝宝的肩膀宽度相等，宽度与头部高度相等最好。

2. 枕头的高度也有要求，3 ~ 4 个月时应为 1 ~ 2 厘米，到 6 个月后可以用 3 ~ 4 厘米高的。

3. 枕套以纯棉、浅色为宜。

4. 枕芯的质地应柔软、轻便、透气、吸湿性好，软硬适度，可选择灯芯草、荞麦皮、蒲绒等材料充填。绿豆、小米太硬，睡着不舒服，宝宝的头形也很容易睡偏，不宜做枕芯。太空棉、羽毛等太柔软，宝宝枕上去，容易出现头部深陷，两侧枕头翘起来的情形。翘起来的部分有可能堵住宝宝的鼻孔，影响呼吸或引起窒息。而且其中的绒毛有可能引起过敏，所以也不适宜做枕芯。好的枕头是宝宝睡上去之后，表面略有凹陷，不凹陷说明太硬，凹陷太深说明太软。

枕头不是非用不可

1 岁前的宝宝，头部还比较大，脊柱弯曲度不深，只要宝宝自己不觉得难受，不用枕头也没有关系。但是随着身体的发育，孩子的肩部逐渐增宽。为了保护正常的生理弯曲，维持睡眠时正常的生理活动，睡觉时还是应该使用枕头的。一个好枕头，可以很好地支撑颈椎。少了它，睡眠质量会大打折扣。

宝宝使用枕头注意事项

宝宝使用枕头后，要注意以下两点：

1. 要勤洗勤晒。宝宝头部汗多，皮脂分泌也比较旺盛，口水还经常流到枕头上，因此，枕套要经常清洗。枕芯还要经常放到有阳光、通风好的地方晾晒，最好每星期晾晒 1 次，以防细菌滋生。另外，枕芯每年都应该更换1次，以保持其松软和舒适。

2.宝宝刚开始使用枕头时，可能经常会不知不觉就脱离了枕头，头扎在床上睡得很舒服。如果是这样，妈妈不用一次次地把他扶回枕头，这是因为宝宝的生理弯曲还不是很深，而头仍然较大，枕头让他不舒服才做出的反应，所以尊重他的选择就好了。到了他觉得枕头很舒服的时候，就不会再有这样的情况了。

宝宝有睡姿偏好应检查是否斜颈

🔔**知识导读：**宝宝的偏好睡姿对心脏、肺或其他内脏不会造成过分的压迫，只是比较固定一个姿势睡眠会导致头形出现问题。由于小孩头颅骨较软，非常容易塑形，基本固定一个姿势，容易出现偏头或扁头的现象。

适时改变睡眠姿势

小宝宝现在不会自己翻身调整睡姿，需要父母帮忙，父母把宝宝放到床上的时候，这次仰卧，下次就可以侧卧着放。侧卧和俯卧时要注意宝宝的耳朵，耳郭不要压向前方，以免变形，另外，侧卧或俯卧时，注意看护，防止宝宝窒息。

检查宝宝是否斜颈

造成固定睡姿的主要原因可能与"斜颈"有关。所以，如果宝宝总是偏向一边睡觉，妈妈应该检查宝宝

颈部。

斜颈是因颈部两侧肌肉强度不一致，造成的头歪斜或转向一侧现象。及早发现斜颈非常重要。及早发现，及早按摩较短一侧颈部，会及早纠正斜颈。不仅利于斜颈的纠正，还利于预防偏头和面部发育不对称等并发现象的出现。及早发现斜颈非常容易，将孩子置于床上，让其寻找最佳舒服姿势。若发现头的中线与躯干中线形成明显的角度，即应请医生定夺。

宝宝睡觉容易出汗

多数小宝宝睡觉的时候出汗都是正常的，原因有几个：

一是可能睡前吃的东西还在胃里消化，由于胃的工作，导致全身血液流动加快，引起出汗。

还有就是因为宝宝睡觉前运动或是大脑神经兴奋，入睡后要一定的时间来平复，大概需要的时间是2～3小时。

宝宝睡着后出汗多出现在头部，是因为婴儿躯体绝大部分汗毛孔尚未开放，只有头发能够将汗液排出，所以一旦遇热就会发现婴儿满头大汗现象。很少能发现小婴儿身上出汗，但经常能发现身上有点状红疹，这也是因汗毛孔未开，汗液不能引出形成的热疹。

宝宝出汗后注意护理

要注意的是，宝宝午睡后，如果

衣服湿了，要给换干的，换之前最好把衣服用电吹风吹暖，晚上宝宝刚入睡的时候，盖得少一点，随时注意宝宝热不热，下半夜可以盖得多一点，宝宝最好睡自己的小被窝，不要和大人一起睡，大人挨着宝宝会让宝宝更热的。

宝宝出汗多是缺钙吗

对于婴幼儿来说，只要穿盖偏多（睡觉时头部出汗太多可能与盖得太多有关）、运动后（吃奶对婴儿来说是最大的运动，还有哭闹），宝宝就特别容易头部出汗，由于婴儿的手主要处于握拳状态，手心也常出汗，这些与缺钙关系不大。但如果排除以上情况，宝宝出汗还是很严重，妈妈可以去医院检查看宝宝是否缺钙，如果缺钙医生会开补钙产品给宝宝。

宝宝睡眠少要紧吗

知识导读： 一般 6 个月以内的宝宝，

每天睡 15 ～ 20 小时；至 1 岁以内，每天睡 13 ～ 15 小时；2 岁时每天平均睡 12 ～ 14 小时，小学年龄阶段每天睡眠仍不少于 10 小时。

宝宝睡眠时间是有个体差异的，还和睡眠质量有关。如果宝宝的生长发育情况，体重、身高增长，精神情况，吃奶情况都良好的话，即使睡眠时间短，家长也没有必要担心。

小宝宝白天睡觉有时会呈短暂性，可能半个小时到一个小时就会醒来，然后玩几个小时又会睡一会儿。这短暂的时间其实已经经历了浅层到深层的睡眠过程，所以即使宝宝白天睡眠时间短，妈妈也不必担心，只要晚上睡得踏实就好。

但是，如果宝宝不光睡眠少，还伴有精神萎靡、情绪波动大、胃口不好，且日渐消瘦，常有腹泻或咳嗽，甚至有低烧，则为不正常现象，应去医院进一步检查。

宝宝喜欢趴着睡

🔔**知识导读：** 胎儿在母亲的子宫内就是腹部朝内，背部朝外的蜷曲姿势，这种姿势是最自然的自我保护姿势，所以宝宝喜欢趴睡。

趴睡时宝宝更有安全感，容易睡得熟，不易惊醒，有利于宝宝神经系统的发育。但是趴着睡容易突然窒息。所以，晚上睡觉时，妈妈最好让宝宝躺着睡。白天午睡或有大人照顾时，再把睡姿调整成趴着睡的状态，而且宝宝趴睡时不要用太软的枕头，不要闷着宝宝。

适合趴睡的宝宝

有一些宝宝是很适合趴着睡的，如患胃食道反流、阻塞性呼吸道异常、

斜颈等的宝宝，可以尝试趴睡，以帮助缓解病情。下巴小、舌头大、呕吐情形严重的小孩，必须趴睡。其实趴着睡是个好姿势。液体的食物可以吐出，呼吸也容易。有人证明趴着睡可以使肺内氧分压高，而且手足运动也较多。

不能趴睡的宝宝

有一些宝宝不能趴着睡，如患先天性心脏病、先天性喘鸣、肺炎、感冒咳嗽时痰多、脑性麻痹的宝宝，以及某些病态腹胀的宝宝，例如患先天肥大性幽门狭窄、十二指肠阻塞、先天性巨结肠症、胎便阻塞、坏死性肠炎、肠套叠和其他如腹水、血液肿瘤、肾脏疾病及腹部肿块等疾病的宝宝。

常见疾病防护

小儿疝气

🔔**知识导读：** 疝气是指人体组织或器官的一部分离开原来的部位，进入别的部位的一种情形，对宝宝来说最常见的是脐疝和腹股沟疝。脐疝是小肠或网膜的一部分从肚脐鼓出来造成的，腹股沟疝是小肠肠管进入没有完全闭塞的鞘状突，在腹股沟或阴囊处形成一个包块而形成的。

小儿疝气的特点

1. 小儿疝气有可能会在出生后数天、数月或数年后发生。

2. 无论是脐疝还是腹股沟疝都是在宝宝哭闹、咳嗽、排便等腹压较大时发生或变得更严重。

3. 疝气在平躺或用手按压时会自行消失。

4. 腹股沟疝多见于男宝宝，这与男孩的睾丸下降过程及腹膜鞘突然闭

锁有着密切的关系。

小儿疝气必须手术吗

脐疝气经常发生在低体重和早产宝宝身上，在宝宝咳嗽和哭闹的时候会特别明显。脐疝气是在胎宝宝腹壁发展后期，还没有关闭好，当宝宝咳嗽或哭闹的时候，肠管自肚脐处的脐孔突出至皮下形成的。脐疝气有的很小，仅容得下一个小指头。

脐疝气自行痊愈的机会很多，大约在1岁之前就会好起来。1岁之后，随着年龄的增加，自行痊愈的机会会逐渐减少。若宝宝2岁之后疝气并没有好起来，建议听从医生的治疗看是否需要手术。

疝气不影响生长发育

很多妈妈担心宝宝得疝气会影响生长发育，其实宝宝得了疝气除了脐部鼓个小包或阴囊胀大外，如果没有发生嵌顿（疝气包块无法回纳）、一般不会有什么痛苦，也不影响生长发育。

疝气比较大，或发生嵌顿应看儿外科医生。

小心宝宝缺铁性贫血

知识导读： 宝宝在妈妈的子宫里的时候储存了足够的铁，但只够用到出生后4～6个月，如果在宝宝4～6月时不能及时添加辅食，宝宝就容易出现缺铁性贫血。

宝宝缺铁性贫血的危害

缺铁性贫血对宝宝的身体影响主要表现在以下几方面：

1.缺铁可引起细胞免疫功能缺陷，宝宝抵抗力差，容易患病，面色白，消瘦。

2.缺铁使胃酸分泌减少、脂肪吸收不好，使宝宝消化能力减弱。

3.贫血使宝宝机体处于缺氧状态，肌肉软弱无力。

4.影响宝宝智力。研究表明，宝宝处于生长发育中的大脑耗氧量占全

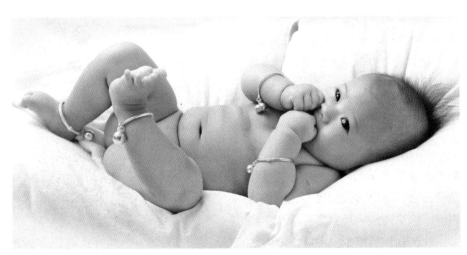

身耗氧量的一半，而成人大脑的耗氧量只占全身耗氧量的 1/5。宝宝贫血使摄氧能力下降，脑组织缺氧，宝宝的记忆力和注意力、情绪控制能力等都会受到影响。

预防宝宝缺铁性贫血的方法

贫血是影响宝宝身心健康的常见疾病，要做到早防早治。

首先，由于母乳中的铁婴儿容易吸收，妈妈应当尽量选择母乳喂养。如不能母乳喂养时，要尽量选择富含铁的婴儿配方奶粉。

其次，妈妈要注意在宝宝 4 ~ 6 个月时，适时适量为他们添加辅食。

一般来说，肝、血、蛋黄、豆类、肉类（牛肉、羊肉、鱼肉等）、绿叶蔬菜、杏、桃中含铁比较多。添加辅食时，应当遵从一种到多种、从少到多、从稀到稠的原则，按照宝宝的消

化能力逐渐增加，每添加一种辅食应观察 3 ~ 7 天。

治疗宝宝缺铁性贫血

大部分宝宝贫血都是因为缺铁。缺铁引起的贫血，只要适当补充铁元素，一两个月后就可以恢复正常。贫血较轻微的时候，主张食补，如给宝宝喝加铁的婴儿配方奶粉、含铁的米粉或含铁的维生素滴剂等。同时，还要补充富含维生素 C 的食物，比如西红柿汁、菜泥等，以增进铁质吸收。此外，当宝宝开始吃固体食物后，也要多喂食含大量铁质的食物，如鸡蛋黄、动物肝脏、红肉等。

当宝宝贫血比较严重，或者长时间食补都不见效时，可在医生指导下服用含铁糖浆等药物。

在玩耍中开发宝宝能力

宝宝，抬抬头

🔔 **知识导读：** 引导宝宝练习抬头不仅能锻炼宝宝颈部、背部的肌肉力量，增加宝宝的肺活量，还能帮助宝宝较早地正面面对世界，接受更多的外部刺激。

帮宝宝练习抬头的方法

选择宝宝清醒、空腹（喂奶前1小时）时，使宝宝趴在床上，然后将宝宝的头转至正中，手拿色彩鲜艳有响声的玩具逗引宝宝，使其努力抬头，抬头的动作从与床面呈45°角开始，逐步稳定。这个月宝宝能稳定地抬起90°。不要在宝宝吃饱后做抬头练习，否则容易导致吐奶。

宝宝抬头时，爸爸妈妈还可将玩具从宝宝的眼前慢慢移动到宝宝头部的左边，再慢慢地转移到宝宝头部的右边，但不宜过长时间，以免宝宝长久俯卧压迫到内脏。

宝宝，翻过来

🔔 **知识导读：** 有的宝宝3～4个月就试图翻身，满5个月后就能翻身自如了，从仰卧位翻到侧卧位，再从侧卧位翻到俯卧位。

妈妈从3个月开始就可以训练宝宝翻身的本领。

训练翻身的方法

首先要给宝宝穿少些，盖少些。可以先教宝宝向右翻身，方法是：把宝宝头偏向右侧，托住宝宝左肩和臀部，使宝宝向右侧卧。从右侧卧转向俯卧的方法是：妈妈一只手托住宝宝前胸，另一只手轻轻推宝宝背部，使其俯卧；如果右侧下肢压在了左腿下面，就轻轻帮助宝宝抽出来。宝宝的头会自动抬起来，这时再让宝宝用双手或用前臂撑起前胸。经过这样的锻炼，宝宝就学会翻身了。

宝宝一般先学会"仰—俯"翻身，再学会"俯—仰"翻身，一般每日训练2～3次，每次训练2～3分钟。

宝宝，我们来照照镜子吧

🔔 **知识导读：** 照镜子是宝宝和外界交流的一种有益训练，对丰富视觉体验很有好处，当宝宝能有爱地抚摩镜子中的人，甚至对着镜中的自己喃喃自语时，就说明宝宝初步学会了关心和爱护他人。

我们每个人都是通过镜子认识自己的，小宝宝也是如此，给宝宝一面镜子，可以帮助他认识自己，而且还能丰富他的视觉感受。

妈妈给宝宝穿上鲜艳漂亮的衣服，将宝宝抱到家里的大镜子前，用手指着镜子中的人说："宝宝，这是什么？"为更快引起宝宝注意，妈妈可以握着宝宝的手朝镜子挥一挥，或者在镜子前左右移动身体。

宝宝会很好奇，尝试用手去触摸或拍打镜子，甚至想用自己的嘴巴去尝"真伪"，妈妈这时可以用儿歌助兴："宝宝照一照，小镜子，真神奇，我哭他也哭，我笑他也笑。"

妈妈也可让宝宝看着镜中的自己，并一一地指着宝宝的五官，告诉宝宝各器官的位置，或者面对镜子，拿着宝宝喜欢的玩具，在宝宝后面移动，继续加强他对物体的追视能力。

重复玩过的游戏

一种游戏不能只给宝宝玩一次，虽然宝宝天生具有旺盛的好奇心，喜欢新鲜的刺激，但这是在他有安全感的前提下才行的，宝宝也很喜欢重复他已经学会的动作或玩过的游戏，并对自己充满自信。

宝宝满 3 个月了

满 3 个月宝宝的体格标准

满三个月时宝宝的体格标准如下：

体格指标	男宝宝	女宝宝
体重（平均）	6.70 千克	6.13 千克
身长（平均）	62.00 厘米	60.60 厘米
头围（平均）	40.50 厘米	39.50 厘米

满 3 个月宝宝具备的能力

大动作能力——可以自行竖头

3 个月的宝宝，头颈部力量进一步强化，在俯卧时，头可以抬离床面很高，与床面呈 45° 以上的角，并且能主动向左右转头。抬头劳累时，可以自己控制着将头低下，而不再像以前一样无力垂下。满三个月时，宝宝可以自行竖头，不过不稳定，会向左右摇动，维持时间也不长。

精细动作能力——会把手放嘴里吮吸

这个月的宝宝可以把手放在嘴里吮吸，并会时不时地抓脸。父母不要阻止，让他充分享受吮吸和抓脸的乐趣，这会为宝宝积累很多经验。另外，此时的宝宝已不再紧紧地握着拳头了，可以很轻易地把玩具放在他的手中，而他也开始主动伸手够玩具。

视觉能力——可以主动调节焦距了

宝宝 3 个月的时候，视觉能力有了一个质的变化——可以主动调节焦距了，所以他现在不但对左右移动的物体感兴趣，对由远及近或由近而远的物体也会较长时间地追视。不过，眼睛转动还不是很自如，追视有时会中断。

听觉能力
——会从声音中听出情绪

宝宝现在能准确分辨出不同的说话态度，如果态度恶劣，就会表现出委屈；如果和悦，就表现得满足和安静或微笑。所以，爸妈不要在宝宝面前吵架，这么做可能会让宝宝变得比较烦躁、脾气大、很难哄，给喂养增添麻烦。另外，宝宝此时喜欢听音乐，还弄明白了音乐和说话声音是两回事。

语言能力
——对大人的说话有回应

3个月的宝宝有时能自发地发出两个音节的音，被逗引时，可以出声地笑，笑声较短暂。尽管笑声短暂，也足以让妈妈乐开花。另外，宝宝在父母跟他说话时，偶尔会应和，并且出现上下点头的动作，就像能听懂似的。

社会交往能力
——喜欢与人交流

宝宝此时很喜欢与人交流，对父母的逗引、训练都很配合，而且很高兴，还能够主动跟人交流、互动，尤其看见熟悉的人时，非常兴奋，全身一起动作表达他的高兴。如果有人跟他说话，也会手足齐动，好像在用身体与人对话。另外，宝宝可以模仿与他对话的人的动作和表情，比如伸舌头、挤眼睛等。

第4个月

本月重点问题：
这么小的宝宝能学什么东西

家长：这么小的宝宝能学什么东西？

都说 0 ~ 3 岁是宝宝开发智力的重要时期，家长要重视"早期教育"，可我家宝宝才几个月，像个小木头人一样，什么也不懂，能教什么东西呢？

问题解决 很多家长认为自己的宝宝几个月没有必要开始早教，这么小他懂什么？主要是让他吃饱、穿暖，不生病就行，关于宝宝的各个能力不教也能会。其实，宝宝从一出生就在不停地学习，学习吮吸奶瓶、学习和家人交往、学习取物玩耍、学习更深入表达自己的需求等，他不停地用眼睛看，用耳朵听，用手脚身体探索，观察身边所有的事物。

❖ 发现宝宝各个阶段的能力特点

一个人这一生应具备几个最基本的能力：语言能力、认知能力、社会适应能力、自理能力、大动作和精细动作能力，这些都是宝宝长大后学习具体的更深层知识和生存的基础本领，也是宝宝在 0 ~ 3 岁最易获得的能力，因为宝宝在 0 ~ 3 岁脑部发育最快，其中 0 ~ 1 岁最快，其次是 2 ~ 3 岁，对于这些能力的掌握，在 0 ~ 3 岁每个月龄阶段都有他的学习敏感期，最易获取知识，而且很多能力前面的基础是后面的积累，只有前面做得好了，后面的学习才更轻松，如宝宝在语言方面的学习过程：0 ~ 1 岁是宝宝感知语言、发展理解性语言阶段，1 ~ 2 岁是宝宝表达性语言发展时期，2～3岁是理解性语言和表达性语言技能进一步增强的阶段，抓住宝宝每个年龄阶段的不同特点学习，会有事半功倍的效果。因此家长要做的并不是教宝宝什么知识，而是发现宝宝各个阶段的能力特点，做相应的加强练习。

主动性学习和被动性学习相结合

宝宝每种能力都是通过这两种方式获得的，一是主动性学习：宝宝向他人不断模仿、尝试和摸索。二是被动性学习：家人的语言和行为的指导。宝宝的大脑发育还不健全，宝宝的主动性学习虽然也能学会很多本领，但如果只是单用这种方式学习会使宝宝有个长时间的反复过程，尤其对于几个月的小宝宝，家长应根据宝宝的能力特点进行有效的教育，教育方法不是直接用语言传输，而是通过日常生活和游戏来强化宝宝的某种能力，如宝宝学习自己喝奶，家长必须明白宝宝什么月龄有能力抓握奶瓶；宝宝什么月龄有能力抓握杯子使杯子的水不洒出，保持平衡。在恰当的时间里提供给宝宝奶瓶或水杯让他持握多练习，等等。

早教班要不要上

对于大多数宝宝来说，早教班属于自愿项目，如果家长有经济能力，同时又愿意宝宝去早教班体验一下，那么未尝不可，如果宝宝在家早教很正常、很快乐，也没必要非去早教班不可。

即使宝宝去上了早教班，妈妈一定要先端正自己的态度，不能认为早教班就是万能的，只要宝宝上了早教班，就完成了早教，相反，还需要降低自己对早教班的期待，不要期待着宝宝能在早教班获得一日千里的进步，不然就本末倒置了，宝宝的进步靠的不是别人，而恰巧是父母的细心照护，以及与宝宝的亲子交流、互动。

早教班对宝宝有没有锦上添花的效果还要因人而异，每个宝宝都是不一样的，即使同样大的宝宝他们各自的能力发展也会出现不均衡的现象，有的运动能力突出，有的则空间感更好，还有的语言能力很强，这些都需要区别对待，但是早教班限于条件，只能"打包"上课，如果上一节课下来，全是又跳又爬的游戏，比较安静的宝宝就吃不消，很反感，这并不利于宝宝成长，这节课事实上更适合精力旺盛、体能好的宝宝，能帮助他们增强能力。

职场妈妈哺乳指导

妈妈上班后应照样喂母乳

🔔 **知识导读：** 妈妈上班了，但母乳可以照样喂，只要将母乳挤出、收集起来，并好好保存，按时喂给宝宝即可，可以一直坚持到断奶。

许多妈妈在宝宝 4 个月或 6 个月以后，产假期满就得回单位上班了。这时妈妈就不便按时给宝宝哺乳了，需要进行混合喂养。而此时宝宝正需要添加辅食，如果喂养不当，很容易引起营养不良。同时，这个时期宝宝体内从母体中带来的一些免疫物质正在不断消耗、减少，若过早中断母乳喂养会导致抵抗力下降、消化功能紊乱，影响宝宝的生长发育。

这个时候的喂养方法，一般是在两次母乳之间加喂一次配方奶。最好的办法是，如果条件允许，妈妈在上班时仍按哺乳时间将乳汁挤出，或用吸奶器将乳汁吸空，以保证下次乳汁能充分分泌。吸出的乳汁在可能的情况下，用消毒过的清洁奶瓶放置在冰箱里存放起来，回家后用温水加热后仍可喂哺。每天至少应泌乳 3 次（包括喂奶和挤奶），因为如果一天只喂奶一两次，乳房受不到充分的刺激，母乳分泌量就会越来越少，不利于延长母乳喂养的时间。总之，要尽量减少其他代乳品的喂养次数，尽最大努

力坚持母乳喂养。

职场妈妈母乳实现必备用品

母乳挤出、收集、保存都需要工具，妈妈可以在市面上购买吸奶器、收集乳汁的瓶子或奶袋。

吸奶器

吸奶器有电动和手动两种，如何选择要看上班后挤奶的场所是否有插电的地方。如果不能用电，就买一个手动的。当然也可以不借助吸奶器，手法熟练后，自己用手挤奶也很方便，只是时间耗费多一些。

瓶子或奶袋

瓶子和奶袋最好选择适宜冷冻的、密封良好的塑料制品。最好不要用金属制品，这是因为母乳中的活性因子会附着在玻璃或金属上，从而降低母乳的养分。瓶子不需要太大，一般一个瓶子里放一顿的量比较好。因为奶水在取出加温后不能再重新冷藏，瓶子小可以避免浪费。

便利贴

挤出的乳汁装在容器里之后，要贴一个标签，在上面标明挤出的时间，这样在保存、食用时可以明确判断有没有过期，有助于实现先挤出的先喂食的原则。还要注意选择不会因温度变化影响字迹的笔来标注。

让宝宝提前适应妈妈上班后的生活

妈妈在上班前的半个月，就应该让宝宝提前适应妈妈上班后的生活，除了让他适应、熟悉将要照顾他的人，更主要的是让他适应妈妈上班以后的饮食。

首先，按照上班以后的方式喂奶。在妈妈正常上班前和下班后的时间，直接哺乳，其他时间是妈妈将来正常的上班时间，不能喂奶，妈妈到时间就把乳汁挤出来，放在奶瓶里喂食。

其次，奶水挤到奶瓶里后，妈妈可以把奶瓶交给将要照顾他的人喂食，让宝宝和照顾的人互相适应、了解。

最后，刚开始使用奶嘴的时候，宝宝可能很不喜欢，妈妈不要心软，又给宝宝吃乳头，可以换一个比较接近妈妈乳头感觉的仿真奶嘴。仿真奶嘴用硅胶制成，味道轻，口感也更柔软。另外，如果奶嘴较硬，使用之前

可以用温水泡一下，感觉会好一些。尽量让宝宝在妈妈上班之前就接受奶嘴，否则在妈妈刚开始上班的几天，宝宝可能会挨饿。

工作时间怎样挤奶

如果妈妈希望宝宝完全吃母乳，或宝宝对奶粉过敏的话，可上班时携带奶瓶或奶袋，收集母乳。在工作休息时间及午餐时在隐秘场所挤乳。

挤奶可以用手挤也可以用吸奶器吸，妈妈可视情况选择。最初挤几下可能奶不下来，多重复几次奶就会下来。另外，每次挤奶的时间以20分钟为宜，双侧乳房轮流进行。一侧乳房先挤5分钟，再挤另一侧乳房，这样交替挤下奶会多一些。如果奶水不是太多，挤奶时间应适当延长一些。妈妈挤奶的时间应尽量固定，建议在工作时间每3个小时挤奶一次，每天可在同一时间挤奶，这样到了特定的时间就会来奶。

多练习如何使用吸奶器

知识导读： 妈妈需在返回工作岗位前3～4周时开始使用吸奶器，可以有充分的时间熟悉这种方式。用吸奶器吸奶所需时间一般为每次15分钟，加上清理的时间整个过程不超过20～25分钟。最初的几天可能只吸出少量的奶。

熟练吸奶器的使用方法

1. 在吸奶前，用熏蒸过的毛巾温暖乳房，并进行刺激乳晕的按摩，使乳腺充分扩张。

2. 按照符合自身情况的吸力，进行吸奶。

3. 吸奶原则是8分钟左右，并控制在20分钟以内。

4. 在乳房和乳头有疼痛感的时候，请停止吸奶。

挑选吸奶器的要点

1. 具备适当的吸力，并不是吸力越大越好。

2. 使用时乳头没有疼痛感。

3. 能够细微地调整吸奶压力，因为吸奶并不是单纯地拉张乳头，所以并不是只要选择吸力强的吸奶器就可以了。

吸奶器的消毒和清洁方法

知识导读： 如果吸奶是为了储存，请务必消毒所有吸乳器配件，否则乳汁易变质不易储存。

吸奶器的清洁

母乳中含有大量脂肪，在吸奶器使用过后其配件中容易残留大量的油脂，这可能造成配件之间摩擦力增大，容易打滑以至影响吸力，所以请使用能够溶解油脂的安全洗剂来清洗吸乳器所有配件，这样有助于下次的使用。清洁后建议使用蒸汽的方式进行全面的消毒，这种消毒方式最为安全有效

且更有利于保护配件。

吸奶器的消毒

一般而言每天消毒1～2次即可，对于刚生产完毕的妈妈来说，吸乳的频率相对较高（一般2～3小时进行一次）但建议无须每次使用后都进行消毒和清洗。过度消毒和清洗易造成配件过早老化，缩减吸奶器的使用寿命。建议每天彻底清洗一次乳渍及蒸汽消毒一次即可。吸奶的间隙请注意使用吸奶器上配套的防尘配件：漏斗型罩口封罩及泵盖。但妈妈要注意一定按说明书要求操作，因为吸奶器的部分物件是不可以高温消毒的。

母乳的保质期限

知识导读： 挤好的奶如果不及时喂给宝宝，应放冰箱保存。下班后携带奶瓶仍要保持低温，到家后立即放入冰箱。

妈妈最好按每次给宝宝喂奶的量，把母乳分成若干小份来存放（一般容量为60～120毫升），每一小份母乳上贴上标有日期和时间的标签，以方便家人或保姆给宝宝合理喂食且不浪费。

新鲜的母乳，如果1小时内吃不完，就应该冷藏，如果48小时内都吃不完，则应该冷冻。如果48小时内可以吃完，尽量不冷冻，冷藏即可，冷藏的奶比冷冻奶保留了更完整的营养。另外，放奶水在冰箱里时尽量往深处放，不要放在靠近门的地方，以

维持温度的稳定。

虽然放在 -20℃ 的温度下，乳汁可以保持 6 ～ 12 个月不变质，但没有什么意义，太长时间的冷冻，营养价值已经降低。

此外，从冷冻室放入冷藏室解冻的奶水，不能再次冷冻，应该在 24 小时内吃完，吃不完就清理掉。从冷藏室取出已经加温的奶水，如果吃不完也不能再次放入冷藏室，应丢弃不用。

母乳储存时间

贮存的方法	足月婴儿	早产 / 患病婴儿
室温	4 小时	2 小时
冰箱（4 ～ 8℃）	72 小时	48 小时
冰箱（-18℃ 以下）	6 ～ 12 个月	6 个月

母乳的解冻方法

在冰箱里保存的母乳应该遵循先进先出的原则喂给宝宝，即每次都喂最早挤出来的那部分。母乳的加热要引起重视，如果方法不对就会破坏里面的营养成分。

加热冷藏（冻）母乳的两种方法：

1. 隔水烫热法。如果是冷藏母乳，可以像冬天烫黄酒那样，把母乳容器放进温热的水里浸泡，使奶吸收水里的热量而变得温热。浸泡时，要时不时地晃动容器使母乳受热均匀。如果

是冷冻母乳的话，要先放在冷藏室解冻，然后再像冷藏母乳一样烫热。

2. 温奶器加热。把温奶器的温度设定在 40℃，隔水加热母乳，温度更容易掌握。不要用高温的水加热，高温同样会破坏营养。

冰箱里的奶水，每次喂食之前，都应该闻一下，有无变味，以此增加安全系数。

专家这样说

乳汁从冰箱里拿出来的时候，看上去上层比较黄，下层比较清，这是发生了油脂分离，是正常现象，只要轻轻摇晃，使脂肪混合均匀即可。

不用微波炉热奶

给宝宝热奶时，最好不用微波炉，微波炉加热不均匀，容易一部分太烫，而另一部分太凉，如果忘记摇晃，很容易烫伤宝宝。另外，如果用微波炉加热奶水时间过长，会使奶水中的蛋白质受到高温作用，由溶胶状态变成凝胶状态，导致沉积物出现，影响乳品的质量。这样，奶水中的营养成分会遭受到较大的损失。

出差期间要保证奶质奶量

妈妈返回工作岗位后，有可能需要出差，如果可以尽量跟上司沟通，请别人代替自己。不得已必须出差时，

要注意维护奶质奶量，不要因为出差回奶或者使奶质发生变化。

1. 出差带奶瓶收集奶水是不现实的，最多带一个吸奶器，定时把奶吸出，避免回奶就可以了。记得挤奶一定要坚持，并且定时定点。

2. 出差时，难免应酬，食物要合理搭配，鱼、肉、蔬菜、水果都要合理摄入，注意不要吃刺激性食物，也不要喝酒，不吃油炸以及易致敏食物等。

3. 出差时，工作比较忙碌，平时的生活规律容易被打乱，妈妈要尽量

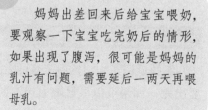

专家这样说

妈妈出差回来后给宝宝喂奶，要观察一下宝宝吃完奶后的情形，如果出现了腹泻，很可能是妈妈的乳汁有问题，需要延后一两天再喂母乳。

保证休息，能够推掉的饭局、酒会等尽量推掉，给自己多留一些休息时间。

4. 出差时，工作压力本身就大，加上对宝宝的思念，会让妈妈感觉焦虑和懊恼，建议妈妈要主动调节情绪。情绪抑郁也会减少泌乳量。

满 4 个月之前不要给宝宝添加辅食

很多妈妈尽管知道在 6 个月时加辅食更合适，但是当有人建议妈妈早加辅食或者妈妈听到别人家的宝宝已经开始吃辅食了，就可能开始动摇，也想早些给宝宝加辅食。实际上，许多宝宝都无法适应过早添加辅食。若妈妈坚持早些给宝宝添加辅食，可能给宝宝的身体健康带来不利的影响，由于月龄较小的宝宝消化酶还不成熟，适应力也较差，过早地添加辅食可能伤害到宝宝的消化系统，并造成过敏，同时可能增加宝宝的肝脾压力，危害宝宝的身体健康。另外，宝宝的胃容量很小，过早加辅食，辅食的量上不去，奶类摄入却不足了，特别容易导致营养不良。

其实，4 个月之前的宝宝还没有做好接受辅食的准备，大多数宝宝都不肯张嘴吃辅食，喂进去也不会咀嚼和吞咽，总是挺舌头吐出来，最好还是坚定地纯母乳喂养到 6 个月后再加辅食。但如果宝宝 4 个月后出现了想吃辅食的信号，可以尝试给宝宝添加点米粉，添加量应从少到多。

宝宝洗护指导

如何选购宝宝护肤品

为宝宝选择护肤品应着重注意五个方面。

1. 要看产品说明，如保质期及有无"皮肤过敏者慎用"等警示语句。

2. 应注意成分，成分越单纯，对皮肤刺激越小。所谓成分简单，就是最好不加特殊香料，不加过多颜色，只具备基本的润肤成分即可。因此，建议父母们在挑选时先闻闻气味，有淡淡香味，宝宝不反感就可以。然后再挤出一些试试，白色或乳白色的最好，颜色鲜艳的最好别买。

3. 要看厂家，非专业生产儿童化妆品厂家的产品，最好不要购买。

4. 得看效果，刚推出的新产品最好等等再买。

5. 要看细节，建议到进货渠道正规的大型商场、超市购买，并注意查看包装中是否有生产企业的卫生许可证号，厂名厂址是否完整，包装是否完好及印刷是否清楚，等等。

不要给宝宝用成人护肤品

妈妈绝对不能给宝宝用成人护肤品。成人护肤品是按照成人的皮肤性质设计的，一些成分的浓度较高，而这些都是宝宝娇嫩的皮肤所不能承受的。宝宝正处于生长发育时期，皮脂腺尚未成熟，皮脂分泌很少，皮肤的抗菌和免疫力薄弱，对外界的刺激反应敏感，因此，使用成人护肤品很容易引起过敏。此外，许多成人护肤品含有苯二甲酸酯，而苯二甲酸酯可能会危害肝脏和肾脏，还会引起性早熟（有过这样的病例）。

新衣不如旧衣舒服

宝宝生长快，一套衣服过不了多久，就穿不下了，如果准备太多衣服，难免浪费，所以不要准备太多。另外，衣服多了，其中的一些穿用的机会就会减少，长期放在柜子里，容易滋生细菌，对宝宝健康也不好。一般情况下，一个阶段给宝宝准备 2 ~ 3 套衣服，够换洗就可以了。

另外，新衣服质感较硬、较粗糙，宝宝刚穿新衣服的时候，其实感觉是不舒服的，所以父母不要为了感觉体面、好看，而总是给宝宝买新衣服，其实旧衣服比新衣服更舒服，如果亲朋好友中有宝宝穿过的衣服或哥哥姐姐穿过的衣服，但仍然完好无损的，父母可以考虑给宝宝穿，既舒服，又减少浪费。不过，长时间没有穿的衣服，穿之前还是要清洗、消毒，并放在阳光下晾晒，以减少细菌存留。

宝宝的小肚子要保持暖和

宝宝出生以后，肠胃就在不停地蠕动着，当宝宝腹部受到寒冷的刺激时，肠蠕动就会加快，内脏肌肉呈阵发性强烈收缩，因而发生阵发性腹痛。宝宝则表现为一阵阵啼哭，乳食减少，腹泻稀便，常带有奶瓣。

因此妈妈平时不要忽视对宝宝腹部的保暖，即使夏天气候炎热，也应防止新宝宝腹部受凉，不要光着身子睡觉和玩耍，宜用单层三角巾护腹。另外，穿肚兜也是很好的护腹办法，冬天宜着棉围裙护腹。

如果不小心使宝宝腹部受寒出现阵发性腹痛，可以用略高于体温的热水袋放在他的腹部，缓解宝宝腹部疼痛后还应及时带宝宝去医院检查一下。

冬天宝宝房间一定要注意加湿

知识导读： 冬季用空调或暖气片保暖，使得室内又热又燥，室内湿度较低。湿度过低，大大降低了呼吸道纤毛运动功能，呼吸道抵御病菌的能力下降，这不是用药物可以解决的。所以妈妈要特别注意保持室内湿度，可使用加湿器，使室内湿度达到40%～50%。

加湿器使用方便，加湿效果也比较好，但要做到科学使用加湿器，最重要的一点就是定期清理，否则加湿器中的真菌等微生物会随着水雾进入空气中，再进入我们的呼吸道中，加湿器肺炎就是这么产生的。

还有，加湿器需要每天换水，最好一周清洗一次。

空气湿度不能太高

加湿器一般可调大调小的，妈妈应该根据空气的干燥情况做适当的调节。冬季人体感觉比较舒适的湿度是40%～50%，如空气湿度太高，人会感到胸闷、呼吸困难。

给室内加湿的方法

如果家里没有加湿器，妈妈可通过洒水、放置水盆等方式来给室内加湿。干燥的季节在居室地上洒点水，晚上睡觉的时候可以在卧室放一盆凉水，这样暖气不会把空气中的水分给蒸发掉。

在屋子里养花草，也可以增加空气湿度，推荐花木：吊兰、富贵竹、百合、蓬莱蕉、绿萝、菊花。但有些花草则应避免放在卧室，如兰花香气会引起失眠，含羞草有可能引起脱发，紫荆花花粉会引发哮喘和加重咳嗽，夜来香可引起头晕目眩，百合花香气能引起失眠，月季花香气令人郁闷，夹竹桃分泌的乳白色液体会令人中毒，松柏芳香令人食欲不振，绣球花易致人过敏，郁金香花朵会引起人脱发。

宝宝耳朵进水了怎么办

🔔**知识导读：** 耳道是盲端的管道系统，里边是盲端，所以如果不是正压往耳道喷水的话，水是很难进入耳道深处的。

如果妈妈在给宝宝游泳、洗澡的时候，怀疑有水进入宝宝的耳道内，不要拿细小的棉签去帮他清理，这样会把一定的水引导到耳道深部，容易出现积水以后的继发感染。正确的做法是：用两个特别松软的棉球捂在外耳郭3～5分钟，水就会被吸到棉头里面，然后取出就比较安全了。

如果妈妈发现液体由外耳道深部流出，而且带有异味，尽早带宝宝到医院检查，以排除中耳炎。

中耳炎的症状

宝宝患中耳炎时会出现以下症状：

1. 发烧。发烧是急性中耳炎的代表症状。一般宝宝患中耳炎时会连续发烧37.5℃以上，吃了药烧也持续不退时，要尽早去耳鼻喉科检查。

2. 挠耳朵。孩子在2岁以前是说不清自己什么地方疼的，不过，他会用行动告诉你。如果他不断地摸耳朵、挠耳朵、揪耳朵，要想到他是不是患了中耳炎。

3. 左右摇头。左右摇头也是患中耳炎的重要特征之一。因为耳朵里不舒服，宝宝会试图通过摇头来减轻症状。所以，发现宝宝躁动不安、摇头，要想到他耳朵可能不舒服。

4. 哭闹。宝宝突然变得烦躁，不停地哭，而且夜里也因为疼痛而睡不好觉，这时要立即带他去看医生。

5. 耳朵积水。急性中耳炎发作时，中耳内会积水，鼓膜肿胀。鼓膜穿孔时，就会有黄色的分泌物流出。宝宝耳朵周围如果出现干皮，就要注意了。

6. 耳朵痛、发热。如果妈妈发现一碰宝宝的耳朵宝宝就会哭，或者耳朵有异味或分泌物，或宝宝发热哭闹，都要尽快带他去看医生。

7. 听力不好。如果妈妈发现宝宝对你的召唤反应迟钝，叫他几遍也不理睬，要赶快带他去耳鼻喉科检查。

宝宝晒太阳要选对时间

宝宝从2个月以后，应安排一定的时间到户外晒太阳。妈妈带宝宝晒太阳应选择适当的时间，一般以上午9～10时、下午4～5时为宜。冬季太阳比较温和，适合多在户外晒晒太阳。

宝宝晒太阳时间可逐渐延长，可由十几分钟逐渐增加至1小时，最好晒一会儿到阴凉处休息一会儿。

给宝宝用防晒霜

带宝宝出去晒太阳要给宝宝用防晒霜。要选择没有香料、没有色素、对皮肤没有刺激的儿童专用物理防晒霜。防晒系数以 15 为最佳，因为防晒值越高，给宝宝皮肤造成的负担越重。给宝宝用防晒霜时，应在外出之前 15 ~ 30 分钟涂用，这样才能充分发挥防晒效果。而且在户外活动时，每隔 2 ~ 3 小时就要重新涂抹一次。

宝宝大小便管理

宝宝大便什么时候成形

知识导读： 一般的母乳喂养的宝宝在添加了辅食后大便的性状就会发生改变，会变色、变硬，也就是成形了。

未加辅食的母乳喂养的宝宝，大便呈黄色或金黄色，稠度均匀如膏状或糊状，偶尔稀薄而微呈绿色，有酸味但不臭，每天排便 2 ~ 4 次。也有的宝宝在放屁的时候可能有少许大便崩出来，这时妈妈要及时为宝宝清洗，做好屁屁的皮肤护理。

宝宝在添加辅食后大便次数会减少，通常 1 岁以内 1 天 1 ~ 2 次。若同时加食淀粉类食物，则大便量增多，呈条状，暗褐色，臭味增加。若将蔬菜、水果等辅食加多，则大便与成人近似。

人工喂养的宝宝有的在没加辅食前大便就已呈条状，大便色淡黄，质地较干硬，常带奶瓣，有明显臭味，大便每天 1 ~ 2 次。有的人工喂养的宝宝也要等到加辅食后大便才成形。只要宝宝身长发育正常，大便次数正常，妈妈不要担心，一般情况下宝宝的大便都会在 6 个月左右成形。

宝宝要排便时有什么反应

知识导读： 现在宝宝的头能够直立且稳定居中，身体力量有了很大进步，能够接受把便。在大小便的时候，宝宝会出现明显的表情变化，妈妈多观察，就能够看懂宝宝排便的信号，并及时更换尿不湿了。

宝宝要排大便的信号非常明显，

玩得正开心的时候，突然目光发直、表情呆滞，小脸也憋得发红，同时还表现出用力的感觉，这时候妈妈就知道宝宝在排便了。宝宝要排小便的信号是，身体会突然打战，在睡梦中则会突然扭动身体。

看懂宝宝排便的提示信号可以帮妈妈及时更换尿不湿，这样可以避免尿便对小屁屁的长时间刺激。

这个年龄的宝宝大便多开始形成自己的规律，妈妈可以了解并逐渐掌握这个规律，帮宝宝逐渐形成自己的饮食排便作息。

小宝宝的排泄是一种生理的能力，需要自然的发展阶段和过程。强迫性地给小宝宝"把尿"，给他们的只是一种条件反射，而不是他们的生理能力发育到可以控制的阶段。

不要强行给宝宝把尿

🔔**知识导读：** 家人不要强行给宝宝把尿，而是应该顺应孩子的生长规律，在18个月至2岁，孩子心智发育成熟、表达能力尚好时，再用一种更良好的互动沟通方式来训练孩子上厕所，则会事半功倍，孩子的感受也更快乐。

宝宝不想把尿不要强迫

在把尿把不出来，宝宝已经身子扭动、打挺甚至哭闹的情况下，有些大人还是坚持不懈地把尿，全然不顾宝宝的感受，这算不算是一种简单粗暴的家庭行为呢？强迫宝宝、不尊重

宝宝很容易成为一种习惯，比如强迫其吃饭也是一大问题，父母及老人一旦养成这种亲子模式，在孩子成长过程中的许多问题都会越来越难处理。当然，有的宝宝非常配合把尿，这也是可取的，没有问题。

宝宝，尤其是6个月以内的婴儿，还没有控制自己大小便的能力，妈妈即使给宝宝把尿，他也不明白到底在干什么，宝宝有时条件反射把尿时尿出来，有时是因为撒尿排便本来就频繁，不是宝宝真的能控制拉屎拉尿了。

不把尿的宝宝更早学会控制大小便

调查发现，晚上穿纸尿裤睡觉的宝宝，很多在2岁前后甚至更早就能够控制夜尿，或者整夜憋尿到早上。而夜里把尿的宝宝，2岁时多数还需要烦劳父母半夜起来把尿。

白天也不把尿，或很少把尿的宝宝，更是普遍较早开始主动告知便尿，较早开始会使用尿盆，或蹲下尿尿。

这是因为不把尿和少把尿的宝宝，一直以来都是依据便意来排尿的，所以对便意的掌握比较好。而过多把尿的宝宝，始终在根据便意排尿和根据把尿动作排尿之间被混淆，对便意的掌握很差。

1~1岁半以前：随天性，想尿就尿

1岁半以前的宝宝身心发育有限，尿床和尿裤子无法避免。所以家长应尽量随孩子天性，让他们想尿就尿，想拉就拉，不必过于着急训练孩子上厕所，因为过早训练可能会造成宝宝的心理负担，使亲子间关系变紧张。不过，在宝宝还没有学会理解排便前，家长看到他们尿湿或排便弄脏裤子，就应有意识地告诉他："宝宝尿了""宝宝大便了"，以培养其理解能力。

宝宝尿液混浊是怎么回事

有的妈妈偶然发现宝宝的尿液混浊，像洗米水一样呈乳白色，因此比较担心。其实，宝宝尿液偶尔混浊属正常现象。

宝宝尿液混浊的原因

1. 宝宝的新陈代谢较旺盛，由肾脏排出的废物较多，若不能给予适当的饮水，使尿量减少，尿液亦会变得混浊。

2. 夏天天气炎热，出汗较多，尿中的水分相对减少，盐分相对增加，所以出现尿液混浊。

3. 由于饮食改变的关系，尿中的盐分增加，也可以使尿液混浊。

4. 若天气冷时，尿液排出后温度比体温低，盐分被沉析出来，尿液也会混浊。

一般的宝宝尿液混浊，若无其他症状，可不必担心，只要改变饮食结构，多饮水，不用服药即可恢复正常。若尿液混浊伴有高热、呕吐、食欲不振、精神不爽、尿痛和排尿次数频繁，宝宝可能患有泌尿系统疾病，妈妈应带宝宝去医院检查。

宝宝睡眠管理

宝宝不好的睡眠习惯要及早纠正

如果宝宝有如下的不良睡眠习惯，要尽早纠正：

1. 含着乳头睡。有的宝宝一直习惯了在吃奶的时候睡着，久而久之，宝宝每到想睡的时候就要吃奶。吃着奶入睡，会影响消化，也不利于口腔健康，而且总是吃奶入睡的宝宝独立性也较差。妈妈应该坚持不在宝宝犯困的时候给他吃奶。吃奶后把宝宝放在床上，在妈妈的陪伴下入睡。

2. 要抱着哄睡。有的宝宝睡前烦躁啼哭，因此父母总是抱着、走着、颠着、拍着哄宝宝睡觉，久而久之，宝宝就坚决不肯自己入睡了，这也要尽早纠正。这样睡着的宝宝往往睡不踏实，而且睡醒后情绪也不好。这样的宝宝，在他犯困的时候，就应该把他放在床上，妈妈可以在旁边陪伴，并跟他说话安抚，或者跟他一起躺在床上陪着他睡，慢慢他就会学会自己入睡了。

在宝宝不肯自己入睡的时候，父母不宜再用他喜欢的方式哄他，但也不适宜不理不睬，任他自己哭累了入睡，这可能让宝宝以后更难入睡，最好能陪着他、跟他说话等。

在感觉宝宝已经犯困的情况下，不要跟宝宝玩耍，而应该让他逐渐安静下来。宝宝在想睡觉的情况下仍然跟他玩，他会觉得烦躁。这种情况下，不哄就很难入睡。

宝宝睡醒后总哭闹是为什么

知识导读： 大部分宝宝醒来后都会哭闹，有时是因为饿了，或者是看妈妈不在旁边而会以哭的方式吸引亲人与他做伴，或表示要大小便，宝宝睡醒后通常最希望看到妈妈的脸，因此此时哭泣是一种正常表现。

对于较小的宝宝睡醒后哭闹是正常的，妈妈不要烦躁，而应找到宝宝哭闹的原因合理应对。一般，当宝宝醒来哭闹时，只要妈妈把宝宝抱起来安慰一下，多和宝宝说话、把把大小便或换一下尿布，宝宝就会止住哭声了。

宝宝醒来后哭闹的原因

1. 尿了或拉了。宝宝躺在床上，突然皱起小眉头哭闹，或者四肢有力地蹬踹，情绪很不安定，脸发红，多半是宝宝尿了或者拉了，需要妈妈及时清理。

2. 口渴。宝宝睡醒后，如果哭闹得厉害，抱哄也不能止哭，且张合嘴唇做吞咽状，多为口渴或饿了，这时应先喂些温开水，然后马上给予哺乳。但宝宝睡醒后不宜马上给他喝冷的饮料，因为胃突然受到刺激会影响胃液分泌，使消化功能减弱。

3. 受惊吓。宝宝睡眠中或一觉醒来，突然尖叫或全身颤跳，继而大哭，面色发白，则多为受到惊吓所致。这时妈妈最好马上抱起宝宝，用脸触摸他并轻轻晃拍宝宝全身柔声地安抚，使其尽快从惊吓环境回到妈妈安全的怀抱中来。

4. 没睡醒。有的宝宝可能是被什么声音吵醒的，而并不是睡够了自然醒的，所以便会哭闹。一般宝宝睡够了，醒来时会高兴地冲你笑笑，或哼哼地和你说话、手舞足蹈。

宝宝睡觉总是不踏实怎么办

知识导读： 小宝宝睡觉不踏实的情况都会存在，人的睡眠是由几个睡眠周期组成，大人会自己入睡，而小宝宝还没有学会。一个睡眠周期结束会因为一些原因不能转入另一个睡眠周期，宝宝

就醒了。还有就是小宝宝都有泛化反应，就是突然四肢抖动，有时这种抖动会把他自己弄醒。等宝宝大点儿，这些情况就不存在了。

有的宝宝睡得好，有的宝宝睡得很不好，这种差异虽与宝宝的个人体质有关，但多半还是跟家人的照看有关。

引起宝宝夜间睡眠不好的原因

婴幼儿睡眠不安稳的原因有很多种，大多数都是正常生理现象，并不是很大的问题，往往由以下几种因素造成：

1. 喂养不当。有些父母总是担心宝宝吃不饱，睡觉前给宝宝喂食过多，导致宝宝夜间肠道负担过重，出现消化不良的症状，夜间就睡不安稳。

2. 太热或太冷。衣服包被过多或过少会影响睡眠。如果宝宝睡觉时鼻尖上有汗珠，摸摸身上潮乎乎的，可

能是太热了，妈妈应降低室温，减少衣服包被或松开宝宝。如果摸摸小脚发凉，则表示宝宝是由于保暖不足而不眠，要加盖厚被或用热水袋在包被外保温。

3. 环境不佳。屋内的空气是不是过干，引起宝宝上呼吸道不适，建议多给宝宝喝水，屋内最好使用加湿器或是在屋内放置几盆清水，增加屋内的湿度。

4. 夜间排尿。夜里有尿意的时候，宝宝会被尿意吓得哭闹，尿完后会自然入睡。另外，尿不湿包得过紧、过松同样会引起宝宝睡不安稳。

5. 安全感缺失。大部分宝宝对父母都有很强的依赖感，而且随着年龄的增加，自我保护意识增强。宝宝刚睡着后不久或真正醒来之前有时候会翻身坐起来，看不到大人就哭，一般父母抚慰后都能接着睡觉。如果在一个陌生的环境睡觉，这种寻求安全感的需求尤其迫切。

6. 不良生活习惯。睡前玩得太兴奋、睡觉时间没有规律、夜间含着奶嘴睡觉这些不良习惯容易导致睡眠不稳。建议妈妈在宝宝哭闹的时候，不要立刻抱他，更不要逗他，多数宝宝夜间醒来几分钟后又会自然入睡。如果不能自然入睡，拍一拍，安抚一下，宝宝也会继续睡去。

7. 精神心理刺激。宝宝遭受较大的情绪波动或心理伤害，如惊吓、虐待等，夜里便会睡不安稳。

宝宝睡觉不踏实的解决方法

首先妈妈要排除以上原因，如果宝宝只是生理性的夜间醒来，妈妈可以这样做：

1. 看宝宝有点要动的时候就用不大不小的力度轻压住他四肢（按住一只手或者一只脚就可以）不让他乱动，宝宝很快就会继续入睡。

2. 夜晚如果宝宝醒了、叫或者哭，未到长睡眠结束的时间点，则轻拍；轻拍宝宝入睡的时候，拍的力度不大不小，节奏保证每 1.5 秒 1 次，快睡的时候放缓到每 2 秒 1 次，还不行就接过宝宝，把宝宝胸口贴着妈妈胸口，有安全感，直到睡熟。

当宝宝哭闹不睡时切忌不找原因，只是通过又抱、又拍、边走边哄勉强使其入睡，经常如此，不但不会改善宝宝的晚睡，还是造成宝宝自行

入睡困难。

将会养成不良的睡眠习惯。而且由于这样的做法并未消除影响婴儿睡眠的根本原因，使婴儿得不到很好的休息，日久将会影响婴儿的健康。

缺钙可引起睡眠不安

如果逐一检查以上情况都不存在，而母亲在孕期就有维生素 D 和钙剂摄入不足的情况，则可能宝宝有低血钙症。低血钙症的早期也有睡觉不安稳的表现，但一般在补充维生素 D 和钙剂后即可好转。如果除睡眠不安外还有发热、不吃奶等其他症状时，应该及时去医院诊治。

在玩耍中开发宝宝能力

坐起来，躺下去

知识导读： 宝宝到了第 4 个月时，因为不甘心再长时间躺着了，有坐起来甚至是站起来的愿望，所以在拉着他的手的时候，他能主动地想要坐起来，妈妈这时就可以帮他做拉坐锻炼了。

当宝宝能够灵巧地翻身后，颈部、前臂和腰部肌肉均已经得到很好的锻炼，这时不妨试着拉宝宝坐起来，宝宝能够坐起来好处也不少，不仅有利于脊柱开始形成第二个生理弯曲，保持身体平衡，而且还可以接触到许多以前够不到的东西，对感觉、知觉的发育都有重要意义。

拉坐锻炼可以这样做

从第 4 个月起，爸爸妈妈可以每天和宝宝玩拉坐游戏，训练宝宝的颈部、前臂和腰肌的力量，具体方法是：先让宝宝仰卧在平整的床上，爸爸妈妈面对宝宝，握住宝宝双手的手腕，慢慢将宝宝从仰卧位拉到坐位，然后再慢慢让宝宝躺下去，如此反复练习，宝宝将能够略借力而自己坐起来。刚开始进行拉坐训练时，用力较大，时间一般控制在每次 5 分钟左右，逐渐地用力减小，时间延长至 15 ~ 20 分钟，一般进入第 6 个月后，大多数宝宝都能稳稳地独坐。

这个锻炼比较费力，不要做太久，开始时 3 ~ 5 个回合就可以了，以免宝宝太劳累。同时一定注意在接起宝宝的时候用力要稳且持久，不要突然加大用力拉宝宝，防止拉伤肌肉或关节。

摸一摸，是什么

宝宝 4 个月时，视觉和触觉的协

调能力发展起来了。看到什么东西，都会主动有意识地去摸一摸，通过触觉来探索外在世界。妈妈不要错过这个机会，宝宝看到的东西，能够让宝宝摸的，都尽量让宝宝摸一摸，建立视觉和触觉的联系和协调。例如，宝宝在棉被或毛毯上翻滚时，妈妈不仅不要禁止，相反地要多利用浴巾，使宝宝身体的其他部分，也能获得适当的触觉刺激。例如，可将浴巾铺在地板上，让宝宝在上面玩，或将浴巾披在他们身上，当作披风玩耍。

搔一搔，咯吱咯吱

知识导读： 人体的几个敏感部位，一碰就痒痒，父母轻轻搔搔这几个部位，

能让宝宝很开心，有助于培养他的快乐情绪和乐观个性。

宝宝一般都喜欢家人咯吱咯吱地逗他玩，需要注意的是，家人与宝宝玩痒痒的游戏时要注意两点：

1. 力度要轻。不要用力去触碰宝宝敏感部位，只是轻轻碰到就可以。家人只要结合表情和声音，即使没有碰到宝宝，宝宝也一样会被逗笑。

2. 注意宝宝的情绪。有时宝宝可能情绪不佳或犯困了，家人就要停止与宝宝玩此游戏，否则会让宝宝产生不愉快的感觉。

游戏玩法

小蜜蜂来了游戏：妈妈手拿一个红色或黄色的气球或者玩偶，一边口

中念着儿歌："小蜜蜂，嗡嗡嗡，飞到东，飞到西"，一边拿着气球或者玩偶上下、左右、前后地缓缓移动，一会儿落到宝宝的手上，一会儿落到脚上，每落到一个地方就搔搔，然后落到敏感的部位再搔动，逗引他笑。

这个游戏在逗引宝宝笑的同时，还能发展他的追视能力和反应能力。宝宝稍大些，再做这个游戏，他就会主动伸手抓气球或玩偶。

宝宝满 4 个月了

满 4 个月宝宝的体格标准

满 4 个月宝宝的体格标准如下：

体格指标	男宝宝	女宝宝
体重（平均）	7.45 千克	6.83 千克
身长（平均）	64.60 厘米	63.10 厘米
头围（平均）	41.70 厘米	40.70 厘米

满 4 个月宝宝具备的能力

大动作能力——学会翻身

多数宝宝会在本月学会翻身。宝宝学翻身是先从仰卧位翻成侧卧位，然后发展到俯卧位，刚学会从仰卧位翻到俯卧位时，是不能主动再从俯卧位翻到仰卧位的，而是被动地、不由自主地滚向仰卧位。

精细动作能力——宝宝会抓东西了

宝宝的手有了一定的能力，所以他不再是被动地接受触摸、感受触摸了，开始主动去摸玩具、摸衣服、摸脸，从而感受物体的形状、性质、手感、冷暖等，这是宝宝认识世界的基本途径。此时的妈妈要注意，宝宝的身边不要有小物件，以免宝宝拿起来放入嘴里。

视觉能力——视觉能力接近成人

4 个月的宝宝在视觉能力上已经接近成人，不但能够分辨不同的颜色，而且视力也很不错，对远处的物体，尤其是色彩鲜艳的和移动的物体，会自动调节焦距，努力把它们看清楚。视线还可以随意转移，从一个物体移动到另一个物体，另外，还有了视觉记忆，不再像之前一样认为消失不见的东西就是不存在，当某个物体从眼前消失后，宝宝会用眼睛四处搜寻。

听觉能力——会分辨男声和女声

宝宝的听力在这个月又有了飞跃，他可以分辨男声和女声，如果把正在放的男声歌曲换成女声歌曲，宝宝会明显地集中注意力，然后表现出自己喜欢或不喜欢，反之亦然。听力

是语言的基础，要让宝宝多接触不同的声音，父母也尽量多跟宝宝说话，让宝宝得到更多的体验。

人际交往能力
——能分辨出家里人和陌生人

这个时期的宝宝喜欢接近熟悉的人，能分辨出家里人和陌生人，此时应该有意识地训练让宝宝接近陌生人。这样在接触中，"生人"和宝宝玩，给宝宝玩具，显露出友善可亲的表情，时间长了，随着接触面的扩大，宝宝会通过不断接触陌生人、陌生事和陌生环境，逐步提高适应生人和适应环境的能力，有助于宝宝社交智能的培养。

语言能力——开始咿呀学语

宝宝开始咿呀学语，能发出一连串语义不明的音，情绪越好发音越多，就像作着别人不解的诗，高兴的时候就大声笑，不高兴就哼哼唧唧或哭闹。有的宝宝还会故意发声来吸引别人的注意，如父母在逗引他时，偶尔出现了停顿，宝宝就会发出声音或者大声笑以吸引爸爸妈妈继续跟他说话。

第5个月

本月重点问题：
宝宝一般多久开始长牙

家长：宝宝一般多久开始长牙？

朋友家的孩子5个月已经开始冒小牙了，我的宝宝似乎还没有要长牙的迹象，到底宝宝一般都是多大开始长牙呀？长牙的时候有什么症状吗？

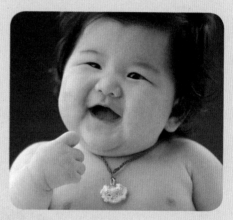

问题解决 从平均出牙时间来说，大部分宝宝满六个月开始出牙，平均一个月出一颗牙。但有些宝宝出牙早，可能四个月就开始出牙了，而有些宝宝出牙却很晚，可能要到九个月、十个月才开始出牙。甚至有的宝宝到一岁多才出牙，也不能说明异常，宝宝出牙晚，妈妈无须太担心。

❖ 宝宝出牙的规律和时间

宝宝出牙是一个渐进的过程，从只有秃秃的牙床到满嘴白亮的牙齿，这个过程大约需要3年时间。一般而言，第一颗牙是在4～7个月大时长出，位置是下排两颗正中乳门齿。之后4～8周上排的4颗门齿会长出来，紧接着一个月后下排两颗侧门齿会冒出。在这上下共8颗牙长出后，接着是上下后面第一乳臼、乳犬齿，最后长出上下后面第二乳臼齿，共20颗乳牙，此阶段多数在两岁半前完成。

❖ 宝宝出牙早晚与遗传有关

很多人以为孩子出牙早晚与补钙

有关，其实并非如此。因胎儿后期，乳牙和恒牙胚就已形成，它们就藏在宝宝的牙床中。若真的缺钙，会发现婴儿的牙齿有裂痕或者是易碎现象，这种情况非常少见。

宝宝出牙早晚与遗传有非常密切的关系。也与添加辅食后宝宝学习咀嚼动作的进度有关。

❖ 宝宝长牙齿有什么症状

长牙期间宝宝是会有一些异常表现，不同的宝宝表现也不同，总体来说主要有以下几个方面：

1. 疼痛。宝宝可能表现出疼痛和不舒服的迹象。

2. 暴躁。牙齿带来的不适会让宝宝脾气暴躁和爱哭闹，在出牙前一两天尤其明显。

3. 脸颊发红。妈妈可能留意到宝宝的脸颊上出现了红色的斑点。

4. 流口水。出牙时产生的过多唾液会让宝宝经常流口水。

5. 啃、嚼或咬东西。宝宝将要出牙时可能因为牙龈痒，喜欢把任何东西放到嘴里啃咬。

6. 牙龈肿胀。检查一下宝宝的嘴巴，看看牙龈上是否有点儿红肿或肿胀。

7. 睡不安稳。宝宝可能会在半夜醒来，并且看起来烦躁不安，尽管他之前一直睡得很安稳。

8. 体温升高。出牙能使体温稍稍升高，所以，宝宝可能会觉得比平时热一点。

9. 胃口不好。出牙的不适会使宝宝胃口不佳，这时妈妈不要强行喂食宝宝。待宝宝牙齿长出，胃口自然会好。

营养与饮食指导

尝试给宝宝添加辅食

知识导读： 4～6个月的宝宝饮食仍以母乳（或配方奶）为主，辅食添加的时间不能早于4个月，也不要晚于6个月。主要提供流质及泥糊状食品。主要为了宝宝尝试和接受新的味，也可以观察宝宝是否过敏以及耐受情况。

宝宝在4～6个月对大人吃的食物有了兴趣，大人吃东西的时候，宝宝总是吧唧吧唧小嘴，特别想尝尝的感觉，这时，妈妈可试着给宝宝添加辅食。

4～6个月是尝试阶段，最好只给宝宝选用单一的细腻辅食，如纯米糊、纯果泥、纯菜泥等，这样有助于判断宝宝是否对于某一个食品比较敏感难以消化。添加的量从少量开始，即从1～2勺开始，观察第二天宝宝排便的情况再决定下次如何添加。

此外，刚添加辅食的时候，选择合适的喂食勺也很重要。因为这一时期，有的宝宝已经开始长牙，如果选用一般的硬勺，会令宝宝感到不适从而抗拒辅食。建议家长给宝宝选择专用的软硬适中的喂哺勺。

宝宝的第一顿辅食选择市售含铁米粉

有的家长在给宝宝添加辅食的初

期都会选择先添加蛋黄，觉得蛋黄营养物质好，补充蛋白质，含锌含铁也高。其实，先添加蛋黄是一个误区。刚开始添加辅食的宝宝，最好选择谷物类食物，市售婴儿米粉是宝宝理想的第一种辅食。谷物类食物的致敏性较其他种类食物要低很多，不会给刚刚接触辅食的宝宝太严重的刺激，同时含有宝宝所需的铁，是理想的第一种辅食。而且宝宝米粉相对于蛋黄容易消化吸收。

米粉从少量开始添加

即使米粉不容易造成宝宝过敏，但妈妈还是要特别注意添加米粉的方法，尤其是第一次给宝宝添加辅食时，若量过多，米粉调配得太稠，可能会引起宝宝不适，严重的可能会上吐下泻。因此，妈妈第一次给宝宝添加米粉时要从一勺开始，且要冲调得稀些，之后可慢慢增加。

米粉自己做的好还是买的好

自制的宝宝米粉一般是把大米炒熟，然后磨成粉末，其实，这样不仅非常麻烦而且不能保证口感和营养。对于宝宝来说，所吃的米粉必须颗粒不能太大，也不要颗粒不均匀，这样才容易被吸收消化，自制米粉不好把握这个度，对宝宝不利。市售米粉成品中添加了各种科学配方的营养素，特别是添加了宝宝所急需的铁，能较好地满足宝宝的需求。给宝宝吃的米粉最好购买那些品牌和口碑较好的成品。

不要从果汁、菜水开始添加

很多妈妈会在宝宝三四个月的时候就给宝宝添加果汁、菜水，这种喂养方法是不合适的。添加辅食初期最好不给宝宝喝果汁或菜水。果汁和菜水通过奶瓶喂养易造成宝宝对奶制品的兴趣降低，因婴儿配方奶粉味道较淡。再有，婴幼儿习惯喝果汁和菜水后，不易再吃其他辅食和白开水，对宝宝顺利添加辅食不利，而且果汁较甜，宝宝喝太多对长牙后的牙齿护理不利。

米粉的冲调方法

知识导读： 理想的米糊是用汤匙舀起倾倒能成炼奶状流下。如成滴水状流下则太稀，难以流下则太稠。

关于冲调米粉的方法，一般买米粉时包装袋上都有说明，但还是在这里强调几点：

1. 是先放米粉，而不是先放水。

2. 不论何种米粉，都应逐量添加，从每天 10 克（约 2 小匙）开始。

3. 一般是加入 70℃左右的温开水或温奶。

4. 一边倒水，一边慢慢沿顺时针方向搅拌米粉（记住加水和搅拌必须是同时进行的），让米粉和温水充分接触。

不要长期将奶粉和米粉混合

宝宝奶粉有其专门的配方，最好是用 40 ~ 50℃的白开水冲调，若加入米粉，会改变其配方，降低其营养成分，等于减少了奶量，不利于宝宝更好地摄入营养，而且长期把米粉调在奶粉里吮吸，不利于宝宝吞咽功能的训练，容易造成进食障碍。可以在喂奶后单独添加米粉。

初次添加米粉的注意事项

妈妈第一次给宝宝添加米粉要注意以下几点：

1. 在上午加。上午加辅食，宝宝到底适应还是不适应，下午就可以看出来，如果过敏严重也可以及时到医院治疗。其实不只是第一顿辅食应该上午加，以后每加一种新的辅食都应该选择上午。

2. 在宝宝情绪好的时候加。宝宝接受陌生的东西比较困难，选择情绪

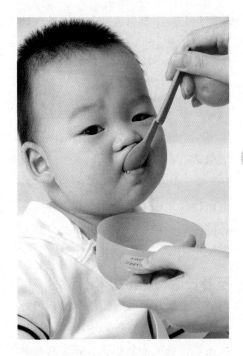

好的时候，难度就会相应降低很多，所以第一顿辅食最好选择他高兴的时候尝试。

3. 小量开始，逐渐加量，由少到多，由稀到稠，由淡到浓，由细到粗，由一种到多种，循序渐进。

4. 用勺子喂。加辅食不仅仅是添加新的食物种类，同时也是让宝宝接受新的餐具和新的进食方式，所以一定要用勺子和小碗这种更接近成人模式的进食餐具，而不是用奶瓶喂。

5. 从第一顿辅食开始培养进食规矩。宝宝知道下一步将会发生什么，他会更愿意配合，因此从第一顿辅食开始就形成一整套程式、规矩，对以后成功加辅食很重要。你想以后让宝宝怎样吃饭，第一顿辅食就可以怎样做，最好是在固定的地点、固定的时间走固定的程序。

6. 添加辅食后要注意观察宝宝的皮肤，看看有无过敏反应，如皮肤红肿、有湿疹，甚至呕吐、腹泻、便血，应停止添加这种辅食。

➕ ●专家这样说

宝宝从吃流质食物（奶类）过渡到吃固体食物有一个适应和学习过程，吃流质食物主要是吮吸的动作，而吃米粉等固体食物，主要靠吞咽动作，所以宝宝刚开始学会吞咽米粉，功能尚不完善，有一部分会吐出来。这并不表示宝宝不愿意吃米粉，仍应坚持每天喂米粉1～2次。

米粉是白天添加好还是睡前添加好

米粉最好白天喂奶前添加，开始时每天一次，每次两勺干粉（米粉罐内的小勺），用温水调成糊状，喂奶前用小勺喂给宝宝。每次米粉喂完后，立即用母乳喂养或配方奶喂饱宝宝。如果宝宝吃辅食后，不再喝奶，就说明宝宝已经吃饱。宝宝耐受这个量后，可逐渐增加米粉。

有的妈妈想在睡前给宝宝添加一顿米粉，因为妈妈觉得米粉耐饿些，宝宝晚上不容易因为饥饿起来喝奶。其实问问有给宝宝在睡前添过米粉的妈妈们就知道，喜欢起夜喝奶的宝宝，即使妈妈在睡前将他的肚子塞得满满的，宝宝照样会在夜里醒来，甚至有的妈妈发现宝宝睡前吃得越饱，夜里醒来的次数越多，这是怎么回事呢？大人吃太饱晚上睡觉也会不舒服，何况是消化能力尚不完善的宝宝。当胃里充满相对不容易消化的食物的时候，反倒会影响睡眠，并且夜里醒来更容易饿或者不舒服。所以，不建议睡前喂宝宝吃太多米粉。如果妈妈试过了宝宝能够耐受，能够在添加米粉后睡得更久、更踏实，妈妈可以选择在睡前一个小时左右添加米粉，这样做有利于宝宝消化吸收。

5个月开始可给宝宝添加蛋黄

知识导读： 鸡蛋是宝宝生长发育所必需的食物，蛋黄中含有的铁、卵磷脂等都是宝宝十分需要的营养。4个月后的宝宝从母体获得的铁就快消耗完了，很容易发生贫血。虽然含铁米粉可以提供一些铁元素，但蛋黄中的铁含量更高，吸收利用率也更高。因此，在宝宝添加米粉、蔬菜后就要开始添加蛋黄。

待宝宝顺利添加一段时间米粉后，妈妈可尝试给宝宝添加蛋黄。

蛋黄的添加方法

给宝宝吃鸡蛋黄应从少到多，刚开始每天喂 1/6 ~ 1/4 个蛋黄。喂食后要注意观察宝宝大便情况，如有腹泻、消化不良就先暂停，调整后再慢慢添加；如大便正常就可逐渐加量，

可喂 1/2 个蛋黄，3 ~ 4 周后就可每日喂 1 个。

煮鸡蛋最有营养

鸡蛋吃法多种多样，就营养的吸收和消化率来讲，煮蛋为 100%，炒蛋为 97%，嫩炸为 98%，老炸为 81.1%，开水、牛奶冲蛋为 92.5%，生吃为 30% ~ 50%。由此来说，煮鸡蛋是最佳的吃法。

妈妈可以每天煮一个整鸡蛋，然后用干净小匙开破蛋白，取出蛋黄，将蛋黄用小匙切成 4 份或更多份。取其中的一份蛋黄用开水或米汤调成糊状，用小匙取调好的蛋黄喂宝宝。注意，最合适的蛋黄应该是干干的呈粉末状，嫩黄嫩黄的。妈妈可以根据自己家的火候条件和经验来决定煮制时间，一般水开后煮 5 分钟左右就可以了。当蛋黄的外层有一圈黑色时，说明鸡蛋煮老了，煮老的鸡蛋虽然没有细菌，但是营养有损失。

如果宝宝不喜欢吃煮鸡蛋，也可以尝试给宝宝吃蒸鸡蛋，但仍只用蛋黄蒸。且妈妈要注意喂宝宝时不要太烫，以免将宝宝烫着。

什么时候添加蛋清

添加辅食顺利的宝宝在添加蛋黄

后就可以尝试添加蛋白了，当然也要观察添加后是否有皮疹、腹泻等过敏情况。而对于有牛奶蛋白过敏，或添加其他辅食时总是过敏的宝宝，可以适当推后添加蛋白的时间。多数的宝宝一岁后可以成功添加蛋白。

可以给宝宝添加些菜泥

知识导读： 宝宝在添加米粉一个星期后，就可以试吃蔬菜泥和水果泥了。菜泥和果泥富含维生素 A、维生素 C、膳食纤维和其他重要的营养素，是继米粉后应该给婴儿添加的食物。

菜泥和果泥的添加顺序

从营养的角度来看，添加蔬菜泥或水果泥的顺序并不重要。但由于水果较甜，婴儿会较喜欢，所以一旦婴儿养成对水果的偏爱之后，就很难再对蔬菜感兴趣了。因此，最好先添加蔬菜泥，再添加水果泥。

菜泥的添加方法

添加菜泥或果泥的方式与米粉相同，首先选择根茎类或瓜豆类食物做成的蔬菜泥，每次只添加一种，隔几天再添加另一种。在添加的过程中，要注意婴儿是否对食物过敏。首先给婴儿吃单一种类的食物，然后再添加其他口味。待婴儿吃辅食的能力逐渐提高后，便可增加这些食物的喂养量。

菜泥的制作方法

将新鲜的绿叶蔬菜、胡萝卜、土豆洗净切碎，放入锅内，加盖煮 15 分钟，也可清蒸。熟后盛在碗里，用小勺或辅食机搅成泥状即可。

原料：青菜、米汁。

做法：

1. 把青菜去根洗干净；

2. 把菜梗去掉，留菜叶备用；

3. 把菜叶切碎；

4. 把切碎的菜叶放入锅中，加少量水煮；

5. 菜叶煮烂为止；

6. 用食物料理器（在母婴店有售）把煮烂的碎菜捣烂成菜泥；

7. 加少量米汁将菜泥调匀。

菜泥不要放盐

婴儿膳食应该少糖、无盐、不加调味品。有的家长认为市面上销售的婴儿食品没有味道（主要是没有咸味），因而错误地认为这样的食品宝宝不爱吃。其实这些家长是以自己的口味来度量孩子的口味。对于宝宝来说，应该吃各种食物的自然味道。在《中国居民膳食指南（2016）》中特别强调，7 ~ 24 个月龄婴幼儿辅食不加调味品，尽量减少糖和盐的摄入。

宝宝可以自己拿奶瓶喝奶了

知识导读： 宝宝 4 ~ 5 个月大就有向外探索的欲望了，开始想要抓东西。宝宝 6 个月左右，小肌肉的发展大致成熟，就能很好地握住奶瓶了。可是现在很多宝宝到了六七个月还拿不好奶瓶，主要原因是家长没有给予宝宝足够的刺激。一旦发现宝宝的发育已经到了可以抓握的阶段时，就要开始进行教育。

有些宝宝早在 5 个月大的时候，精细动作就已经发育到自己能拿住奶瓶的程度了，并能把奶嘴放进自己的嘴里。但对另一些宝宝来说，这种能力要到他快 10 个月大时才能具备。判断宝宝是否能自己拿住奶瓶的唯一方法是，递给他一个奶瓶，看看他会怎么做。如果他能把奶瓶放进嘴里，吃饱了之后也能拿出来，妈妈就可以时不时地让他自己拿着奶瓶喝了。

训练宝宝自己抓握奶瓶，一定要掌握正确时机。妈妈可以在宝宝喝奶前，把奶瓶拿给他看，让他伸手抓握，通过他自己的意愿来拿奶瓶，是不错的办法。如果在宝宝吃饱后再使用这种方法，就很难激发他拿奶瓶的意愿和冲动，也就达不到很好的训练效果了。

不要让宝宝自己躺着喝奶

很多妈妈在宝宝能自己拿奶瓶吃奶后就让他自己抱着奶瓶躺着吃，这样做有点不安全。首先，躺着吃奶，容易呛到，而且更容易吐奶。其次，本来都是抱着哺乳的，换成奶瓶，就让宝宝躺着吃，宝宝少了和妈妈的身体接触，会感觉不安。因此，即使宝宝已能够自己拿奶瓶喝奶了，妈妈也应该将宝宝抱在手里，让宝宝自己拿着奶瓶喝。

宝宝可以喝糖水吗

糖主要是碳水化合物，并不能给宝宝带来更多的营养成分。过早地喝糖水也会影响宝宝的口味，使宝宝爱吃甜食，不喜欢口味淡的食物，甚至导致宝宝以后挑食。所以不要给宝宝喝糖水，而是要喝白开水。

宝宝洗护指导

夏天可以让宝宝睡凉席吗

炎炎夏日，可以让宝宝睡凉席，但需选择适合宝宝的凉席。

选择亚麻席

亚麻席有"天然植物空调"之美誉。亚麻是天然纤维，具备优良的透气性、吸湿性和排湿性，常温下可使人体的实感温度下降4℃左右。而且，亚麻席还具有卫生性好、抗菌力强的优点，能抑制真菌和微生物的生长，非常适合宝宝。

竹纤维凉席也不错

竹纤维凉席质地柔韧，手感较软，不用担心宝宝被划伤，且吸水性能较好，还具有独特的抗菌除臭性能。凉爽适中，拆洗方便，适合宝宝使用。

当然，目前市场上还有很多其他类型的凉席，但以上两种是最为安全和适合宝宝的凉席。此外，妈妈们在挑选凉席时，不仅要从凉席的外观、手感、触感等多方面检测，还要注意凉席的抗菌性能。此外，最好选用可靠的品牌。

宝宝睡凉席注意事项

即使选择了适合宝宝睡的凉席，也需注意预防宝宝着凉、划伤等。

1. 不能让宝宝直接睡在凉席上，应该在凉席上铺上棉布床单，以防过凉，还能避免小宝宝蹬腿擦破皮肤。另外，不要将凉席直接铺在地上，这样对宝宝的健康非常不利，即使是木质地板也不好。

2. 宝宝睡凉席时，最好穿个小背心，或是在肚子上盖个毛巾被，防止腹部受凉，导致腹泻等疾病。

3. 宝宝睡凉席时，室温不能太低，空调以26℃为宜，空调不要对着宝宝直吹。天气转凉或受寒要避免让宝宝睡凉席。

4. 如果宝宝第一次睡凉席，妈妈要注意观察宝宝是否有过敏、划伤的情况。

5. 保持凉席的清洁度。宝宝睡的凉席要经常用热水清洗、晾晒，做到"一天一擦洗，一周一晾晒"。尿湿后，更应及时刷洗、晒干。

夏日防蚊方法集锦

知识导读： 电蚊香、无烟蚊香、防蚊液等杀虫方式与蚊香、杀虫剂一样均为化学方式，对婴儿健康非常不利，若通风不畅或被宝宝误食，后果很严重，建议家长不要给宝宝使用。

宝宝最佳的防蚊防蝇方法

1. 蚊帐。这是为宝宝防蚊防蝇的首选，家长应尽量使用蚊帐。

2. 捕蚊灯。对于夜间活动的蚊虫效果很好，对宝宝的伤害也较小，可以配合蚊帐使用。

3. 植物巧妙防蚊防蝇法。如把橘子皮、柳橙皮晾干后包在丝袜中放在墙角，散发出来的气味既防蚊又清新了空气；把天竺葵精油（4滴）滴于杏仁油（10毫升）中，混合均匀，涂洒在宝宝的衣物上，宝宝外出或睡觉时可防蚊子叮咬。

4. 橘红玻璃纸驱蚊法。用透光性强的橘红玻璃纸套在60瓦的灯泡上，蚊子会四处逃散。

5. 纱门、纱窗防蚊法。这个方法也是简单经济的方法，在宝宝房间与外界相通的门和窗上安置防蚊的纱布，纱布的空隙应尽量小，随时保证房间里没有蚊子，可在每天早起或天黑前进行捕杀。

6. 糖水瓶诱。在空酒瓶中装10毫升糖水溶液，轻摇几下，使瓶子内壁黏上糖液，分别摆放于蚊虫活跃处。蚊虫闻到糖味进入瓶里被黏死。也可在玻璃器皿或陶瓷瓦罐等容器的表面均匀涂上一层驱蛔灵糖浆，放在暗处，蚊子吸食后也会中毒死亡。

宝宝被蚊虫叮咬应及时处理

知识导读： 蚊子的唾液中有一种具有舒张血管和抗凝血作用的物质，它使血液更容易汇流到被叮咬处。因此被蚊子叮咬后，被叮咬者的皮肤常出现起包和发痒症状。有的人被蚊子叮后还会出现大面积肿胀等较为严重的过敏反应。

宝宝被蚊虫叮咬后，爸爸妈妈需要注意的是：

1. 及时处理。一般的处理方法是止痒，可外涂虫咬水、复方炉甘石洗剂，也可用市售的止痒清凉油等外涂药物。

2. 经常给宝宝洗手、剪指甲，以防宝宝因为蚊虫叮咬后痒而搔抓叮咬处，导致继发感染。

3. 如果宝宝的小鸡鸡被叮咬后出现水肿，则不能随便用药，水肿刚出现时用冷毛巾敷一下，如肿胀严重影响排尿，应立即去看医生。

如果宝宝皮肤上被叮咬的地方太多，症状较重或有继发感染，最好尽快送宝宝去医院就诊，并遵医嘱服药，医生可能开抗生素内服以消炎，同时及时清洗并消毒被叮咬的部位，适量涂抹红霉素软膏。

比起怕冷，宝宝更怕热

做妈妈的总是怕宝宝冻着、着凉，把宝宝裹得严严实实的。其实，比起怕冷，宝宝更怕热，所以记得要及时给宝宝脱衣服。特别是宝宝在吃奶时，由于他要用力，身体势必会变得很热，这时更要记得给宝宝脱衣散热。有时宝宝吃奶前还好好儿的，吃到中途突然哭闹不肯继续，其实就是太热。

秋冬不要给宝宝穿太多

宝宝的体温比成年人高，新陈代谢也快，比成人更怕热，而且活动量特别大，穿得太多容易使宝宝出大量的汗，若不能及时给宝宝擦干汗水、换上干爽的衣服，宝宝反而很容易着凉生病，出现口干舌燥、咳嗽、鼻塞等感冒症状，夏天还容易出痱子。

秋天正值气温由暖转冷，是锻炼宝宝体质、增强宝宝御寒能力的最佳时机，若一开始变冷就给宝宝穿过多的衣服，不但会影响宝宝体质的锻炼，还会使得宝宝更容易患上热感冒。

怎样知道温度是不是合适

1. 看脸色。鼻尖和额头皮肤发白，摸上去凉凉的，可能就是冷了。而面颊发红，摸上去发潮，就是温度高了。

2. 摸手脚心。正常伸展外露的四肢，应该是皮肤表面有些凉，而手心脚心是温热的。如果手脚心也凉，就是冷了；如果皮肤也是温热的，就或许是太热了。

3. 看神情。清醒的时候也不动，

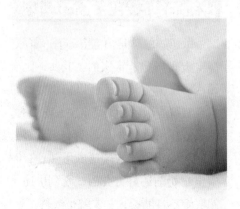

眼神暗淡嗜睡，可以再摸摸看，或许是觉得冷了；手脚乱动、表情激昂，多是燥热。

4. 宝宝房间的适宜温度为18～25℃。温度过高会使宝宝环境适应能力减弱，容易引起呼吸道感染；温度过低，会使宝宝感觉不适，睡不踏实。相对湿度以50%～60%为佳。

给宝宝适当的耐寒锻炼

知识导读： 人是恒温动物，体内有一套完善的体温调节系统。大脑皮层下丘脑，只有在接受气温变化的刺激下才会增强体温的调节能力，提高机体的耐寒抗菌能力。对于身体处于发育期的宝宝更是如此，长期的恒温环境只能使他们的适应能力下降。

妈妈要给宝宝做适当的耐寒锻炼，以提高宝宝身体适应寒冷环境的能力。耐寒锻炼应该从夏末秋初开始，这是提高宝宝对寒冷反应灵敏度的最有效方法。

耐寒锻炼的方法

1. 不要给宝宝穿得过于厚实、严密。人为造成一种恒温环境，使得宝宝失去了锻炼体温调节能力的机会。

2. 尽可能带宝宝到户外活动。特别是秋季的清晨，虽然气温相对中午要低一些，但是就锻炼御寒能力而言，这是一个很好的时间。

3. 通过创设冷环境，提高宝宝对

温度反应的灵敏度。比如最初可用偏凉的温水甚至冷水（从接近体温到稍低于体温）给宝宝洗手、擦脸。宝宝大一些后可尝试用冷水冲浴，开始时也是要选用稍高于体温的水，然后逐渐过渡，每次约数分钟，浴后必须用柔软的干毛巾擦身至身体发热并轻度发红为止。

在锻炼时一定要视宝宝具体的体质和适应能力而定，把握适度和渐进的原则，当宝宝出现寒战或身体不适时应立即停止锻炼。锻炼前适当地给宝宝喝些常温水，可以加强肠胃的适应能力。如果宝宝能够很好地适应，即使到了冬天也可以坚持下去。

宝宝大小便管理

添加辅食后要观察宝宝大便情况

知识导读： 正常情况下，宝宝添加辅食后，大便的性状逐渐会和成人的相似或相同，颜色金黄，能够成形，呈软条状，有轻微的臭味。

宝宝加辅食后，大便会有各种各样的变化，有的是正常现象，有的则可能反映宝宝的消化道有问题，应治疗或调理，因此，需要妈妈仔细分辨。

大便因为辅食出现的正常改变

宝宝初加某种辅食的前几天胃肠可能不适应，大便看上去也不正常，但却是正常现象。如果宝宝出现了以下几种状况，不需着急：

1. 添加了绿色蔬菜、西红柿、南瓜等，大便呈现和所吃辅食相近的颜色是常见现象，可以继续添加。

2. 添加了淀粉类食物，大便量增多，颜色暗褐，臭味加重，是正常的。

3. 添加动物血、肝脏等含铁多的辅食，大便呈现黑色是正常的。

有些大便表示辅食添加不当

辅食添加不当，宝宝的消化系统承受不了，会表现在大便上。遇到宝宝大便异常的时候，要对症调整辅食。

1. 宝宝大便变稀、变绿，说明辅食添加过多、过急，宝宝消化能力承受不了，下次添加辅食要少点，添加频率也不能那么密集了。

2. 大便中有大量泡沫，呈深棕色水样，带有明显的酸味，排除肠道感染的可能性，表明宝宝吃的淀粉类辅食可能太多了，需要减少米糊、米粉、乳儿糕等辅食。

在添加辅食初期，宝宝若出现轻微腹泻，妈妈可以暂时保持宝宝的饮食不变，如宝宝大便逐渐正常再继续添加辅食。如果宝宝腹泻严重，应停止辅食。

宝宝大便变黑可能的原因有哪些

🔔**知识导读：**宝宝大便呈黑色一般没有什么影响，无须特别处理，但若是大便呈现柏油样，则应考虑为上消化道出血，这时应及时带宝宝就诊。

宝宝大便变黑一般有以下两个原因：

1. 宝宝添加的辅食中有肉类，宝宝消化吸收后大便会变得黑一些，且臭味很浓。

2. 考虑为服用铁剂、食用含铁食物（如动物血）后，铁不能消化吸收或消化不良，这时宝宝的大便表现为灰黑色，一般可以通过调整饮食来预防和调理，不要过多过频地吃太多的红肉或动物血。

宝宝吃辅食便秘怎么办

🔔**知识导读：**刚开始加辅食，宝宝也可能会便秘，这都是正常的，在宝宝逐渐适应了辅食，辅食的量也增多之后，便秘现象就会消失，大便性状逐渐接近成人的。到1岁以后，就能1天排1～2次黄色大便，呈条形。

宝宝吃辅食后若出现便秘的情况，妈妈应从以下几方面寻找原因及解决方法：

1. 保证充足的奶量，宝宝还小吃不了多少辅食，如果把本来吃的奶撤掉，宝宝就会挨饿，胃肠道的食物没有富余，就不可能有大便。因此要保持原来的奶量，在吃奶之余添加1～2小勺辅食，让宝宝学习消化，宝宝的胃肠道饱足后就会有大便排出。

2. 给宝宝添加的辅食中最好包含一些对通便有帮助的食物，如薯类、绿叶蔬菜和水果。

3. 揉肚子。宝宝便秘时妈妈可以围绕着宝宝的肚脐顺时针轻轻地给宝宝揉肚子。

便秘，要不要多喝水

宝宝大便偏干或干燥，是否需多喝水？这是经常被问及的问题。大便干燥说明大便中水分不足，但不能说明喝水不够。喝的水会在右侧结肠以上被肠道吸收，多喝水只有多排尿。只要宝宝排尿颜色无色透明或微黄，就没有必要催促宝宝喝水。妈妈如果担心宝宝喝水较少，可以在两顿奶之间都给宝宝喝一点儿水，应该在奶前喝，不然等小宝宝喝饱奶是不会喝水的。

适时应用开塞露

如果宝宝便秘严重，医生可能会建议给他用甘油栓（甘油和硬脂酸钠混合制剂，用于排空直肠），比如开塞露。这种栓剂能起到润滑作用，帮助宝宝排便。在宝宝数天不排便但又有明显排便意图时是可以给宝宝应用帮助排便的。

宝宝睡眠管理

睡觉前跟宝宝做游戏好不好

知识导读： 睡觉前两个小时之内，如果宝宝大哭和大笑了，会导致夜惊、睡眠不安。所以，妈妈睡觉前不要和宝宝做刺激的游戏。

睡前可做安静的游戏

妈妈不要在宝宝睡前和宝宝做需耗费体力的游戏，比如和宝宝玩激烈的肢体运动游戏会让宝宝觉得刺激，大脑兴奋，不容易按时入睡，即使疲劳后入睡了，精神活动也还在持续，这属于浅睡眠，一旦周围有噪声，就会把宝宝从睡眠中吵醒，再次入睡也变得更困难，这对睡眠质量影响很大。

宝宝睡前可做一些安静的游戏，比如小范围的藏猫猫，妈妈用宝宝的被子蒙住自己的脸，叫宝宝的名字，然后扯下被子露出脸，游戏不要新奇，也不要刺激。

睡前最好的活动是放松宝宝身体的活动

其实，睡前最好的活动是能放松宝宝身体的活动，比如给宝宝洗澡，放些舒缓的音乐，讲个小故事，唱个小曲儿等，这些活动可以帮宝宝从清醒状态放松过渡到睡眠状态，音质好的音乐声或者轻柔的抚触是安抚宝宝入睡的利器。

宝宝多大会做梦

知识导读： 现在的科学还很难说清宝宝到底是从几个月开始会做梦的，但随着大脑的发育，通过感觉器官形成条件反射，宝宝早在三四个月时就有可能做梦了。

宝宝在新生儿期，睡觉时就会自觉不自觉地出现笑容，这时候是一种原始反射。到了六七个月的时候，宝宝还是会在睡着的时候出现笑容或撇嘴要哭的表情，有的时候还能咯咯地笑出声，这就是做梦的表现了。宝宝在睡梦中笑，父母一般都很欣慰，但是在睡梦中哭就比较担心了。其实，无论哭还是笑，都是大脑发育良好的结果，所以不用太担心。

白天不要让宝宝玩得太累

哭闹与宝宝玩耍太过劳累、太过紧张或者太过兴奋有关系，父母要尽量避免在睡前和宝宝玩太刺激的游戏，白天也不要让宝宝玩得太累。

宝宝睡眠不安可能是肠胃不适

知识导读： 宝宝夜间睡眠不安，可能有很多原因，不能只考虑缺钙。

睡眠不安的宝宝可能跟肠道不适有关。如：①4～6个月之内的小宝宝，因肠胀气会出现睡眠不安；②消化不良、食物不耐受或过敏、便秘等也可能出现睡眠不安；③若出现经常哭闹、频繁饥饿、突然哭醒、排气过多等情况，很有可能是由婴儿肠绞痛引起的。

其他可引起睡眠不安的原因

1.5个多月的宝宝睡眠不安还可

能与出牙有关，但会随着宝宝牙齿长出而消失。

2.盖太多、穿太多，宝宝太热也会出现睡眠不安。

3.憋尿，膀胱饱满的刺激使宝宝感到不适，于是会表现为睡觉不踏实、来回翻身、伴哭吵。解尿后，宝宝就会继续安静地睡觉。

常见疾病防护

小儿咳嗽

知识导读： 小儿咳嗽是一种防御性反射运动，可以阻止异物吸入，防止支气管分泌物的积聚，清除分泌物避免呼吸道继发感染。因而，家长的任务并不是要止住咳嗽，而是要找出招致咳嗽的缘由。

宝宝咳嗽有很多种表现，有干咳的，有带痰咳嗽的，还有夜间咳嗽的，一般比较常见的有以下几种，妈妈要学会区分并正确护理：

普通感冒引起的宝宝咳嗽

特点： 多为一声声刺激性咳嗽，好似咽喉瘙痒，无痰；不分白天黑夜，不伴随气喘或急促的呼吸。宝宝伴有其他感冒症状，如流鼻涕、发热，体温不超过38℃等。感冒症状消失，咳嗽仍持续3～5日。

护理建议：一般不需特殊治疗。多喂宝宝一些温开水，尽量少用感冒药。宝宝烦躁、发热时，可给少许宝宝专用的退热药物。不要自己随便给宝宝喂止咳药、抗生素等。

咽喉炎引起的咳嗽

症状：声音嘶哑，有脓痰，咳出的少，多数被咽下。较大的宝宝会诉咽喉疼痛，不会表述的宝宝常表现为烦躁、拒哺，咳嗽时发出"空、空"的声音。

护理建议：这种情况下家长不可自行在家解决，应及时就医，请医生明确诊断后对症治疗。

气管炎引起的宝宝咳嗽

特点：早期为轻度干咳，后转为湿性咳嗽，喉咙里有痰声或咳出黄色脓痰。咳嗽有痰、有时剧烈咳嗽，一般在夜间咳嗽次数较多并出现咳喘声。咳嗽最厉害的时间是宝宝入睡后的两个小时，或凌晨。影响宝宝睡眠，如宝宝夜间不爱平躺，总是要好好抱着，就一定要去看医生。

护理建议：应去医院治疗，服用医生开具的小儿止咳类药物或进行雾化治疗。宝宝不能吃太甜或太咸的食物，否则会加剧夜间咳嗽。

过敏性咳嗽

症状：持续或反复发作性的剧烈咳嗽，多呈阵发性发作，晨起较为明显，宝宝活动或哭闹时咳嗽加重，宝宝遇到冷空气时爱打喷嚏、咳嗽，但痰很少。夜间咳嗽比白天严重，咳嗽时间长久。

护理建议：若经医生判断宝宝确为过敏性咳嗽，应服用抗过敏的药。对家族有哮喘及其他过敏性病史的宝宝，咳嗽应格外注意，及早就医诊治，明确诊断，积极治疗，减少咳嗽对宝宝的影响。

不要自行给宝宝服用止咳药物

药店所买到的很多止咳糖浆等多是多种成分的复方制剂，还有的药物中含有不适用于宝宝的成分，如麻黄碱、可待因等。而且宝宝咳嗽的原因也不相同，因此，一定要经过医生诊断，根据导致宝宝咳嗽的原因有针对性地用药。

雾化是一种安全有效的治疗方法

雾化是指将药物通过喷射器变成细微的雾状颗粒，随着自然呼吸直接将药物吸入呼吸道，达到治疗气道炎症的目的。与口服药、针剂疗法相比具有疗效迅速、无创伤性、不良反应少、方便等优点，并且避免了静脉和肌注用药给孩子带来的痛苦，同时可最大限度地减少全身治疗用药带来的不良反应，是治疗儿童呼吸系统疾病的理想治疗方法。但不是所有咳嗽都需要雾化治疗，应在医生指导下进行治疗。

肺炎的症状

🔔 **知识导读：** 对于肺炎的诊断应该严谨。对于肺炎来说，除了呼吸道症状外，应该还有胸部 X 线片检测结果，再有病原学检测结果。不要轻易将发烧＋咳嗽＋有痰，就诊断为肺炎。

肺炎的典型症状有：

1. 咳嗽，宝宝咳嗽严重伴有痰音。
2. 呼吸急促、困难。
3. 发烧。宝宝可能出现高热，持续数天。
4. 宝宝精神不佳，食欲不好。
5. 严重的时候，宝宝可能会出现嗜睡、口唇和舌头发青、拒绝饮食等症状。

但也有宝宝患肺炎并无明显的呼吸道疾病，仅表现为一般状况较差、反应低下，哭声无力、拒奶、呛奶及口吐白沫等。发病慢的多不发烧，甚至体温偏低（36℃以下），全身发凉。有些患儿出现鼻根及鼻尖部发白，鼻翼翕动，呼吸浅快、不规则，病情变化快，易发生呼吸衰竭、心力衰竭而危及生命。对于咳嗽较重、呼吸急促、精神不佳的宝宝一定要及时就医。

在玩耍中开发宝宝能力

玩声音小游戏

🔔 **知识导读：** 5个月的宝宝进入了声音传感期。"声音传感期"就是宝宝在半岁左右开始对周围声响产生浓厚兴趣，以至参与其中模仿声音的一段时期。进入这种时期的宝宝尤其喜欢声音游戏。

这个阶段的宝宝已经有倾听和对话的意愿了。很喜欢看着妈妈发出各种声音，并也咿咿呀呀地回应。这时候妈妈要经常跟宝宝"对话"，让宝宝多观察、跟宝宝多交流。

有时候宝宝自己也会啊啊地发声，甚至大声叫，这是宝宝在学习发音了。

如果宝宝不会发音，不能跟妈妈有交流，就应该高度怀疑宝宝有听力障碍。要及时带宝宝到医院或康复机构去进行听力检查。

看一看，这是什么

🔔 **知识导读：** 随着宝宝认知水平的提高，妈妈要有计划地教宝宝认识他周围的日常事物。宝宝最先学会认的是在眼前变化的东西，如能发光的、音调高的或会动的东西，像灯、会动的彩色玩具等。

妈妈教宝宝认物一般分两个步骤：一是听物品名称后学会注视；二是学会用手指。开始妈妈指给他东西看时，他可能东张西望，但妈妈要吸引他的注意力，坚持下去，每天至少5～6次。通常学会认第一种东西要用15～20天；学会认第二种东西用12～18天；学会认第三种东西用10～16天。也有1～2天就学会认识一件东西的。这要看妈妈是否敏锐地发现宝宝对什么东西最感兴趣。宝宝越感兴趣的东西，认得就越快。

宝宝认东西要一件一件地学

宝宝认东西要一件一件地学，不要同时认好几件东西，以免延长学习时间。只要教得得法，宝宝5个半月时，就能认灯，6个半月能认其他

2～3种物品。7～8个月时，如果妈妈问："鼻子呢？"宝宝就会笑眯眯地指着自己的小鼻子。

宝宝，你叫什么名字

知识导读：让宝宝感受自己的名字，是宝宝认识自我、了解自我的一个重要途径。全家人一定要统一叫宝宝一个名字，这样才能让宝宝尽快知道自己是谁。

宝宝5个月大，还不知道自己名字的真正意义，但却已经能够感受到来自爸爸妈妈的呼唤，能够把自己和爸爸妈妈所叫出来的名字联系起来，平常在家时，爸爸妈妈不妨经常叫宝宝的名字，通过这样反复的训练，时间久了，宝宝听习惯了，就能建立起自己和名字之间的联系了，当再次叫他名字时，宝宝会知道爸爸妈妈是在叫他。

叫宝宝的名字后可以逗宝宝一会儿，或是和他做好玩的游戏，让宝宝将自己的名字和快乐联系起来，这样他每次听到自己的名字都会很开心。等宝宝能咿呀学语后，爸爸妈妈还可以边逗宝宝边问他叫什么名字，可以先叫宝宝的名字，然后接着问宝宝，看看宝宝是什么反应，爸爸妈妈可以勤问，有一天宝宝能说出自己的名字来的。

宝宝满 5 个月了

满 5 个月宝宝的体格标准

满 5 个月宝宝的体格标准如下：

体格指标	男宝宝	女宝宝
体重（平均）	8.00 千克	7.36 千克
身长（平均）	66.70 厘米	65.20 厘米
头围（平均）	42.70 厘米	41.60 厘米

满 5 个月宝宝具备的能力

大动作能力——翻身自如

5 个月的宝宝已经能翻身自如，从仰卧位翻到俯卧位后，偶尔还会自动地把双臂放在胸前撑起上半身，并高高仰起头。但是俯卧时，仍然不能自己控制着翻成侧卧位或仰卧位，还只是被动地滚到仰卧位。父母此时更不能让宝宝一个人待着，以防掉床。

精细动作能力——喜欢扔掉手里的东西

5 个月的宝宝还有个特点，就是不厌其烦地重复某一动作，经常故意把手中的东西扔在地上，捡起来又扔，可重复 20 多次。他还常把一件物体拉到身边，推开，再拉回，反复进行。这是宝宝在显示他的能力。

视觉能力——能够辨别物体的远近了

这个月的宝宝已经能够辨别物体的远近了。爸爸可以拿着一个布娃娃，从远处走过来，逐渐靠近，当布娃娃快要碰到宝宝时，观察宝宝是否有躲闪的反应。

听觉能力——听觉已经很发达

5 个月宝宝的听觉已很发达，对悦耳的声音和嘈杂的刺激已能做出不同反应。妈妈轻声地跟他讲话，他就会显出高兴的神态。

人际交往能力——不愿意一个人待着

5 个月的宝宝越来越不愿意一个人待着，大多数都能经常主动要求抱抱，在挥手或伸出手臂的同时，眼睛会流露出期待的神色，被抱起后，则双手紧紧抓住抱着他的人。

语言能力——可能会无意识地叫爸爸或妈妈

5 个月的宝宝咿呀时，不再单纯用表情和动作表示兴奋了，多数会出声，有时候会发出类似"爸爸""妈妈"这样的音，这未必是宝宝在叫人，不过父母可以不断重复这一个词，并告诉宝宝这个词的意义，借机做个强化。

第6个月

本月重点问题：
应不应该宝宝一哭马上就去抱

家长：应不应该宝宝一哭马上就去抱？

有的妈妈说：宝宝一哭不应该马上抱，不然他就养成习惯了，知道一哭就会有人来抱他；有的妈妈又说：宝宝那么小，那么无助，他需要妈妈的怀抱。

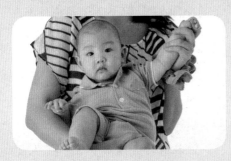 

问题解决 当孩子哭闹时，做父母的当然应该抱起宝宝。不过，答案不是仅仅抱起孩子这么简单。抱起来，并不那么简单。

❖ 3个月以内——及时抱起他，满足他的需要

当胎儿从母亲子宫里被分娩出来的一刹那，当切断了与母亲生理联系的脐带的一瞬间，他就变成了一个需要倍加呵护的婴儿，而这一点被婴儿来到世间的第一声啼哭充分地表达了。在子宫里的时候，胎儿通过脐带从母亲身体里获得需要的一切营养，来到这个世界以后，是通过啼哭从抚养者那里获得所需要的营养与关爱。啼哭是婴儿表达需要最有力的工具。

宝宝的哭声，就代表他需要从妈妈那里获得营养和关爱。婴儿哭闹常见的原因是饥饿、排泄、冷热、身体不适以及皮肤饥渴、与人沟通的需要等。细心的妈妈要分清宝宝因为什么而啼哭，然后及时抱起宝宝，满足宝宝的需要。

❖ 3个月以后——及时回应他，延迟抱起的时间

随着宝宝月龄的增加，可能学会了用哭来获得父母的"陪伴"，这时妈妈需要做的是，及时回应宝宝的哭闹，但可延迟抱起宝宝的时间。当宝宝无故哭闹时，家长不要急着去抱他、哄他，可以先回应宝宝，但是稍稍延迟抱起宝宝的时间，带着笑容，温柔地和宝宝说说话。

❖ 宝宝偶尔哭一下也是好的

妈妈照顾宝宝也不需要时时刻刻无微不至、过度紧张，偶尔稍微偷懒，让宝宝小哭一下（如 5 ~ 10 分钟）反而是好的。宝宝的哭不仅是一种语言信号，也是一种有益的全身运动。因为婴儿啼哭时头部转动，四肢像做体操一样不停地挥动，腹部起伏，胸膈扩大，肺活量增加，新鲜空气被大量吸入，废气被大量排出。同时全身血液循环加快，代谢增强，对宝宝生长发育很有好处。所以，对于不是因为疾病引起的，而是要求抱而啼哭时，可以适当让宝宝多哭一会儿。当然，不宜让宝宝哭得太久。过长时间或过于剧烈的啼哭会使宝宝声带充血，体力消耗。

有时候妈妈要让宝宝有机会学习自我安抚情绪，像吮吸自己的手指，或者抚摩小毛巾、小玩具，帮助他们从焦躁的情绪中平静下来。

❖ 不要强烈拒绝宝宝

有的宝宝天生比较敏感，如果他哭，大人就是不抱，他可能更没有安全感，更想要抱。

对于这种孩子，建议大人一定要多抱孩子，抱到孩子不需要抱为止，而不是强烈地拒绝宝宝。需要抱是孩子的一种本能。人确实有适应外界环境的本能，没人抱他就得自己适应，但是对孩子的心理成长来讲，他没有安全感，得到的是一种不良的体验。无论是小孩，还是我们大人，都不希望有这样不良的体验和经历。

但是有一些孩子本身不需要抱，自己就能睡得很好，如果家里人过度疼爱，无论醒着睡着，白天晚上都抱着孩子，那么孩子独自睡觉的能力就会慢慢萎缩，就会适应总让大人抱着。

营养与饮食指导

要顺其自然地加喂辅食

🔔 **知识导读：** 婴儿吃奶自然要吃母乳，因为这是顺其自然的食物，但母乳吃到6个月就需要添加辅食。一方面营养需求更多，另一方面要逐渐过渡到成人饮食。因此，要顺其自然地加喂辅食。

一是适应口腔各肌肉的吞咽活动，吞咽液体、半流体和固体；二是随着牙齿的萌出适应咀嚼的活动，这里还包括不是牙齿的咀嚼活动。随着吞咽和咀嚼活动的发展，食物的性状也将发生从液体到固体的改变。

为了便于对选择食物和训练的理解我们把整个辅食的添加分为吞咽期4～6个月、蠕嚼期7～8个月、细嚼期9～11个月，咽嚼期12～15个月和15个月后吃成人饭5个时期。

一是吞咽期，即4～6个月。这个时期是以母乳为主，如果没有母乳就以配方奶为主。食物主要是液体，口腔的活动也适应吞咽液体的活动。

二是蠕嚼期，即7～8个月。这时期多半没有长牙，但是软的食物牙床也可以嚼，从这时起就可以吃手抓饭，人已经坐起来了，牙齿正在长出，这时也可以吃些半固体泥糊食物，但每天仍需喝奶700～800毫升，可添加辅食一次，以泥糊状食物为主。宝宝适应好了可逐渐增加细碎的食物。

如烂粥、碎菜、肉泥等。

三是细嚼期，即9～11个月。虽然宝宝只长了2～4颗牙，但是已经用牙床咀嚼食物，吞咽已经熟练。鸡蛋面，豆腐脑，包子，饺子，鱼，多种肉类都可以吃。这个时期宝宝的腔运动模式已经有非常大的改变，由直接吞咽向口腔协调运动有咀嚼动作转变。

四是咽嚼期，即12～15个月。宝宝实际已经进入幼儿期，主要靠膳食摄取大部分营养，1岁就有了6～8颗牙，到1岁半就有了12～14颗牙。周岁手也灵活起来，可以拿杯子喝，用汤勺吃饭，吃固体食物，多数没有问题。但也要注意软硬。奶量保持500～600毫升，每天吃辅食要变样，满足宝宝的好奇心。

15个月后宝宝基本上可以吃成人饭，大块的食物也可以咀嚼，有兴趣跟家长一起进餐。这时宝宝的饮食要多样化、营养均衡，但要注意不能太油。

添加辅食应该从一样到多样

知识导读： 宝宝的身体适应力较差，在让他接受新食物的时候不能太着急，建议每次只加一种，这样宝宝的肠道承受压力较小，对身体发育有好处。这样做还有一个好处，就是一旦宝宝过敏，很容易锁定过敏原，在下次加辅食的时候可以准确避开，而同时加多种就没法确定到底是哪种辅食引起过敏了。

给宝宝添加辅食大部分妈妈似乎都比较心急，比如妈妈什么都希望给宝宝吃，各种泥，各种蔬菜水果，鱼啊肉啊虾啊，不但买了很多罐装泥，还专门买了电动的辅食机。

但在添加辅食种类的时候要考虑两个问题：第一，过敏史的问题。这点可以先了解一下家族史，家里有没有过敏体质的，如果有就需要格外当心，如果没有也要当心。第二，辅食是否过敏的问题。所以添加新的辅食种类的时候必须一种一种逐个添加，每次只加一种，加了一种新鲜辅食之后观察3天，看看宝宝的情况，大便的变化，完全没有变化的时候再添加另一种。一旦发现有过敏就马上停止，这样能够很好地区分宝宝哪种食物可以吃哪种食物不可以吃。对于过敏体质的宝宝需要有一个饮食日记，妈妈应该时刻记录宝宝每天吃的东西，一旦出现过敏就可以很容易地追溯到宝宝是因为哪种食物过敏。一旦宝宝出现了对这种食物过敏，就要等到10个月的时候再尝试，如果那时还是过敏就要等到1岁之后再尝试。

添加辅食要从少到多

每次给宝宝添加新的食品时，一天只能喂一次，而且量不要大，分量约一小汤匙，等确定宝宝的肠胃能适应后，再逐渐加量。比如加蛋黄时先给宝宝喂 1/4 个，三四天后宝宝没有什么不良反应，而且在两餐之间无饥饿感、排便正常、睡眠安稳，可在两周时间里逐渐增加成一整个，若吸收差一些，可延长到一个月时间。妈妈们千万不能看着宝宝爱吃，就多多地喂，一定要控制好量。否则一时疏忽，可能让宝宝的肠胃受罪。

添加辅食要从稀到稠，从细到粗

🔔 **知识导读：** 宝宝在开始添加辅食时，一般都还没有长出牙齿，因此父母只能给宝宝喂半流质食品，最后发展到固体食物。

最初可用母乳、配方奶或水将米粉调成稀糊来喂宝宝，确认宝宝能够顺利吞咽、不吐不呕、不呛不噎后，再由稀糊渐渐过渡到泥糊状食物。

添加辅食的性状，正确的顺序应当是稀泥—稠泥—糜状—碎末—稍大的软颗粒—稍硬的颗粒状—块状等。如从添了奶或汤汁的土豆泥到纯土豆泥再到碎烂的小土豆块的过渡。这样，宝宝才能逐渐转换口腔运动模式，从吸吮逐渐学会咀嚼。

由少到多

由稀到稠

由细到粗

由一种到多种

辅食如何存放和加热

上班族妈妈们没有时间天天制作辅食，于是会一次性做好大量辅食，然后装好放进冰箱，时间一到再拿出来给宝宝吃。这里妈妈们要注意辅食的存放时间和加热方式。

存放时间

自制辅食最好是现吃现做。若妈妈一次给宝宝做了很多食物，吃不完，可用保鲜盒密封装起后，放入冰箱中保存。记得一定标注储存日期，但不建议保存时间过长。如果量实在太大，可以将暂时不吃的食物冷冻。

若是买的成品辅食，其储存存在两种情况，打开前和打开之后。未打开的罐装婴儿食品应该存放在阴凉干燥处，远离热源，不能冷冻。添加了益生元和益生菌的米粉需要特别注意，高温会杀死益生菌。打开后的成品辅食，例如果泥类，一般只能在冰箱中保存 2 ~ 3 天。如果打开后没有立即

放入冰箱，1小时后就不能食用了。

挑选应季的、合适的食材

宝宝从母乳过渡到固体食物的过程是非常关键的。在宝宝开始吃辅食后，妈妈们要合理地选择辅食食材，保障辅食的清洁、安全、顺利耐受。

蔬菜水果类应选择应季的、农药污染机会少的，容易清洗的。蛋、鱼、肉、动物肝脏等要煮到熟透，以避免发生感染及引起宝宝的过敏反应。

辅食添加初期应注意的问题

给宝宝添加辅食的主要目的，除了提供丰富的营养成分，还要帮助宝宝接受、习惯各种食物的味道和口感，耐受各种食物的成分而不发生过敏反应。

添加辅食的合适时机是4~6月龄，最早不要早于4个月，最迟不要晚于6个月。添加辅食过早可能导致宝宝消化吸收不良，添加辅食过晚可能导致宝宝对辅食耐受不良。

添加辅食应该一种一种来尝试，

如有不良反应发生，能够及时发现是哪种食物所导致。另外，应先从口味比较淡的食物开始添加，这有助于宝宝味蕾逐渐接触不同味道的食物，减少以后宝宝挑食的可能。

如果有过敏性家庭史，或宝宝出生后有比较严重的湿疹或诊断牛奶蛋白过敏的宝宝，添加辅食时更要格外小心。应该从常见的食物开始添加，同时监测有没有皮疹、呕吐、腹泻等过敏反应。

开始添加肉泥、鱼泥、肝泥

知识导读：宝宝6个月后，来自母体的免疫球蛋白已经用光了，而他自身的免疫球蛋白又很少，所以，这个时期要特别注意宝宝的营养，加强宝宝的抵抗力。除了给宝宝添加主食、水果、蔬菜之外，这个阶段的宝宝还可以开始吃些肉泥、鱼泥、肝泥。特别是红肉，如猪肉、牛肉、羊肉做的肉泥和肝泥中含有非常丰富的铁和锌，是宝宝不可或缺的营养来源。

泥状食物用小匙喂

添加泥状食物的同时也是训练宝宝口腔运动的时机，因此任何泥状食物都必须用小匙喂。但宝宝常会在喂新食物时出现不愿吃、用舌头顶出、恶心或哭吵的情况，这是宝宝正常的自我保护反应，妈妈不应以为这是宝宝不喜欢吃，只要坚持喂，一般坚持数次以后宝宝都会接受。

宝宝洗护指导

护理好宝宝正萌出的乳牙

6个月左右宝宝会萌出第一颗乳牙，这时就应重视护理宝宝的牙齿了，否则宝宝很容易得龋齿，影响到食欲和身体健康。

护理宝宝的乳牙要做好以下几点：

1. 清洗牙齿。每次给宝宝喂食后，再喂几口白开水，以便把残留食物冲洗干净，牙齿萌出后，应早晚各一次，用干净的湿纱布或手帕裹在洗干净的手指上，或用专用的婴儿牙刷抹洗宝宝的口腔及牙齿，以清除食物残渣。

2. 利用磨牙棒。发现宝宝有出牙迹象，如爱咬人时，可以为他准备磨牙口胶或磨牙棒，也可以给些硬的食物如苹果、梨、面包、饼干等让他啃，既锻炼牙齿又增加营养。

3. 纠正不良习惯。妈妈要注意纠正宝宝的一些经常性的不良习惯，如咬手指、舐舌、口呼吸、偏侧咀嚼、咬空奶头、睡前喝奶等，以免造成龋齿、牙齿错位或牙颌畸形。

专家这样说

一旦发现宝宝有龋齿一定要及时修补，虽然乳齿将来要被恒齿替代，但乳牙的好坏对咀嚼能力、发音能力以及恒牙的正常替换起着非常重要的作用。

4. 晒晒太阳。经常带宝宝到户外活动，晒晒太阳，不仅可以提升宝宝免疫力，还有利于促进钙质的吸收，帮助牙齿发育。

宝宝面部需要细心护理

宝宝的皮肤异常娇嫩，如果不细心护理，极易受到刺激而感染，给宝宝进行面部护理主要注意以下几点：

1. 宝宝的皮肤会因气候干燥缺水而受到伤害，平时不要用比较热的水洗脸，可以选择比较凉的水来洗，那样可以减少油脂被过多地清洗掉，可以在宝宝洗脸之后，搽上宝宝护肤品，形成保护膜。

2. 宝宝嘴唇干裂时，要先用湿热的小毛巾敷在嘴唇上，让嘴唇充分吸收水分，然后涂抹润唇油，同时要注意让宝宝多喝水。房间的空气要有一定的湿度，避免空气干燥。

3. 宝宝长牙期间流口水很多，应准备柔软的毛巾，时刻替宝宝抹净面颊和颈部的口水，秋冬时更应及时涂抹润肤膏防止肌肤皲裂。

4. 宝宝睡觉后眼屎分泌物较多，有时会出现眼角发红的状况，应每天用湿润的棉球（可在药店买）替宝宝清洗眼角，力度要轻柔。

5. 耳朵背面是很容易累积脏污的地方，有时吃奶时奶水也会流过去，所以别忘记用浸泡过温水且拧干的纱布擦拭，来做清洁。

预防宝宝摔跟头

宝宝逐渐长大，活动能力越来越强，他要去探索这个世界，会在床上翻来翻去，还想要跳跃，这时爸爸妈妈千万要注意防止宝宝摔跤，以免出现意外伤害。

宝宝的活动空间应有安全措施

小宝宝的活动空间多半是在床上，宝宝自己的床一定要四面有护栏，但围栏不要靠宝宝太近，左右至少应给他留可以翻一个身的余地，否则宝宝的活动会受到限制，这样宝宝一般不会翻出去。

如果将宝宝放在爸爸妈妈的大床上，则应在床周围的地上铺一层泡沫垫子，床上要多放一些抱枕、枕头之类宝宝能移动的东西，或者将这些东西放在泡沫垫子上，这样宝宝即使摔下来，也有足够的缓冲，不会造成损伤。

当宝宝还醒着时，不要离开他太久

当然，不管是将宝宝放在哪里玩，爸爸妈妈都不可以一次离开宝宝太久，宝宝睡觉时还可以理解，但若是宝宝还醒着，一定要及时回来看护宝宝，不能长时间地让宝宝一个人坐着玩耍。

为宝宝选合适的鞋子

知识导读： 婴儿的脚骨是软骨，弹性大，易变形，且脚部表皮角化层薄，很容易受损感染，应及时给宝宝穿上鞋袜，保护宝宝的脚部，但不合适的鞋袜反而会影响骨骼的发育，因此一双合适的鞋是宝宝最需要的。

宝宝在婴儿期内，每三个月小脚丫就会生长 0.5 厘米，6 个月前的小宝宝可以根据需要决定穿不穿鞋子，但应穿上袜子，6 个月以后宝宝的活动能力变强，这时为了保护宝宝的脚，爸爸妈妈应考虑给宝宝准备 1 ~ 2 双鞋子，并经常检查鞋子是否合脚。

选择合适大小的鞋子

宝宝的脚长得很快，妈妈可能会特意给宝宝买大尺码的鞋，为的是多穿些时间。这种做法是非常不好的。由于小脚在大鞋中得不到相应的固定，不仅容易引起足内翻或足外翻畸形发育，还会影响以后走路时的正确姿势。建议给宝宝买鞋时最多买大一码即可。

还有的妈妈以为，鞋子虽然小了点，但还没穿破，就让宝宝将就着再多穿些时间。这对宝宝脚部肌肉与韧带的发育非常不利。宝宝的脚骨软，鞋小了会使宝宝的脚变形。这一时期宝宝脚的生长速度很快，一般来说，3 ~ 4 个月就要换新鞋。

选择合适材质的鞋子

除了大小，妈妈在给宝宝买鞋时还要注意材质，一般布面、布底制成的童鞋既舒适，透气性又好；软牛皮、软羊皮制作的童鞋，鞋底是柔软有弹性的牛筋底，不仅舒适，而且安全。不要给宝宝穿人造革、塑料底的童鞋，因为它既不透气，还易滑倒摔跤。

准备宝宝防滑袜

宝宝在屋里没有必要穿鞋的时候，可以给宝宝穿防滑袜。防滑袜是普通的袜子底部粘了一层密集的橡胶小圆点，起到增强摩擦力的作用。

如何为宝宝选合适的袜子

1. 袜子一般加了少量莱卡材料的更有弹性，更合脚，所以给宝宝购买防滑袜的时候，不要刻意追求纯棉。纯棉的袜子穿了一会儿后就松弛了，反而容易给宝宝行走带来阻力。不要穿尼龙袜，宝宝新陈代谢快，出汗多，尼龙袜不透气，易患脚癣。

2. 袜子的大小要合脚，太小容易脱掉，在要脱未脱之际，如果一只脚踩到了另一只脚的袜子有可能让宝宝跌倒，太大就更容易出现一只脚踩另一只脚的情形了。

3. 袜口不必过紧，袜筒不要过长，宝宝几乎没有脚踝，腿也很短，因此袜子不必太长，松紧以刚好套在脚上部不会勒肉为佳。

宝宝大小便管理

什么样的大便提示消化不良

添加辅食后很容易出现消化不良的症状，特别是一次添加多种辅食时易造成宝宝消化器官不能适应，从而造成消化不良，出现大便异常。表现为量多，泡沫多、粥样、蛋花样、稀水样并伴有特殊的酸臭气味等，对于这些消化不良的症状只要调节好饮食即可纠正。因此，当妈妈给宝宝添加辅食后发现宝宝出现以上消化不良的症状，应放慢辅食添加的速度，不要急于添加新的食物，让宝宝慢慢适应已经添加的食物后，再添加新的食物。

此外，宝宝添加辅食时大便会根据不同食物而出现不同的改变。比如：吃西红柿大便发红，吃绿色蔬菜大便发绿，吃动物肝脏大便呈墨绿色或者深褐色，大便的性质也与食物有关，吃纤维素含量高的食物大便可能软或不成形，吃较多肉类或高钙食物时大便可能会很干；吃凉、寒食物时大便会发稀。总之宝宝大便不再像纯乳期这样恒定，妈妈们要考虑到这一点，不要因为一点儿大便的改变而盲目带宝宝去医院。

宝宝经常拉肚子是为什么

导致腹泻的原因有很多，但主要有以下三个方面：

1. 宝宝消化能力弱。宝宝生长发育特别迅速，身体需要的营养及热能较多，而宝宝的消化器官却未完全发育成熟，分泌的消化酶较少。因此，消化能力较弱，宝宝会经常拉肚子。

2. 饮食不当。婴儿的神经系统对胃肠的调节功能差，饮食稍有改变，如对添加的辅食不适应、短时间添加的种类太多，或一次喂得太多、突然断奶；或是饮食不当，如吃了不易消化的蛋白质食物；气温低身体受凉加快了肠蠕动、天太热，消化液分泌减少及秋天温差大、小肚子易受凉等，都会使宝宝经常拉肚子。

3. 免疫力低。由于宝宝全身及胃肠道免疫力较低，所以，只要食物或食具稍有污染，便可引起腹泻；宝宝因抵抗力较低而易发生呼吸道感染，在患感冒、肺炎、中耳炎时，也会导致宝宝经常拉肚子。

宝宝睡眠管理

让宝宝自己决定睡姿

知识导读： 不同的睡姿对宝宝的大脑发育有不同影响，俯卧的宝宝脑发育更快，仰卧的宝宝脑发育虽慢，但是很稳定，最终会赶上俯卧的宝宝，所以睡姿对宝宝最终的脑发育程度没有明显的影响，父母不要为了这个原因而帮宝宝调整姿势，以免打断睡眠。对宝宝来说良好的睡眠是最重要的。

宝宝的睡姿可能会影响到宝宝的头型。在宝宝不能自主翻身时一定要注意帮助宝宝更换体位，以免长时间朝一个方向睡造成偏头。等宝宝会自主翻身了，头颈部的肌肉支撑力已经非常好，父母可以给他一些自由，任他自己选择睡姿了。一般宝宝自己选择的姿势是他感觉最舒服的，所以父母没有必要干涉。

即便是大人，睡觉时也不是一动不动的。妈妈们会发现小宝宝睡觉都喜欢不停打转，原地旋转 180°、360° 都有，这是宝宝的特点，不一定就是缺钙，父母不要在没有医生的指导时盲目给宝宝补钙。

宝宝什么时候能睡整觉

知识导读： 一个小孩子如何睡觉，与这个孩子本身的脾气性格有很大关联。有些孩子几个月大就能基本上安睡一夜，但大多数孩子要到两岁半甚至三岁才睡整夜觉。所以，孩子夜里醒来是很正常的。

家长应该了解婴儿睡眠的一些科学知识：首先，婴儿的睡眠迥异于成年人的睡眠。成年人入睡快，能够自主进入深睡状态；婴儿则入睡慢，多需要在父母的辅助下，经由 20 分钟左右的浅睡状态而后进入熟睡阶段。相信大多数父母都有这样的经验：宝宝看似睡着了，但是一放下来就会苏醒大哭。这是因为他还没有进入深度睡眠，稍有动静就醒来了。

其次，婴儿的睡眠周期也较成年人短，熟睡程度亦较成年人轻，醒来后，还是需要父母的辅助才能重返梦乡。可见，婴儿不能睡整觉是正常的。

6 个月以上的宝宝更易醒

有的宝宝 6 个月前睡得踏实，一晚上起来吃一两次奶便可，随着月龄的增加，夜间反而更容易醒来，更不要谈睡整觉了。因为宝宝大一点导致其醒来的因素更多，比如出牙的不适，由于白天可玩的东西多，分散他们的注意力，到夜间才会感到不适，醒来吃母乳对于宝宝是减轻痛苦的最佳途径。其他导致婴儿夜间频繁苏醒的原因包括尿片过湿，感觉要撒尿，睡衣不舒服，衣着、被褥或室温过热，吃得过饱或饥饿感，生病的不适，等等。稍大一些的孩子夜间频繁醒来的原因有时与白天的活动有关，有时与情感方面的波动有关。还有些孩子到晚上不愿意睡觉，或者夜间睡不安稳，是因为白天与父母相处的时间过短，他要利用晚上来弥补和爸爸妈妈在一起的需要。

不要为了睡整觉而断夜奶

很多妈妈反映宝宝不能睡整觉多半是因为没有断掉夜奶，于是，有的妈妈为了让宝宝睡整觉便早早地断掉了夜奶，其实这种做法有待商榷。如果宝宝吃夜奶时吃得很多，比如每次夜奶需要吃双侧乳房的母乳，那就说明宝宝还有一定的营养需求需要由夜奶提供，这种情况断夜奶就不合适了。

如果宝宝吃夜奶每次只是吃几口就又睡了，那就可以尝试断夜奶让宝宝可以有更好的睡眠。

不要强迫宝宝自己入睡

很多妈妈为宝宝不能自己入睡而烦恼，想尽各种办法希望宝宝可以在没有妈妈各种摇、晃、哄、抱的情况下安静入睡，有的甚至让宝宝哭到累了便自己睡了。其实，睡眠不是我们能够强加于宝宝身上的一种状态。把孩子放下来让他自己入睡，是不现实的。

宝宝在妈妈肚子里安睡了 9 个月，并非出生后就可以马上脱离母体单独行动，而是同样需要母亲的怀抱，需要听到妈妈的心跳、闻到妈妈的体味、感受到妈妈肌肤的温暖，以借此获得安全感。有些小宝宝在出生后头几个星期甚至几个月，都更乐意在父母怀抱里睡觉，这不是什么必须更改的坏毛病，而是自然正常的需要。对父母的依恋感得到充分的满足、安全感建立得好的孩子，会自动脱离父母，走向独立。

如果宝宝不能自己入睡，妈妈就

让宝宝哭。其后果是给宝宝幼小的心灵留下重重的创伤：我是孤独的，爸爸妈妈是不爱我的，我呼唤他们，他们不理我。好吧，我哭也没有用，反正你们不来，我不哭了，我累了，我睡了，但是我悲伤，我愤怒，我不喜欢睡觉。

宝宝学习自主入睡非常重要，父母可以安抚、轻拍或听听轻柔的音乐，给宝宝创造一个易于入睡的环境。但不建议抱着走动、反复蹲起等，因为即使这样帮助宝宝入睡，宝宝也非常容易睡来。每天宝宝有一半时间在睡眠状态，所以我们的目标不只是让宝宝睡着，不要中途醒来，还希望宝宝能将睡眠看作一件愉悦的事情，快乐地入睡，安心地睡着。

常见疾病防护

小儿腹泻

宝宝腹泻后应做好以下几件事：

吃易消化的食物

腹泻期间，宝宝吃进去的食物非但没能起到营养身体的作用，反倒会使病情加重，加速营养物质的流失和消耗。因此，呕吐严重的宝宝可暂时

禁食 4 ~ 6 小时，但不禁水。但是禁食时间不宜过久，一般不超过 6 ~ 8 小时。在宝宝腹泻期间，妈妈可以给宝宝做一些稀粥、烂面条、肉末、蔬菜泥、水果泥等比较容易消化的食物，给宝宝补充营养，使宝宝有足够的体力进行恢复，早日停止腹泻。对于正在添加辅食的宝宝，可以维持原来吃过的食物种类，暂不尝试新的食物。

改喝无乳糖奶粉

严重的腹泻可引起小肠黏膜表面受损。小肠黏膜表面有一种消化乳糖（乳制品中的主要碳水化合物）的乳糖酶。小肠黏膜受损，乳糖酶受到破坏，乳糖消化障碍会引起渗透性腹泻。所以如果宝宝腹泻严重或持续时长比较长，应将普通配方奶粉换成无乳糖配方奶粉。一般应用无乳糖奶粉 1 ~ 2

周，利于腹泻恢复。

但宝宝腹泻完全好了之后，妈妈还是应换回普通配方奶粉，因为普通配方奶粉更有利于宝宝的生长发育。

选择合适的药

许多轻型腹泻不用抗生素等消炎药物治疗就可自愈；或者服用微生态制剂、蒙脱石等吸附水分的药物也会很快病愈，尤其秋季腹泻因病毒感染所致，应用抗生素治疗不仅无效，反而有害；细菌性痢疾或其他细菌性腹泻，可以服用抗生素，但必须在医生指导之下治疗。

适当服用口服补液盐

宝宝腹泻期间，要注意适当喂口服补液盐，防止宝宝脱水。主要是补充电解质，一般医院或药店都有供应，建议家长购买一些在家里备用。第一次最好在医生指导下应用，呕吐严重的宝宝就不适合服用了。

腹部保暖

腹泻的宝宝往往因肠道痉挛引起

专家这样说

当宝宝腹泻严重，伴有呕吐、发烧、口渴、口唇发干，尿少或无尿，眼窝下陷、前囟下陷，宝宝在短期内"消瘦"，皮肤"发蔫"，哭而无泪等状况时，说明已经引起脱水了，应及时将宝宝送到医院去治疗。

腹痛，腹部保暖可缓解肠道痉挛，达到减轻疼痛的目的。

细菌性肠炎

知识导读： 宝宝腹泻不一定都是由细菌感染引起的，必须要进行大便常规检查，考虑有细菌感染时还要同时进行大便培养。不要大便常规查到几个白细胞就自行使用抗生素。盲目使用会破坏肠道正常菌群，加重腹泻过程。

如果宝宝粪便化验结果有问题，家长一定要按医嘱服药，而不是坐等宝宝自己好。很多妈妈不想给宝宝服用消炎药，怕对宝宝有不良反应。即使用了，也总是按最小剂量用，病情一好转，就立即停掉了。其实，这些做法是不妥当的。要想更好地发挥消炎药的药效，必须按医嘱定时定量地服药，这一点非常重要，如果对药物有疑问，一定要当面问清医生，不可回到家后自作主张。

目前，食物过敏导致的宝宝肠炎越来越多，进行大便常规检查时也可能有红细胞、白细胞，甚至是有便血。在医生诊断后是不需要服用抗生素的。回避导致宝宝过敏的食物肠炎就会慢慢缓解。

在宝宝肠道的恢复期，如果需要服用益生菌，需要注意的是，服用益生菌制剂与抗生素的时间需间隔2小时。

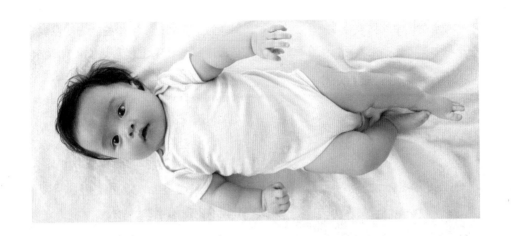

在玩耍中开发宝宝能力

让宝宝挑一个玩具吧

知识导读： 宝宝要慢慢用手探索世界了，这时爸爸妈妈要为宝宝多准备一些大小适合宝宝抓握的玩具，可以各种颜色，各种材质都有。

一开始可以让宝宝随意抓取，宝宝抓到了可能就放进嘴里啃咬，所以玩具要注意清洁，材质适合反复清洗。当宝宝很熟练后可以增加一点难度，拿几个玩具，让宝宝来挑选，或把玩具放在离宝宝的手远一点的地方，让宝宝去够，这样可以更好地练习宝宝的手眼协调。

小狗汪汪汪，猫咪喵喵喵

知识导读： 宝宝对小动物一般都会很感兴趣，而且这个阶段宝宝会模仿爸爸妈妈的发音，爸爸妈妈可以利用这个特点教宝宝说动物的名字，让宝宝学习动物的叫声，这样可以练习发音，也能增进宝宝对小动物的感情。

爸爸妈妈可以给宝宝准备小鸡、小鸭、小猫、小狗、小羊、青蛙等小动物的漂亮图片，然后指着图片上的小动物给宝宝看，同时教宝宝说："小狗汪汪汪。"然后教宝宝学着练习"汪汪汪"，宝宝熟悉后再拿出一幅图片，用同样的方法教给宝宝，比如"小猫喵喵喵""小鸭嘎嘎嘎"。

宝宝学会后，爸爸妈妈还可以和宝宝玩"听叫声找图片"的游戏，爸爸妈妈模仿小动物的叫声，让宝宝根据叫声找出发出这种叫声的小动物。

咱们坐着玩一下吧

知识导读： 6个月以后的宝宝能够独坐是其动作发育的重要一步。坐着看事物更清楚，坐着玩更得心应手，坐着伸手取物更方便，坐着可以使背肌的发育健全。

为了更利于宝宝坐的能力的发展，家长应试着让宝宝坐着玩耍。如让宝宝坐着玩摇晃物，或让其伸手取物，用工具敲打地面，摇动玩物或者由大人举起玩物让宝宝伸展肢体去取。

宝宝坐在软床上可能坐不太稳，应该在硬床上练习，或妈妈可以考虑让他坐在地垫上，地垫平坦、坚硬，不会上下摇动，坐得更稳。

宝宝一次可以坐多久

宝宝一次坐多久，应根据宝宝的情形而定，以不让宝宝感觉累为宜。有时宝宝玩玩具很高兴，多坐十分钟也无妨。宝宝坐累了妈妈会发现他的身子有点往下沉沉的，这个时候就可以马上给他换姿势了。宝宝在吃奶以后最适合坐一小会儿，如果吃奶以后就躺下很容易造成溢奶。

宝宝半岁了

满半岁宝宝的体格标准

满半岁宝宝的体格标准如下：

体格指标	男宝宝	女宝宝
体重（平均）	8.41 千克	7.77 千克
身长（平均）	68.40 厘米	66.80 厘米
头围（平均）	43.60 厘米	42.40 厘米

满半岁宝宝具备的能力

大动作能力——能扶着站起来

6个月的宝宝翻身已经没有问题，开始会坐，但还坐得不太好，如果扶着他，能够站得很直，并且喜欢在扶立时跳跃。

精细动作能力——能准确抓物

宝宝的精细动作现在已经锻炼出一定成果，大多数时候能够准确抓到眼睛看到的物体，并准确地把抓到的物体放到嘴里，还能让带声响的摇铃等玩具发出声音。

视觉能力——对视线所及的东西非常感兴趣

6个月的宝宝视力发育都有了很大的进步，凡是双眼所能见到的物体，他都要仔细地瞧一瞧，不肯轻易放弃主动摸索的大好良机，不过必须是距他身体90厘米以内的物体。

听觉能力——记得住声音了

宝宝的听觉现在具有了记忆力，在接触了一种陌生的声音几次之后，就会形成印象，一旦再次听到，眼睛就会准确地盯住发声的事物，比如小狗。另外，也记住了熟悉的人的声音，妈妈可以不出现在宝宝面前，只用语言、声音就可以安慰好哭闹的宝宝。

人际交往能力——自主能力提高

宝宝这时候的自主能力大大提高了，希望所有事情都能顺着他的意，不顺就坚决反抗，方法有很多。不想洗脸，会把妈妈拿毛巾的手推开；不想吃饭，就把饭勺或奶瓶推开，要不把塞到嘴里的奶头吐出来或者打挺；不想喝水，含着水瓶也不吸，甚至会吹泡泡玩；躺着高兴时，四肢乱舞，不高兴就哼哼唧唧或大哭，等等。爸爸妈妈需要认真领会宝宝的意思。

语言能力——缓慢发展中

6个月的宝宝能发出的音节更多了，可以用不同的声音代表不同的情绪，比如微笑、大笑、尖叫表达兴奋，哼哼、喊叫表达不满。不过总体上，语言能力并没有出现质的飞跃，还处在积累的阶段，爸爸妈妈在这时需要做的就是尽量多跟宝宝说话，并丰富说的内容。

第7个月

本月重点问题：
宝宝认生怎么办

家长：宝宝认生怎么办？

宝宝几个月时人见人爱，谁都可以抱他逗他，可是现在7个月了，除了家人以外，谁都不能碰他。碰到就会"哇"的一声大哭起来。怎么会这么怕生？

问题解决 宝宝早则5个月，晚则10个月，最常见的是七八个月时都会有认生的现象，表现为见到陌生人、到了陌生地方感觉不安，尤其不喜欢让别人抱，往往只认妈妈一个人。宝宝认生虽然让妈妈更劳累，但是应该高兴，这是宝宝智力发展的表现，是宝宝的一种"成长"。只要家长能够理解宝宝发展的规律和特点，给予适当的帮助，宝宝就能够安稳度过猛烈的认生期。

❖ 不让陌生人贸然亲近宝宝

如果宝宝表现出对陌生人的抗拒，就任由他自然地活动，当宝宝保持距离观察到对方是"不危险"的，就会放松警惕，这个时候再慢慢地用他感兴趣的方法跟他玩耍就很容易被接纳。在被接纳前，千万不要着急接近或者接触宝宝身体，不然就前功尽弃了。

❖ 不强行放宝宝到陌生环境

一些家长觉得把宝宝放到陌生人的怀里，就能够锻炼他，改掉他怕生的"坏毛病"。结果导致宝宝抗拒心理更严重，适得其反。其实妈妈可以从宝宝比较熟悉的人开始入手，让宝宝逐渐接触"熟悉的人比较多，而陌生人比较少"的环境，在熟悉了有少数陌生人在场的环境后，再扩大他的接触范围，让宝宝一点点地适应与陌生人交往以及培养其适应陌生环境的能力。

不羡慕其他宝宝不认生

小朋友之间难免有对比，但是每个宝宝都有其独特的与生俱来的气质，另外，家庭环境决定宝宝认生期的长短，有些宝宝确实比较不怕生，实际上他有过认生期，只是没有被大家察觉就很快度过了。家长没必要埋怨自己的宝宝胆小，如果家长自己是属于言语谨慎的类型，可以考虑请一位生性活泼的成人加入你们的养育团队，比如祖辈、朋友、保姆、老师等都可以。这样对宝宝尽快顺利度过认生期很有帮助。

让宝宝多接触人群

不要让宝宝待在家里，多带宝宝到户外走走，接触一些陌生的环境和陌生的人。一开始宝宝不愿意，妈妈可以待在他身边，让他感觉安全，当他逐渐熟悉周围的环境并认为不危险时，妈妈可以多鼓励宝宝去参与其他小朋友的游戏，告诉宝宝"妈妈一直关注着你，不怕"，逐渐拉开与宝宝的距离。

不让成人过多逗弄宝宝

宝宝讨喜惹人爱，很多大人都想去抱抱、逗弄一下他。但是处在认生期的宝宝非常敏感，和陌生人接触使得宝宝感到非常可怕、痛苦。如果妈妈发现了宝宝被强行"逗弄"，一定要及时挺身而出制止，保护宝宝要比照顾他人的面子更重要。

少批评

年幼宝宝大多以大人的看法产生自我认识，所以家长对孩子的态度、情感要保持稳定，避免忽冷忽热，也不要将你的不良情绪惊天动地发泄到小宝宝身上。尤其不能以"再这样我就不要你了""把你送给谁"之类的语言威吓宝宝。宝宝有了安全感自然会更大胆去接触陌生的人和环境。

少包办，多鼓励

包办溺爱会压抑孩子自主性的发展，使他们怀疑自己的能力，对一些事物形成胆怯心理。因此在保证安全的情况下可放任自由，多鼓励宝宝大胆一点去探索他感兴趣的事物，告诉宝宝"妈妈看着你，不怕"，多给他一些"强心剂"能够让宝宝克服胆怯的心理。家长还可以有意识地给孩子一些挑战与锻炼，在生活中让宝宝多帮忙参与，培养他的独立性。

营养与饮食指导

二段奶粉比一段奶粉更有营养吗

一般到宝宝6个月后就需要改喝二段奶粉了。不少家长感觉二段奶粉比一段奶粉有营养价值，这其实是个误区，二者在营养价值上没有高低之分，只是营养比例不同，但是这种比例是适合当前宝宝的身体特点的。

配方奶粉根据宝宝发育所需营养配比不同分为一段奶粉、二段奶粉、三段奶粉，其中适合0~6个月宝宝的奶粉是一段，一段奶粉的蛋白质以及其他营养如DHA和ARA、游离核苷酸和铁等营养素都比较容易吸收，比较符合这个时期宝宝的肠胃特点和对营养的需要。二段奶粉中蛋白质、铁、钙的含量都有所提高，主要强调铁和钙的吸收，适合6~12个月的宝宝；三段奶粉进一步调整脂肪酸、亚油酸、蛋白质等的比例，宝宝可以在满周岁后食用。

学会正确转奶的方法

🔔 **知识导读：** 有的妈妈以为"转奶"就是在不同牌子的奶粉间互相转换，其

专家这样说

宝宝换二段奶粉或以前没吃过的新品牌奶粉时应记住一个原则，那就是宝宝最近身体是健康的，而且并非到了一定的月龄必须要换二段奶粉，如果宝宝刚生过病或正在生病，推迟一段时间也没有关系。

实相同的牌子，不同阶段之间的奶粉，或同一牌子，相同阶段，但不同产地的奶粉的变化也都属于"转奶"。所以，到6个月后，宝宝需换二段奶粉时，妈妈也要注意采取正确的转奶方式。

关于转奶，有些妈妈建议，先在老的奶粉里添加1/3的新奶粉，这样吃两三天没什么不适后，再老的、新的奶粉各1/2吃两三天，再老的1/3、新的2/3吃两三天，最后过渡到完全用新的奶粉取代老的奶粉。但应注意转奶的那几天不要添加其他新的辅食，宝宝生病（感冒、发烧、起皮疹等）及接种疫苗期间不要转奶。

有些妈妈则认为，两种奶粉配方比例不一样，这个一勺，那个一勺，更加容易引起宝宝肠胃的不适应。正确的转奶方法是第一天最中间那餐吃新奶粉，其他吃原奶粉，第二天最中间两餐吃新奶粉，其他吃原奶粉，第三天最中间三餐吃新奶粉，其他吃原奶粉，以此类推，直到都转成新奶粉。

以上做法都可以参考，但也不是绝对的方法，家长还是要根据宝宝的具体情况来对待。有的奶粉包装上有注明正确的转奶方法，妈妈也可以参考。总体而言，转奶之后只要没有出现一天大便明显增多，也没有出现超过3天都没有大便的情况，就不用担心，大便规律了，转奶也就成功了。

转奶不可操之过急

每种配方奶粉都有相对应的阶段奶粉，因为宝宝的肠胃和消化系统没有发育好，而各种奶粉配方不一样，如果换了另外一种奶粉，宝宝又要去重新适应，这样容易引起宝宝拉肚子。转奶要循序渐进，不要过于心急，整个过程可历时1～2个星期，要让宝宝有个适应的过程。家长要注意观察，如果宝宝没有不良反应，才可以增加，如果不能适应，就要缓慢改变。

此外，婴儿是不适合频繁转奶的。由于孩子的消化系统发育尚不充分，对于不同食物的消化需要一段时间来适应，因此，家长千万不要频繁地更换奶粉。

能用粥汤泡奶粉吗

有的妈妈喜欢用粥汤来泡奶粉，认为这样既好吃又有营养。如果宝宝只吃辅食不吃奶，妈妈可以试着将奶粉混合在辅食里给他喂一些，但是不能时间太久，更不能刻意用粥汤给宝宝冲奶粉食用。因为粥汤中的营养物质可能会和奶粉中的营养物质有所冲突，进而影响消化吸收，比如用米汤泡奶粉，米汤中的植酸会影响奶粉中的钙吸收。其他的汤类营养素可能也有类似的问题，所以用粥汤冲泡奶粉不一定更有营养。

冲泡奶粉的最好方法还是用温开水，严格按照奶粉说明为好。

专家这样说

冲奶粉不宜用100℃的开水，更不要放在电热杯中蒸煮，水温控制在40～50℃为宜。奶粉中的蛋白质受到高温作用，会由溶胶状态变成凝胶状态，导致沉积物出现，影响乳品的质量。

宝宝的辅食可以是颗粒状的了

经过一段时间的食用，宝宝可能对流质、软质辅食已经不感兴趣了，转而对着大人吃的食物流口水。父母在此时可以给宝宝准备一些接近成人饭食的食物（颗粒状食物），比如面片汤、豆腐汤、熟烂的稠粥等半固体食物，慢慢地就可以过渡到肉末、菜丁、软饭、蒸红薯等固体食物，还可以准备一些馒头片、水果条等当零食。此时的辅食仍然以蒸煮为主要的烹调方式，食物以软烂为好。

在添加半固体食物的初期，颗粒要小一些，看宝宝的反应，如果宝宝总是把液体咽下，而把颗粒吐出来，说明他对固体食物还感觉陌生，无法接受，就需要过几天再尝试。但是不要停止尝试，过几天再尝试的时候，宝宝可能就会自如吃下了。

半固体、固体食物不但能帮宝宝磨磨他发痒的牙床，还能锻炼锻炼他们的肠胃，所以适时添加是必要的。

➕ **专家这样说**

宝宝添加半固体、固体食物后，妈妈可能会发现宝宝吃进去的东西并没有消化就拉出来了，这时只要宝宝大便没有其他异样，妈妈可继续给宝宝添加，即使宝宝不能吸收其中的营养，也能锻炼宝宝的吞咽功能和消化功能。

辅食可以成为独立的一餐

刚给宝宝吃辅食时，就是给宝宝尝尝味道，熟悉熟悉，每次都先吃奶然后加点辅食即可，还不能算正式的一顿饭，到 7 个月的时候，宝宝的咀嚼、吞咽、消化能力都提高了，能吃的辅食种类、数量也都增加，这样辅食就可以作为正式、独立的一餐供宝宝享用了。

让辅食成为正式的一餐很有意义，首先这是宝宝饮食逐渐过渡到一日三餐模式的开始，而且这是逐渐过渡到宝宝规律吃辅食的基础，宝宝能规律吃辅食了，断奶时会比较顺利，断奶后宝宝也不会出现营养接续不佳、营养不良的现象。

独立的一餐安排在中午

这独立的一餐辅食，建议在中午加，早上第一顿吃奶，第二顿就可以完全吃辅食，在这一餐里，可以给宝宝搭配着吃米粉、蔬菜、肝泥等，让宝宝吃得饱饱的，不要再喝奶。慢慢到 9 个月的时候，辅食就可以加到 2 餐了，也就是午餐、晚餐是辅食，其他时间喝奶。

食量由宝宝决定

辅食成为单独、正式的一餐之后，妈妈就会有新的担忧，就是不知道宝宝到底能吃多少辅食，吃多少就吃饱了，其实这点担忧根本不必要，现在的宝宝完全知道自己能吃多少，他会自己掌握，由着他就可以了，要吃就给，不吃了就停喂，一般不会有错。

宝宝的粥里面不要放酱油

不少父母发现宝宝对加了酱油、香油、菜汤、肉汤的米粥特别喜爱，于是给宝宝喂米粥时也都加上一些这样的成分，其实这样非常不好。首先，大人吃的菜汤、肉汤里一般都有很高的盐分，酱油里盐分更多，宝宝盐摄入过量会加重肾脏负担，不利于宝宝健康。再者，7 ~ 9 个月正是宝宝味蕾发育的关键时期，若此时让宝宝吃

太多"重口味"的食物，将会影响宝宝的味觉发育，使宝宝出现偏食、挑食的毛病。

另外，那种市面上宝宝专用酱油其实也和普通酱油成分大同小异，不建议过早给宝宝食用。

1岁以内宝宝辅食不用加盐

知识导读： 研究表明，7～12个月的宝宝每天需要的盐大概在1克左右，母乳或配方奶基本可以满足，即使宝宝满1岁了，在3岁以前每天需要的盐也还不到2克，所以宝宝的饮食应该低盐，1岁以前最好无盐。

给宝宝烹调辅食少加糖、不加盐、不加调味品，也就是说宝宝的辅食和大人的饮食是不同的，妈妈做辅食的时候不能擅自加各种调味品，要尽量保证食材原味。

辅食做熟了以后直接加工成适合宝宝吃的泥糊、小块等就可以了。其实妈妈不用担心宝宝吃得没味道，不喜欢吃，因为宝宝的味觉很灵敏，食材的原味就足以让他感到新奇了，即使是在大人嘴里没滋没味的菜泥，宝宝也会喝得津津有味。

宝宝辅食中盐添加太多，宝宝稚嫩的消化系统和肾脏负担都会加重，对健康不利。另外，宝宝习惯了盐味，味觉会加重，不喜欢清淡饮食，会直接决定他成人后的饮食习惯偏咸，而众所周知，高盐饮食会导致高血压等疾病。

宝宝1岁以后饮食可以稍加一点盐，建议在菜做熟了以后加，盐留在食物表面，尽管量少，但味道比较重。

宝宝尿便 / 睡眠 / 洗护指导

给宝宝洗发的方法

知识导读： 由于婴儿生长发育速度极快，且新陈代谢非常旺盛，易导致皮脂堆积于头皮，形成垢壳，堵塞毛孔，阻碍头发生长。因此，妈妈应至少2～3天给宝宝洗一次头发，夏天应每天洗一次头发。

给宝宝洗头方法

将婴儿专用、对眼睛无刺激的洗发水倒在手上，然后在宝宝的头上轻轻揉洗，注意不要用指甲接触宝宝的头皮。

若头皮上有污垢，可在洗澡前将婴儿油涂抹在宝宝头上，这样可使头垢软化而易于去除。

洗头发时要轻轻用手指肚按摩宝宝的头皮，切不可用力揉搓头发，以防头发缠绕在一起。

随后将宝宝头上的洗发水洗干净。

洗头时要多跟宝宝说话

妈妈给宝宝洗头时应该让宝宝的身体尽量靠近妈妈的胸部，较密切地与妈妈的上身接触，洗头同时，妈妈不断说"宝宝乖，现在妈妈给你洗头，妈妈在身边"等类似的话，以增加宝宝的安全感。另外，针对宝宝害怕水进入眼睛的情况，可以在洗澡的时候让宝宝自由玩水，这样，宝宝就比较能够消除紧张、恐惧的心理。

不要捏宝宝鼻子

有些人见宝宝鼻子长得扁些，或想逗宝宝笑，常常用手捏宝宝的鼻子。

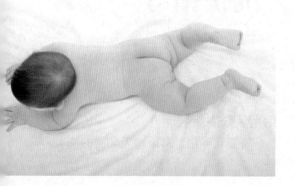

这样对宝宝的健康没有好处，因为婴幼儿的鼻腔黏膜娇嫩、血管丰富，捏鼻子会使他们的鼻黏膜和血管受到伤害，从而减低鼻腔防御功能，易受细菌、病毒侵犯。同时，婴幼儿的耳咽管位置比成年人低，乱捏鼻子会使他们的鼻腔中的分泌物通过耳咽管进入中耳，诱发中耳炎。

宝宝要不要枕枕头

宝宝刚出生后的前几个月还没有形成明显的颈曲，后脑也比较大，如果枕枕头可能窝着宝宝脖子使宝宝不舒服，还可能影响宝宝的呼吸。这个时候可以不用枕头。等宝宝仰着躺有点头后仰的感觉了，就要开始枕枕头了。枕头的选择也要以宝宝枕在枕头上时头、颈部、胸部在同一水平面上为宜。

宝宝枕头应该常清洗与更换

宝宝新陈代谢旺盛，头部出汗较多，汗液和头皮屑混合容易使致病微生物黏附在枕面上，易诱发面部湿疹及头皮感染。因此，宝宝的枕芯要常晒，枕套要常洗常换，保持清洁。

宝宝睡眠不佳需检查枕头是否干净

有的妈妈发现宝宝夜间睡眠越来越差，常半夜哭闹、鼻塞、咳嗽；可白天一切情况复原如初。这到底是何原因？只夜间出现明显呼吸道症状，可能与床上物品对幼儿呼吸道产生的异常刺激有关。妈妈应检查下宝宝的枕头。

不能常洗枕套而不洗枕头

有的妈妈会定期清洗宝宝枕套，却从来不清洗枕头。因为很多人认为枕套足以保护枕头，只要按时清洗枕套就可保持枕头的干净卫生。其实不然，婴幼儿睡觉时易出汗、易流口水、偶尔吐奶等会造成枕芯被浸湿，易造成枕芯内容物发霉。长期受到真菌刺激，必然会出现呼吸道症状，长久还

会引发过敏。所以，妈妈应每3～6个月就要清洗一次宝宝的枕头或更换枕芯。

在玩耍中开发宝宝能力

宝宝，往前爬

知识导读：爬行是一项复杂的运动，需要四肢、头部、胸腹、眼睛等相互配合，练好爬行对宝宝的身体和动作能力发展以及智力发展都有好处。

发育早的宝宝，在6～7个月时就开始爬行了，晚的在9个月时也就会了，如果到了10～11个月时仍然不会爬行，妈妈就要引起重视了。

了解宝宝爬行的发展情况

从翻身到爬其实是一个连续的过程，5～6个月时，宝宝就已经有了爬行的欲望，时常用头顶着床面，膝盖跪着，同手臂一起用力，将腹部悬空撑起来，这就是想爬的信号。到了7个月，能够腹部蠕动，四肢不规则地划动，常常会向后退。到了将近8个月的时候，宝宝要么双手用力推，要么双脚用力蹬，开始表现出移动的迹象，不过还没有掌握动作要领。在学习爬行的初期，都是同手同脚地移动，也可能像青蛙一样地双手先向前，然后双脚跟进地跳，过一段时间才能正确配合手脚，用手和膝盖爬行，最后发展为两臀和两腿均伸直，用手和脚爬行。

宝宝刚开始爬行的时候，感觉摇摇晃晃，有时候胳膊有些扭，有时腿有点儿歪，像找不到平衡似的，不过

这只是不太熟悉动作而已，过些日子就能协调好了。

重视宝宝爬行

很多宝宝不会爬是因为家长没有重视。父母关注太少，对他学爬行并不热衷，有的父母甚至认为在地上爬来爬去实在太脏了，所以不主张让宝宝爬，要么整天将宝宝抱在手里，使宝宝缺乏锻炼，四肢无力；要么早早地教宝宝走路，早早地让宝宝在学步车里玩耍，这样宝宝就可能过早学会站立、行走，错过爬行。

宝宝总是不爬怎么办

知识导读：宝宝爬行需要体力的准备、肌肉力量的增强，这些在宝宝长大就会具备，是一个自然过程，但更多地需要四肢的协调配合，这点涉及动作能力、大脑指挥等方面，如果有人为因素的积极参与，效果会更好。建议父母在宝宝学爬的时候，多让他做这方面的锻炼。

父母这样教宝宝爬行

教宝宝爬行时：在宝宝俯卧的时候，爸爸用一条毛巾从宝宝的腹部下方穿过，然后向上提起，让宝宝腹部离地，手和膝盖着地，然后妈妈双手配合，推宝宝左脚的同时，向前牵引右手，推右脚的同时向前牵引左手，让他体会爬行的动作要领和四肢配合规律。另外，还有一个方法是在宝宝

俯卧的时候，妈妈站在他前面，将他的双手放在自己的手上，前后移动，爸爸在宝宝的后面，跟着妈妈的节奏和方向推动宝宝的脚部，这也可以让他感受到四肢协调的要领。

有的宝宝无论父母如何教，如何鼓励，总是不肯向前爬，这说明宝宝的身体还没能达到爬行的强度，这时妈妈不要勉强。妈妈可以让宝宝坐在爬行垫上，放一些宝宝感兴趣的玩具在宝宝身边，让宝宝自己玩，自己够玩具，慢慢地宝宝就会想办法用爬的方式来够取玩具了。

宝宝练习精准抓物

知识导读：7个月的宝宝，已经能集中所有的精力去关注某一个物体，并能够注视较远距离的物体，距离感更加精确，视觉和触觉也比较协调了。此时让宝宝练习抓东西，可以很好地锻炼宝宝手指的灵活性。

捡玩具游戏玩法

准备几个不同颜色的小玩具，最好是宝宝可以一手抓握2个玩具大小的玩具。妈妈在一张白纸上放一个红

色玩具，让宝宝用手去抓，看宝宝能否抓得到，如果抓不到，可提示，也可以在白纸上放 3 ~ 4 个大小不同、颜色不同的玩具，让宝宝去抓，看宝宝喜欢抓哪种颜色，这种做法也可为以后培养宝宝认识颜色做准备。

注意：玩小物品时要防止宝宝把不能吃的东西放进嘴里，玩完之后要及时收拾干净，防止有遗漏的小部件之类的东西被宝宝捡到吃下。

训练宝宝精细动作的方法

妈妈还可以利用以下方法来发展宝宝精细动作能力：

1. 随意换取。妈妈将有柄带响的玩具让宝宝握住，妈妈手把手摇动玩具，宝宝自己也学会摇动玩具。妈妈给宝宝两个玩具，让宝宝一手一个玩具或是摇动或是撞击敲打出声，然后在宝宝身旁放两件玩具，让宝宝两手交换玩具。

2. 对击玩具。选用不同质地和形状带响声的玩具，让宝宝一手拿一个。如左手拿块方木，右手拿带响的塑料玩具，示范和鼓励宝宝对敲。随之可更换不同质地和不同形状的玩具，鼓励他继续对敲，既有响声，手又会接触到不同质地和形状的玩具，促进其感知能力的发展。

宝宝满 7 个月了

满 7 个月宝宝的体格标准

满 7 个月宝宝的体格标准如下：

体格指标	男宝宝	女宝宝
体重（平均）	8.76 千克	8.11 千克
身长（平均）	69.80 厘米	68.20 厘米
头围（平均）	44.20 厘米	43.10 厘米

满 7 个月宝宝具备的能力

大动作能力——已经能独坐了

在满 7 个月时，宝宝虽然坐着还不稳，也不能坐着随意转身，但毕竟是学会独立坐了，是一个大进步。另外，宝宝在这段时间学会了从俯卧位翻身到仰卧位，所以可以自由地在床上翻滚、移动，父母要注意不要让宝宝掉下床。还有，宝宝现在趴着的时候，父母用手推他的脚，能够膝盖屈曲向前蠕动一段距离，为独立爬行做好了准备。

精细动作能力——会把东西从一只手递到另一只手

宝宝的手部动作更精确了，看到东西就能准确地抓到手里，不是双手一起了，而是哪只手方便就用哪只。而且还会两只手配合使用，碰到大的东西，就两只手一起抓稳，当一只手拿东西累了，但不愿抛弃的时候，会转交给另一只手。对于自己喜欢的东西会很坚决、果断地去拿取。不想要了，会主动放开。

视觉能力——喜欢玩躲猫猫

视觉能力更加进步，能够辨别物体的远近，而且有了空间感，在床边向下看的时候会感觉害怕。另外，宝宝此时知道看不见了不代表消失了，所以特别喜欢寻找不见了的东西，更喜欢玩躲猫猫的游戏。

听觉能力
——能明白声音的实际意义

在这个时期听力的重要进步就是能明白一些声音的实际意义，比如知道自己名字的意义。这个时候家长一定统一叫宝宝同一个名字，不要有人叫"宝宝"，有人叫"大宝"之类的，免得宝宝分不清自己的名字。当别人

叫他的名字时，他会积极回头以示应和，当别人在谈话中提及他的名字，他也会抬头注视，显然他已经从众多词汇里辨别出了自己的名字，在宝宝面前呼唤爸爸，宝宝会把头转到爸爸的方位看。

人际交往能力——进入认生期

宝宝此时见到新鲜事物会很惊奇，关注时间明显延长。另外，几乎所有的宝宝现在都开始认生，见到陌生人，会下意识地想躲开，躲闪、哭喊、乱蹬或者把脸转向熟悉的人，或是把手伸向熟悉的人，以求庇护。而早在 5 个月就已经认生的宝宝现在可能仍然认生，但也有可能顺利度过了。因为开始认生，宝宝很怕和父母分开，对父母的依恋逐渐明确并加深。

语言能力
——语言发展进入敏感期

进入 7 个月后，宝宝的语言发展进入了敏感期，他已经能发出比较明确的音节，如"papa""mama"等，此时他还热衷于模仿成人的发音，所以父母要多跟宝宝说话，并且发出简短、明确的音节让他模仿。另外，宝宝此时喜欢小动物的声音，父母可以多多模仿小动物的声音让宝宝感受，多一段时间宝宝可能就可以准确发出类似声音了。这也是为以后的说话准备素材。

第8个月

本月重点问题：
宝宝自己就能学会爬吗

家长：宝宝自己就能学会爬吧，到了一定时间就能学会还是需要家长教呢？

问题解决 多数宝宝到了第8个月，甚至有的宝宝更早些时候，就已经有爬的欲望了，宝宝常常为了拿到喜欢的玩具想尽办法努力地移动身体，这时家长可以给予一些帮助，让宝宝更快地掌握爬行的技巧。

宝宝学习爬行需要有足够的力量

在宝宝六个月后就要积极练习独坐，锻炼腰部的力量。在趴着玩耍的时候家长也要引导宝宝练习上肢支撑把上半身撑起来来锻炼上肢的力量。有的妈妈说宝宝不会听我的呀，如何引导呢？这时候爸爸妈妈可以进行配合，爸爸轻轻握住宝宝的肘部，帮宝宝把胳膊立直，妈妈拿一个宝宝喜欢的玩具在宝宝头上方不远处逗宝宝看，这时宝宝就会自己用劲努力地立直胳膊看向自己喜欢的玩具。时常练习宝宝的上肢就会越来越自如地能够支撑起自己的上半身了。

手膝立是标准爬行的基本动作

有的宝宝自己摸索出的爬行姿势是匍匐前进，这也是一种爬行，但对力量和协调性的要求要低一些。手和膝盖着地进行爬行是对力量和协调性要求更高的爬行姿势，也是希望宝宝掌握的标准爬行，爬起来飞快。在学习手膝爬之前，爸爸妈妈可以帮助宝宝先学会手膝立，也就是学会手和膝盖着地，肚子离开地面，像一个板凳一样立着，这个姿势看似简单，但要求宝宝的上肢和腰部要有足够的力量，之前练习的上肢支撑在这里就派上用场了。宝宝学会和习惯了手膝立就很快学会手膝爬了。爸爸妈妈引导宝宝掌握关键动作可以帮宝宝更快地学习爬行。

❖ **没有学会爬之前最好不要学习站和走**

人类在成熟的过程中不断解锁新姿势和技巧，一般都是前一阶段的力量和技巧都是后一阶段的基础。宝宝学习爬行可以非常好地锻炼力量和协调性，最好是学会爬行后再开始学习站和走。宝宝一旦感受到站和走的乐趣就不会愿意再好好练习爬行了。

营养与饮食指导

宝宝吃辅食过敏有哪些症状

婴儿食物过敏的高发年龄在 1 岁以内。引起过敏的常见食物有牛奶、鸡蛋、花生、大豆、鱼及各种食品添加剂等。

辅食过敏的症状

一般辅食过敏最主要的表现就是肠道和皮肤症状，即会出现稀便，或者皮肤上长疹子，严重的还会出现腹痛、便血。疹子是小红疙瘩，有的在顶上有小白点，可以是几颗，也可以是成片的，并且发痒，宝宝会用手抓或表现得烦躁。妈妈在给宝宝添加辅食期间，要细心观察宝宝是否出现皮疹、腹泻等不良反应，若有应及时停止喂这种食品。隔几天后再试，如果仍然出现上述症状，则可以确定宝宝对该食物过敏，短时间内应避免再次进食。

过敏辅食过段时间再尝试

宝宝的适应能力、抗过敏能力是随着身体发育不断完善和加强的，所以这段时间过敏的食物可能过一段时间就不会再引起过敏，也有可能过敏反应会轻一些，可以采用逐渐脱敏的方法让宝宝慢慢适应曾经引起过敏的食物。

因此，当发现宝宝对某种辅食过敏时，需要暂时停止添加，但并不是说以后永远都不能添加了，而是过一段时间再进行尝试。例如，过 3 ~ 4 周后少量喂食，观察反应，如果没有反应就可以正常添加，如果仍有反应，反应强烈，可以再过 4 周尝试，如果反应较轻，过一周可以再次少量喂食，

➕ **专家这样说**

如果妈妈确定宝宝对哪种食物过敏，严格避免进食这种食物，是目前治疗食物过敏的唯一方法。从婴儿食谱中剔除这种食物后，必须用其他食物替代，以保持婴儿的膳食平衡。

如果反应轻微，等反应消失后再次少量喂食，一直到宝宝没有反应了，就可以正常食用了。

不要过量喂食宝宝

🔔**知识导读：** 小孩子肠胃很弱，并不适宜每餐吃太饱。宝宝过量进食不但容易引发肥胖，还会给肠胃增加负担，从而引发积食，不利于宝宝身体健康，所谓"要想小儿安，三分饥与寒"就是这个道理。

妈妈可以从下面几点入手，帮助宝宝合理进食：

合理安排餐次

这个阶段的宝宝每两餐之间间隔的时间可逐渐拉长，到了后期，宝宝开始每天吃两顿辅食加3顿奶了，一天5顿，每两顿之间隔4个小时比较合适，然后将临睡前的和夜里的奶逐渐断掉，餐次安排就比较合理了。如果现在餐次安排还特别密集，就要逐渐拉大时间间隔，直到合理。

合理安排每餐的量

此时的宝宝，一般两顿辅食合计大约350毫升，3顿奶共600～800毫升就能满足需要了，平均分配即可。

其实，宝宝食量小，吃得少是正常的，不能用大人的标准来衡量，根据宝宝的反应，尊重他的意愿喂食，往往更合理。如果他不想吃了，就不要喂了，这样最不容易过量。但不能因为觉得宝宝吃得少就频繁喂养，这样反而会破坏宝宝饮食规律，甚至导致食欲不振。

另外，有些宝宝出牙是会影响食欲的，因为出牙牙龈发痒和发痛，导致宝宝不舒服、烦躁不安就会影响食欲，一般不影响到身体健康，是不用做特殊处理的，宝宝可以吃多少就吃多少，过了这阵子就自然好了。

合理安排辅食种类

宝宝能吃的辅食种类多起来了，这种食物吃一些，那种食物吃一些，每种吃得都不多，但实际上总进食量却大大增加了，这也是辅食容易过量的一个原因。建议妈妈把几种辅食搭配起来吃，比如在面条里加入蛋黄、蔬菜等，总量一目了然，比一样一样吃要容易把握。

妈妈只要保证宝宝每餐能吃到适量的食物即可，不要总是追呀赶呀地喂完一碗饭才甘心。这样强迫宝宝进

食一段时间后，妈妈会发现，宝宝更加厌食了，这很可能是宝宝出现了消化不良。其实只要宝宝生长正常，就说明宝宝的进食量与生长匹配。

不要给宝宝吃大人饭

🔔 **知识导读：** 一般1岁半到2岁后，孩子才可进食部分成人食物。妈妈们不要操之过急，保证孩子正常生长最为重要。

我们经常能看到一种情形，就是大人吃饭的时候，家人看到宝宝吧唧吧唧小嘴，似乎很想要尝一尝的样子，于是家人用筷子蘸点儿菜汤让宝宝舔一舔，其实这样做并不好。

我们只要尝尝宝宝吃的辅食，就知道宝宝吃得应该很清淡，远没有大人吃的饭那么香甜可口，如果总给宝宝尝一点儿大人吃的饭，宝宝就容易厌倦自己的辅食，也不喜欢吃奶，一心就想着吃大人饭，但大人的饭是不适合宝宝吃的，虽然吃下去了，却根本嚼不碎菜里的粗纤维，也消化不了较硬的米饭粒，饭菜中的盐、糖等还会加重宝宝的消化压力，久而久之，宝宝的肾脏、肝脏、胃、肠受不了，还会出现营养不良的问题。所以宝宝辅食还是要单独做，大人的饭即使给他尝尝也不行。

让宝宝上餐桌

如果宝宝对自己的辅食完全没兴趣，只想吃大人的饭菜，妈妈可以让宝宝上餐桌，和大人坐在一起吃饭；并把宝宝的软米饭放到大人的饭煲里，从饭煲里给宝宝盛饭，把宝宝的菜放到大人的菜盘里，从菜盘里夹到他的碗里，这样宝宝就以为自己吃的是跟大人一样的饭菜了，就会跟着吃了。

1岁前这样吃点水果

1岁以前的婴儿吃水果有三种方法：

一是喝新鲜果汁。选择新鲜、成熟的水果，如柑橘、西瓜、苹果、梨等，用水洗净后去掉果皮，把果肉切成小块，或直接捣碎放入碗中（先去果核），然后用汤匙背挤压果汁或者用消毒纱布挤出果汁，也可用榨汁机榨取果汁。

二是煮水果。将水果用刀切成小块，放入沸水中，盖上锅盖，煮3~5分钟即可。

三是挖果泥。先将水果洗净，然后用小匙刮成泥状。最好随吃随刮，以免氧化变色，也可避免污染。

水果食用要适度

给宝宝吃水果并不是越多越好。多数水果香甜，宝宝爱吃，家长如果看宝宝爱吃就可着宝宝的性子吃是不行的，水果中含有较多的果糖，吃得太多会影响宝宝口味而导致宝宝不爱吃其他的辅食。另外，水果会让宝宝有饱腹感，也会影响吃其他辅食。

给宝宝选水果时尽可能选应季水果，选农药残留较少的水果，并在食用前仔细清洗。

一些热带水果易导致宝宝过敏，如杧果、火龙果、猕猴桃、牛油果等，在给宝宝添加水果时先从常见的应季水果开始，其后再逐渐添加热带水果。

不要总将水果打成汁给宝宝吃

宝宝很小的时候咀嚼能力、吞咽能力及消化能力都有限，妈妈为了使宝宝能进食水果，会将水果打成果汁给宝宝喝。但随着宝宝各方面能力的增加，有些水果完全不需要再打成汁，宝宝也能吃得很好。建议妈妈不要总将水果打成汁给宝宝吃，除非是一些较硬的水果，宝宝还不能嚼食，妈妈可以采取榨成汁的方式喂给宝宝。其他较软的水果，最好让宝宝吃整个的水果，偶尔榨成果汁给宝宝吃即可。

果汁的营养不如水果

果汁虽然营养丰富，但无论如何都比不上整个水果的营养。

首先，果汁相比水果来说，其纤维素、半纤维素、木质素等非常缺乏，而这些物质对身体是很有好处的，首先对促进肠胃蠕动，防治便秘就非常有效，是宝宝很需要的。

另外，很多种容易氧化的维生素

在加工成果汁的过程中也破坏殆尽了，无法为宝宝提供更全面的营养。

为宝宝准备磨牙食品

大多数宝宝6个月的时候开始长牙，长牙的时候，牙龈发痒，宝宝常逮到什么就啃什么，这个时候妈妈可以给宝宝准备些磨牙食品，既缓解牙龈不适，还能锻炼咀嚼能力，而且避免了宝宝把不洁的东西放到嘴里啃的情况。

市面上有磨牙饼干，可以给宝宝买一些，市售的地瓜干也很好，不过市面上买回的地瓜干一般都比较干硬，宝宝嚼着困难，可以在米饭焖熟之后撒在米饭上再焖一会儿，地瓜干就又香又软了，放凉就能给宝宝抓着吃了。当然，最适合的还是自制蔬菜条，比如把萝卜、黄瓜、西芹等洗净，切成适合宝宝抓握的长条，给宝宝抓着吃，也都能起到磨牙的作用。太脆的水果做磨牙食品，像苹果、梨子，没有蔬菜那样的韧性，给宝宝自己咬很容易就能咬下小丁，一旦咽下去可能造成卡喉，所以不能切得太细，而是要大一些、粗一些，甚至可以先将苹果、梨子用水煮过，增加韧性再切条就可以了。

宝宝尿便 / 睡眠 / 洗护指导

宝宝流口水加重正常吗

知识导读： 宝宝喜欢流口水除了由乳牙萌出引起的，还有就是宝宝添加辅食后，唾液分泌增加，但宝宝吞咽唾液的能力还不够，所以宝宝会流口水。这是很正常的现象，2～15个月内的宝宝基本上都会这样。

小儿流口水，书面语称为流涎，大多属正常生理现象。

唾液分泌的调节一是靠口腔内局部刺激；二是靠神经中枢的反射。刚出生的新生儿，由于中枢神经系统和唾液腺的功能尚未发育成熟，因此唾液很少。至3个月时唾液分泌渐增，而个别婴儿分泌能力较强，会流口水。至6～7个月时，婴儿乳牙萌出，刺激三叉神经也会增加口水分泌，加上小儿口腔容量小，不会吞咽、调节口腔内的口水，于是积储后会自然流出。唾液分泌也受神经支配，幼儿也可因脑发育尚未完善，对唾液分泌的抑制能力及吞咽功能稍差，致使常流口水。

1岁后随着脑发育的健全，流涎便较少发生。到小儿2～3岁时，吞咽功能及中枢神经进一步完善，就不流口水了。

宝宝突然不爱洗澡了怎么办

知识导读： 婴儿每天都需要爸爸妈妈和其他喜爱他的人的爱抚和逗玩，而洗澡就是爱抚和逗玩的方式之一，同时，它还可以帮助孩子养成很重要的卫生习惯。

宝宝喜欢水应该是天性，但有的宝宝却突然不爱洗澡了，这可能是妈妈在给宝宝洗澡时弄得宝宝不愉快了。

找到宝宝不爱洗澡的原因

有些宝宝不爱洗澡，很可能是曾经有过不愉快的洗澡经历。原因大致有下列几方面。

1. 水温不适：给宝宝洗澡的温度要适中，夏天水温以37～38℃，冬天水温39～40℃较为宜。有的家长给宝宝洗澡时生怕冻着宝宝了，会把水温调得很高，尤其是冬天，洗澡水太烫，使得宝宝洗完澡出来跟只红虾子一样。

2. 抱得过紧：很容易让宝宝受惊或被激怒。

3. 洗澡水或沐浴露溅到五官。洗澡时要防止水流到宝宝耳朵、眼睛里。

4. 玩得高兴时被洗澡干扰，所以洗澡的时间尽量选择宝宝比较清闲的时候。

5. 放太多水。浴盆里的洗澡水太多了，水的浮力让宝宝在浴盆里没有安全感。

让宝宝爱上洗澡的方法

1.洗澡时，妈妈可以给宝宝一些玩具，比如在澡盆里放一个可以浮着的塑料小鸭子，还可以让宝宝拿塑料小杯或勺舀澡盆中的水玩。

2.洗澡时，妈妈和宝宝一起玩，做做游戏等，让宝宝忘记自己的不愉快，不要像完成任务或洗一件脏东西一样为宝宝洗澡，那样宝宝会有抵触情绪。

3.当宝宝能自己动手为自己搓身体时，爸爸妈妈不妨协助并鼓励他自己洗澡，宝宝会有成就感，也乐于接受洗澡了。

不要强迫宝宝

当宝宝不愿意洗澡时，一定不要强迫他，更不要将哭闹着的宝宝强硬地放入澡盆，然后三下五除二洗完放回床上，这会给宝宝留下严重的心理阴影，令宝宝更加抗拒洗澡，而应该先顺着宝宝的意思，找出宝宝不爱洗澡的原因，并等他高兴了再尝试洗澡。

冬天洗澡的注意事项

冬天室温相对较低，很多父母担心宝宝着凉、感冒，就不给宝宝洗澡了，也有的父母追求干净，每天都给宝宝洗澡，这两种做法都不太对。冬天不能不给宝宝洗澡，洗澡不但清洁皮肤，还可促进血液循环，提高免疫力，是很有益处的；也不能频繁洗澡，冬天气候干燥，而宝宝的皮脂腺在冬天分泌较少，也不怎么容易出汗，频繁洗澡会导致宝宝的皮肤干

燥，出现皮肤瘙痒、脱皮等问题。

冬天洗澡注意以下几点，就可以既不让宝宝感冒，又避免皮肤干燥：

1. 室温较低的情况下，要开暖风，并且洗澡动作尽量快速，另外还要将宝宝的衣服、尿布、被子提前暖热，宝宝洗完澡可以直接放到被子里，身体比较暖和后，再穿衣服。

2. 冬天不必1天洗1次，一般以1周2～3次为好，不要太频繁。

3. 在冬天给宝宝洗澡，水的温度也很重要，最好在35～39℃，冬天不要洗冷水浴，也不要刻意延长洗澡时间，以免着凉感冒，但也不要用过热的水，水温过高会破坏宝宝皮肤表面的油脂保护膜，加重瘙痒、脱皮现象。

4. 冬天洗澡不要频繁用沐浴液，频繁使用也容易导致皮肤瘙痒、脱皮。

5. 洗完澡，适当给宝宝全身皮肤搽一些润肤油，有助于缓解干燥。

防止宝宝睡觉踢被子

稍大点儿的宝宝睡觉时，都有一个坏习惯，那就是踢被子，为了防止宝宝睡觉踢被子，妈妈需注意下面几点。

不要盖太厚，穿太多

不要给宝宝盖得太厚，也不要让他穿太多衣服睡觉，并且被子和衣服用料应以柔软透气的棉织品为宜，否则，宝宝睡觉时身体所产生的热量无法散发，宝宝觉得闷热的话就很容易踢被子。

露出小脚丫

宝宝的小脚露在外面，通常他踢被子的次数会大大减小。爸爸妈妈不如索性让宝宝的小脚露在被子外面，睡觉的时候给宝宝穿上厚袜子，也就不会太冷了。

给宝宝买一个睡袋

其实，要防止宝宝踢被子，最好的方法是让宝宝睡睡袋。建议妈妈们买那种袖子可拆卸的睡袋，可以随时改装成背心式睡袋，以适应各种睡眠习惯的宝宝使用。此外，别忘了检查领口，看是否有细致的小护垫包住拉链，可避免拉链接触宝宝皮肤引起不适。

➕ ● 专家这样说

妈妈睡觉前不要过分逗引宝宝，不要让他过度兴奋，更要避免让他受到惊吓或接触恐怖的事物，否则，宝宝入睡后容易做梦，也容易踢被子。

常见疾病防护

幼儿急疹

出生后 6 个月内没有发热病史的宝宝，过了 6 个月以后如果出现 38℃以上的发热，首先应该考虑的是"幼儿急疹"。半数以上的婴儿在出生后 6 个月至 1 周岁半期间会出现"幼儿急疹"，而 6 ~ 8 个月期间尤其多见。

幼儿急疹的症状：烧退疹出

1. 发热。患上幼儿急疹的宝宝会在没有任何症状的情况下突发高热，体温可高达 40 ~ 41℃，并持续 3 ~ 5 天。此间服用退热剂后体温可短暂降至正常，然后又会回升。

2. 出疹。热退后出疹，皮疹为红色斑丘疹，分布于面部及躯干，可持续 3 ~ 4 天。部分患儿软腭可出现特征性红斑，皮疹无须特殊处理，可自行消退，没有脱屑，没有色素沉积。

3. 其他症状。包括眼睑水肿、前囟隆起、轻咳、流涕、腹泻、食欲减退等。部分患儿颈部淋巴结肿大。

幼儿急疹的诊断：不易诊断

幼儿急疹在皮疹出现以前，诊断较为困难，容易被误诊为呼吸道感染，给予消炎、退烧、止咳等治疗。家长不必担心，不会耽误患儿的病情，因为幼儿急疹一般很少有并发症，是一种急性而预后良好的出疹性传染病，患病后不需要特殊治疗。

幼儿急疹的护理：做好退热处理

幼儿急疹并不需要做特殊的护理，因为大多数不会引起并发症，所以没有预防并发症的药物。如果从发病初期就知道是幼儿急疹，就没有必要给宝宝吃药（不过能做到这一点非常难，连专业医师也不一定能在初期就确诊）。

但应做退热处理。宝宝体温超过

➕ 专家这样说

从皮疹形态上看，幼儿急疹酷似风疹、麻疹或猩红热；但其中最大的不同就是：幼儿急疹为高热后出疹，而其他三种疾病则是高热时出疹。

38.5℃，可服用退热药物，多喝水是协助药物降温的最好方式。体温只要降至低于38℃，就是满意的降温效果。适当低热可刺激免疫系统，利于控制感染。千万不要认为退热只有低于37℃才算有效。

在玩耍中开发宝宝能力

要给宝宝读讲故事

🔔**知识导读：** 8个月的宝宝虽然不会说话，但是宝宝可以听有简单情节的故事了，宝宝听到故事里紧张的情节时，面部有紧张的表情，听到伤心处会哭丧着脸，听到快乐处也会跟着快乐。所以父母应该多给宝宝读讲故事，培养宝宝的语言能力和辨别情感的能力。

给宝宝读讲故事要尽量做到有声有色，富于感情，尽可能用普通话讲述。故事中的对话要力求用不同的语调，以引起宝宝的注意。具体来说，应做到以下几点：

选择适合宝宝听的故事

给宝宝所读讲的故事内容要适合儿童的年龄特点，由于儿童的年龄特征和个性差异所决定，男孩子爱听打仗的故事，女孩子爱听童话，大孩子爱听成语和历史故事，所有的孩子都爱听神话故事和科幻故事。讲解时要形象生动，使孩子有身临其境的感觉。

用词尽量让宝宝能听懂

讲故事时，用词必须为孩子所理解的，尽量使用明白准确、生动的语言，对那些难懂的词或较长的名字，要相应换成孩子容易理解的词，并把长名分解成短名，使孩子一听就懂。

读讲故事时间不宜太长

读讲故事可以随时随地，但每次讲故事的时间不要太长。尽量不要讲一些容易使宝宝害怕的鬼怪故事，尤其是在晚上宝宝入睡前不要讲惊险、刺激的故事。

和宝宝玩藏猫猫

🔔**知识导读：** 婴儿在四五个月大的时候，就可以让他认识到，他看不见的东西不等于不存在。一旦有了这种认识，婴儿会惊奇地发现：世界并不仅仅是他看见的空间。所以，妈妈要促进宝宝对空间的理解，可以玩玩藏猫猫游戏。

藏猫猫游戏适合听得懂一点话的宝宝，妈妈用语言引导，宝宝会随着妈妈的引导出现好奇心和探知欲，然后妈妈帮着宝宝满足他的探知欲，宝宝会十分开心。

藏猫猫游戏玩法

方法：准备一块干净的手帕，就可以开始游戏了。

妈妈用手帕把脸遮住，问宝宝："妈妈呢？妈妈在哪里？"然后把手帕从脸上拿下来，对宝宝说："妈妈在这儿呢。"

同样用手帕遮住宝宝的脸，叫宝宝的名字："宝宝呢？宝宝在哪里？"接着拿开手帕看着宝宝，对宝宝说："宝宝在这儿呢。"

不光是让宝宝看见妈妈的脸的存在与消失，也可以让爸爸参与进来，让爸爸把身体的一部分藏在椅子后或门后，妈妈带着宝宝找爸爸。

这个游戏会让宝宝意识到，虽然妈妈的脸被手帕挡住了，但妈妈并没有消失。如果妈妈用手帕蒙上脸，宝宝会用手掀妈妈脸上的手帕，这可是不小的进步，说明宝宝对事物已经能够判断，并能付诸行动了。

捡球与扔球

🔔 **知识导读**：到了 9 ~ 10 个月，宝宝就开始尝试操控，能够在物品上进行挤、拍、滑动、捅、擦、敲或打等动作，能够准确地把大多数物品抓在手里、放到嘴里。在这个时期，可以多让宝宝做一些手部的游戏，促进精细动作能力的发展，也促进大脑发育。

这个时期的宝宝很喜欢做重复动作，而且往往会是同时运用两种物体的动作。比如，把小盖子盖在瓶子上，拿下来，再盖上，再拿下来，再盖上。把球扔到地上，捡起来，再扔，再捡再扔……这种类似单调无味的动作，宝宝竟然能重复做 20 次、40 次，非但不会觉得无聊，反倒觉得很好玩——这样的重复动作，正是宝宝在思考。

捡球与扔球

球类游戏是宝宝喜欢的，可以准备一个乒乓球，质量较轻，大小也适合宝宝单手抓握，跟宝宝玩捡球和扔球的游戏。把球放在地上后，告诉宝宝："把球捡起来。"如果宝宝不懂，可以加上手势多说几次，等宝宝捡起

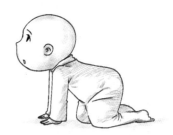

来之后，再命令他："把球扔给妈妈。"刚开始宝宝扔的动作方向性很差，宝宝会一次次地捡起来再扔给妈妈。

翻书页

把宝宝抱在膝头，让他跟着一起看书，并鼓励他翻书页。刚开始时宝宝会一次翻几页，妈妈可以预先压住下面的，以便宝宝只能翻起一页，或者在一页的下面夹一张照片，让宝宝在翻页后发现，可以激发兴趣。

训练宝宝爬行

如果宝宝此时已经会爬了，妈妈可以跟宝宝玩一些游戏，提高宝宝对爬行的兴趣。

1. 跨越障碍。等到宝宝会爬后，妈妈可以在居室内用一些桌子、大纸箱等，设置种种障碍，并且在"沿途"放一些小玩具穿上小绳，更吸引宝宝寻找，激发他爬行的乐趣。

2. 过桥洞。爸爸或者妈妈跪趴在地上，让宝宝从腹部下方爬过，然后绕半圈再爬过，或者原地转身爬回去。在做这个锻炼的时候，宝宝的方向感会有所增强。

3. 帮忙找东西。这个时候的宝宝能够听从父母的指令，父母就可以给宝宝下命令让他帮忙找东西，宝宝会迅速爬去又爬回。爬行速度越来越快。

和宝宝一起爬

为了提高宝宝爬的兴趣，妈妈最好能和宝宝一起爬着玩，从这个房间爬到另一个房间，然后钻过桌子和大纸箱，再把小件物品找到，挂在宝宝或者是妈妈的脖子上。如果宝宝此时对脖子上的玩具起了兴趣，爸爸可以在前面出示其他的玩具，逗引宝宝爬行。直到爬完设置的路线。

专家这样说

宝宝爬时，最好给宝宝穿连体服（也叫蛙服或爬服），这种衣服的上衣和裤子形成一个整体，爬行时不会露着宝宝腰部及小肚肚，同时衣服合体，没有太多累赘的东西，不会影响宝宝爬行的兴致。服装的前面不要有大的饰物及扣子，防止宝宝趴下时，硌痛宝宝娇嫩的身体。

宝宝满 8 个月了

满 8 个月宝宝的体格标准

满 8 个月宝宝的体格标准如下：

体格指标	男宝宝	女宝宝
体重（平均）	9.05 千克	8.41 千克
身长（平均）	71.20 厘米	69.60 厘米
头围（平均）	44.80 厘米	43.60 厘米

满 8 个月宝宝具备的能力

大动作能力——会爬了

8 个月宝宝的大动作最大的变化就是会爬了，即使前面有障碍物也能设法翻过去或绕开。因此父母一定要小心，把危险物品收起来或加上防护罩，以免伤害宝宝。

精细动作能力——能够自己吃东西

宝宝掌握的技能更多了，能够自己扶杯喝水，能够自己吃东西，能够模仿飞吻、再见等。

宝宝的手眼协调能力增强，能够将眼睛看到的和自身的身体动作建立联系，总试图模仿大人的动作，并能在大人的教导下用手指五官位置。另外，宝宝还经常把手放在眼前玩弄，仔细观察手指的动作。

感知能力——对大小和数量有了概念

宝宝这时候对大小和数量有了笼统的概念，可以区分出大苹果和小苹果，当面前同一物品的数量有所变化时，也能感觉出来。联想能力有所增强，会有意识地到镜子后面寻人，听到要出门就会到处找帽子等。

人际交往能力——喜欢小朋友

此时宝宝能准确分辨熟人与生人，会伸手要求熟人抱，被抱起时会微笑。大多数宝宝不会单独跟陌生人走，必须有熟人陪伴。

特别能引起宝宝兴趣的是小朋友，看到小朋友就很兴奋，会去抓小朋友，还会要求大一点的小朋友抱，并认识了自己，会亲吻镜子中自己的影像。

语言能力——对语言的理解能力增强

宝宝理解成人语言的能力也得到增强，能够听懂他所熟悉的话语，如"宝宝乖"之类，也开始慢慢地把语言和物体联系起来。

另外，此时的宝宝能听懂常用指令，尤其对"不"这样的禁止性语言很敏感，也会用摇头表示不要。

第9个月

本月重点问题：
母乳8个月后就没营养了吗

家长：母乳8个月后就没营养了吗？

妈妈母乳还算充足，可8个月后的宝宝生长缓慢，妈妈担心是否母乳没有营养了，想给宝宝添加配方奶。

问题解决　母乳在任何时期都有丰富的营养。随着宝宝身体发育成长，不是因为母乳没有营养了，而是纯母乳已经不再能完全满足宝宝生长发育的需要了，所以要求给宝宝逐渐添加各种各样的辅食。

❖ 不要迷信"母乳检测"

母乳颜色、黏稠度与哺乳阶段、妈妈的膳食及饮水情况等因素都密切相关。比如初乳比成熟乳颜色淡，但富含免疫因子。哺乳过程中母乳由稀薄变浓稠，是为了满足宝宝饱腹的需要，母乳脂肪含量增加。不同妈妈的母乳，颜色和质地可能有不同，无论颜色深浅、稀薄还是浓稠，只要妈妈健康，都能给宝宝提高生长发育所需要的营养。母乳中的蛋白质是以a-乳清蛋白为主，是一种溶于水的蛋白质，使得母乳呈现出稀薄的状态。母乳的颜色和黏稠度不是判断母乳营养好坏的依据。母乳中的大部分物质并不是直接来源于母体当前摄入的膳食成分，而是直接或间接来源于母体内营养储备。母乳成分测定是研究母乳和了解母乳的必须技术手段，但母乳成分测定需要比较精密和专业的设备，简易设备和快速测定可能存在系统误差，采样的时间点（前乳、中间乳和后乳）也会影响检测的结果。因此，不能用任何母乳成分测定数据简单地判断母乳对婴儿的营养价值，更不能根据母乳测定结果中任何项指标的高低，做出给婴儿添加奶粉的决定。

❖ 母乳仍是宝宝最佳食物

即使宝宝已经能好好儿吃辅食了，也不能断掉母乳。宝宝还太小，消化吸收功能尚不完善，即使能好好儿吃辅食，所能吸收的营养也是非常有限的。此外，建议妈妈不要遇到宝宝长得慢等问题都归结为自身乳汁不够营养的原因。一般情况下，只要妈妈身体健康，母乳对宝宝来说，都是营养均衡且好吸收的最佳食物。

营养与饮食指导

宝宝还没有长牙，可以吃半固体食物吗

无论现阶段宝宝是否已出牙，都应该逐渐开始喂半固体食物了，从稠粥、鸡蛋羹到各种肉泥、磨牙食品等都可以试着喂一喂。即使没长牙，不能嚼固体食物，但是宝宝也乐于用牙床咀嚼，很好地将食物咽下去。

一般多数宝宝到这个时候都不那么爱吃很烂的粥或面条了，大人要留意，及时地将食物变得稍硬一点儿，控制好火候，帮助宝宝顺利过渡，如果这个时候宝宝表现出想吃米饭的意思，也可以把米饭蒸得熟烂些试着喂一点点给他。

防止宝宝食物卡喉、呛咳

随着宝宝咀嚼能力及吞咽能力的增强，宝宝会慢慢学会吃固体食物。

一旦开始给宝宝吃固体食物，妈妈就要注意防止宝宝食物卡喉、呛咳。给宝宝吃的食物也一定要有所选择。坚硬的、较小的颗粒食物如黄豆、榛子、硬糖、花生等，一定要捣碎、磨烂成粉才行，不能整粒给他吃。给宝宝用鱼做辅食的时候要选择那些刺大、比较容易挑出或刺本来就比较少的种类才能用。口香糖、糯米糕等食物黏度太高，吞咽难度高，容易黏在喉咙上咳不出来也咽不下去，不能给宝宝吃。

此外，如果宝宝正在大哭或笑，不要强行喂食，一定要等他完全平静

了才喂，否则很容易将食物吸入气管引起呛咳，严重时将导致窒息。当然，在宝宝吃辅食的时候，也最好不要逗宝宝，最忌讳在宝宝嘴里有食物的时候逗他哈哈大笑。

判断宝宝能否吃固体食物的方法

宝宝吃固体食物的时候，有时候会发生呛咳，有的妈妈觉得可能是宝宝还不到吃固体食物的时候，于是放弃了固体食物的尝试，继续吃非固体食物，这样做看似是保护宝宝，其实容易造成宝宝迟迟学不会吃固体食物。建议妈妈遇到宝宝偶尔的呛咳不要太紧张，只要教导宝宝慢慢吃，多咀嚼一会儿，另外把食物煮得更软烂一些、颗粒小一些即可。

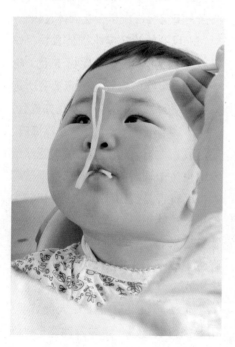

宝宝是否已经具备了吃固体食物的能力和条件，可以观察他的口腔运动来确定，如果每次饭送入嘴里，宝宝就会把嘴闭上，开始上下颌一起运力，慢慢研磨食物，然后喉部运动，把食物咽下去，这就说明宝宝已经掌握了吃固体食物的技巧，只要继续锻炼，咀嚼和吞咽配合更好的时候就不会再发生呛咳了。

如果宝宝是因为前段时间颗粒食物、半固体食物等锻炼得不好，所以此时吃不了固体食物，常常呛咳，就要重新从颗粒食物锻炼起了。

辅食可添加少量油脂、调味料

知识导读：宝宝消化、吸收能力有所提高，可以承受油脂、调料等带给肠胃的压力，而他现在也不再满足于各种辅食的原汁原味，加点调料更容易让他有食欲。

妈妈可以在宝宝辅食里加些油脂、调料，但是要控制好添加量，不要过多。其中油脂每天添加 5 克左右，最好是橄榄油、葵花油等不需要高温烹调的油脂，不要吃动物油脂。调味食物可以尝试加一些葱、姜，特别是给宝宝做肉类、鱼类辅食时加一些，可以减少腥味，让宝宝更爱吃。

妈妈不要在宝宝的辅食里加味精，味精过量会降低宝宝体内的锌水平，导致缺锌。

宝宝可以喝酸奶吗

酸奶含有丰富的钙，而且经过发酵，其营养物质更容易吸收，宝宝少吃一些是有益无害的。如在宝宝厌奶时可以稍加一些，改善口味的同时能帮助他消化。在给母乳喂养的宝宝添加奶粉的时候，如果宝宝不接受或者消化不好，也可以稍加一些酸奶进去，可以促进味觉认同，帮助减少宝宝的排斥感。但是一定要注意，加酸奶只能少加，一般隔三四天加一次，每次加 30 毫升左右就好，更不要把酸奶当成主食。如果添加太多，反而是有害无利的，会抑制宝宝的胃酸分泌，对肠胃健康不利。

另外，宝宝喝酸奶还需要注意以下几点：

1. 给宝宝选酸奶一定要选择质量有保障的品牌，不添加糖和代糖、不含食品添加剂的。

2. 要想让宝宝很好地吸收酸奶中的营养，最好在饭后的 2 小时内给宝宝喝酸奶。这时候宝宝胃中的胃酸浓度不高，有利于嗜酸乳杆菌的生长和发挥作用。

专家这样说

酸奶中含有大量乳酸菌，可以抑制有害菌的产生，帮助宝宝提高免疫能力，预防腹泻发生，或缩短慢性腹泻持续的时间。

3. 酸奶不能加热，否则其中的乳酸菌会在热的作用下大量死亡，失去应有的作用。

4. 如果担心冰箱中取出的酸奶太凉，刺激宝宝的肠胃，可以先在室温下放 1 ~ 2 个小时，再让宝宝饮用。或购买常温酸奶（各大超市均有售）。

不要长期给宝宝喝豆浆

妈妈可以偶尔给宝宝喝豆浆，但不能长期喝。并注意以下两点：

1. 豆浆中不要加鸡蛋，鸡蛋中的蛋白容易与豆浆中的胰蛋白结合，使豆浆失去营养价值。

2. 不要加红糖，红糖中的有机酸会和豆浆中的蛋白质结合，产生对人体不利的变性的沉淀物。

宝宝尿便 / 睡眠 / 洗护指导

宝宝门牙之间有缝隙，正常吗

乳牙稀疏有缝叫生理间隙。一般来说，乳牙的尺寸是会相对小一些，而且中间有一定缝隙，宝宝的乳牙稀一些，但总数目不少，这基本还是正常的，父母不必着急。

而且，在儿童替牙期，新长出的门牙间也会出现一条 1～2 毫米的缝隙，这也属于恒牙萌发过程中的一种常见现象。它多半是由于一些小宝宝的上颌骨发育跟不上牙的生长所造成的。门牙的牙根都呈锥形，在较小的颌骨里，门牙的牙根挤在一起，使门牙呈"扇形"排列，牙冠便呈现缝隙。随着颌骨的发育长大，多数小孩的门牙间隙会自行关闭。

不过，也有少数的小孩是因为两个门牙之间有多生牙，所以才会存在空隙的，只要拍片就可以发现。当然，还有极少数小孩是因为唇系带长得又粗、又低，使两个中切牙不能靠拢导致的，这些就需要进行手术治疗了。

建议在宝宝长牙期间，父母一定要定期带宝宝到医院进行口腔检查，及时发现牙齿问题，及时治疗，从而最大限度地减少宝宝牙齿存在的问题。

宝宝被噎住了怎么办

知识导读： 宝宝被食物或异物堵塞千万不能顺着拍背，大多数人以为顺着拍背能把食物或异物拍下去，拍到食管里，事实上这是一个误区，顺着拍背很有可能将食物或异物拍到气管深处，越堵越严重。

宝宝被噎住的处理方法分为以下两种：

被小而硬的东西噎住

如小玩具或玩具零件、糖果、纽扣、果核或坚果类的食物都有可能使宝宝噎住，这时，可采用的催吐方式是：曲起一条腿，用膝盖抵住宝宝的心窝，面朝下，妈妈用力拍打宝宝的背部。如果还是无法吐出，将宝宝从后面抱起，头朝下，妈妈用拳头抵住宝宝的心窝，然后用力挤压。如果还是弄不出来，就赶紧送医院。

被软而黏的东西噎住

如年糕、口香糖、软糖，甚至面包这些软而黏的东西对于宝宝来说也危险，宝宝噎着了，这时所采取的催吐方式是：让宝宝侧躺。然后让宝宝将嘴巴张开，如果妈妈可以看到噎在喉咙里的东西的话，请用手指将东西抠出来。看不到时，可用食指用力压在后舌根上，帮助宝宝催吐。

注意保护宝宝的眼睛

眼睛是十分敏感的器官，极易受到各种侵害，如温度、强光、尘土、细菌以及异物等，尤其是现阶段的宝宝正处于学爬时期，且比较好动，手容易沾染细菌后又去揉眼睛。父母应及早保护好宝宝的眼睛，防止宝宝眼睛有所损伤。

1. 宝宝要有自己专用的脸盆和毛巾，每次洗脸时都要洗眼睛。

2. 要经常给宝宝洗手，防止宝宝用手搓揉眼睛。

3. 要防止强烈的阳光或灯光直射宝宝的眼睛，带宝宝外出时，如有太阳，要戴太阳帽，家里灯光要柔和。

4. 要防止锐物刺伤眼睛，不要给宝宝玩棍棒、针尖类玩具。

5. 防止异物飞入眼内，一旦异物入眼，不要用手揉擦，要用干净的棉签蘸温水冲洗眼睛。

6. 掌握正确的看电视的方法，时间最好不要超过 2 ~ 10 分钟，距离电视至少 2 ~ 3 米。

7. 适当增加含维生素 A 的食物的摄入，如动物的肝、蛋类、胡萝卜和鱼肝油，以保证视网膜细胞获得充分的营养。

8. 多给宝宝看色彩鲜明的玩具，经常调换颜色，多到外界看大自然的风光，以提高宝宝的视力。

9. 定期体检。对宝宝要每半年或一年进行一次视力定期检查，及早发现远视、弱视、近视及其他眼病，以便进行矫正治疗。

➕ 专家这样说

婴儿视力发展情况：新生儿视力差，只能看到距离 20 ~ 25 厘米远的东西，1 个月后能看到 90 厘米甚至更远的东西。4 个月眼睛会随活动玩具移动，见物伸手去接触。6 个月，产生色觉，分辨颜色，注视较远的物体。9 个月时，眼睛能注视画面上的单一线条，视力大约为 0.1。如不是这样，就应该去医院检查。

常见疾病防护

小儿感冒

宝宝感冒了，妈妈按照以下步骤处理即可：

1. 如果宝宝只是有点流鼻涕，妈妈只需注意给宝宝保暖，防止感冒加重。

2. 如果宝宝咳嗽，轻微的咳嗽可先采取食疗法试试（一个梨、适量冰糖，一起蒸或炖至梨子熟透后给宝宝喝，每天多次），如果食疗法有效，就继续坚持几天。如果咳嗽无缓解甚至加重，带宝宝看医生。

3. 如果宝宝鼻子堵了，可以在宝宝的褥子底下垫上一两块毛巾，头部稍稍抬高能缓解鼻塞。千万不要让两岁以下的宝宝直接睡在枕头上或将枕头垫在床垫下，这样很容易引起窒息或损伤颈椎。此外，宝宝还太小，不会自己擤鼻涕，让宝宝顺畅呼吸的最好办法就是帮宝宝擤鼻涕。妈妈可以在宝宝的外鼻孔中抹上一点凡士林油，往往能减轻鼻子的堵塞；如果鼻涕黏稠，妈妈可以试着用吸鼻器或将医用棉球捻成小棒状，蘸出鼻子里的鼻涕。

4. 带上宝宝去浴室，打开热水或淋浴，关上门，让宝宝在充满蒸汽的房子里待上15分钟，宝宝的鼻塞定会大大好转。浴后别忘了立即为宝宝换上干爽的衣服。如果让宝宝在稍热的水中玩上一会儿，也能减轻鼻塞的症状和降低体温。

5. 如果鼻子堵塞已经造成了宝宝吃奶困难，可用吸鼻器将鼻腔中黏液吸出。滴鼻水可以稀释黏稠的鼻涕，使之更容易清洁。未经医生允许，千万不要给宝宝用收缩血管或其他的药物滴鼻剂。

6. 去医院检查后，如果是病毒性感冒，并没有特效药，主要就是照顾好宝宝，减轻症状，一般过上 7 ~ 10 天就好了。如果是细菌引起的，医生往往会给宝宝开一些抗生素，一定要按时按剂量吃药。有的妈妈为了让宝宝病早点好，常会自行增加药物剂量，

这可万万不行，否则会事与愿违。

7. 对于感冒，良好的休息是至关重要的，尽量让宝宝多睡一会儿，适当减少户外活动，别将宝宝累着。

8. 照顾好宝宝的饮食，让宝宝多喝一点水，多喝水一方面可以使鼻腔的分泌物稀薄一点儿，另一方面可以增加尿量，促进病毒的排出。

宝宝感冒不能捂汗

成人在感冒后，服了药多盖些被子发发汗，可能症状就会减轻很多。但是不能用同样的方法给宝宝捂汗，因为小宝宝的体温调节中枢不成熟，如果捂汗，热量散发不出去，体温会持续升高，不但不利于感冒痊愈，还有可能导致高热惊厥。而且，给宝宝捂汗时，宝宝出了汗，父母若不能及时发现或者因为担心着凉而不给宝宝换衣服，湿漉漉的衣服更让宝宝难受，病情还会加重。

小儿发烧

🔔 **知识导读：** 6个月以后，宝宝时常会出现发烧现象，这可能与宝宝抵抗力下降有关，也可能与宝宝开始长牙有关。

腋温和耳温是我们为小宝宝测体温的常用方法。若腋温超过37.4℃，且一日间体温波动超过1℃以上，可认为发热。低热为37.5 ~ 38℃、中度热为38.1 ~ 39℃、高热为39.1 ~ 40℃、超高热则为41℃以上。

测量腋温相对稳定和容易

不建议用水银温度计给小宝宝测腋温，有破裂损伤的危险。可以用电子腋温计夹在小宝宝腋下，抱着宝宝哄几分钟，体温计"滴"的一声说明已测到比较稳定的体温就可以看结果了。

有的妈妈用额温枪或耳温枪给宝宝测体温，测得比较快，但有时可能因为接触宝宝皮肤的距离、时间等因素会影响测温结果。

宝宝发热时如何处理

宝宝低烧时或有不适的表现时，妈妈不需要急于物理降温或给宝宝吃药，不要给宝宝穿太多或盖太厚即可，同时注意给宝宝补充水分。

在宝宝高热或明显不舒服时，可以用温毛巾给宝宝物理降温，可以擦浴宝宝的头部、背部和大腿来帮助宝宝降温。一定不能用凉水或酒精，那样宝宝会非常不舒服，也会因为凉水或酒精刺激导致宝宝皮肤的血管收缩而不利于散热。

高烧时需喂服退烧药

妈妈一旦发现宝宝体温升至38.5℃以上，应积极给宝宝服用退烧药退烧。有的宝宝服用退烧药后几个小时体温又升高，属正常现象，这说明宝宝体内炎症未消除，退烧药24小时内给宝宝服用不超过4次。如服用几次退烧药后宝宝仍反复发烧，妈妈应及时带宝宝去医院就诊。

有的妈妈担心宝宝吃多了退热药会产生耐药性，其实每个人对每种退热药敏感度不同，也跟宝宝服药前的状态和身体的水分有关。如果想要退热药起到更好的效果，就要给宝宝补充充足的水分。

发烧不要"捂汗"

传统的观念就是小孩一发烧，就要用衣服和被子把小孩裹得严严实实的，把汗"逼"出来，其实这是不对的，容易引发宝宝高热抽筋。宝宝发热时，父母不要给宝宝穿得太厚，特别是婴幼儿不可裹得过紧，否则会影响散热，使体温降不下来。

防止宝宝发生热性惊厥

惊厥就是人们常说的"抽筋"，热性惊厥是婴幼儿时期最为常见的急症，常表现为体温在38℃以上，突然出现惊厥，多伴有意识障碍、双眼上翻、凝视或斜视，发作持续时间短，严重者反复多次发作，甚至可以转变为癫痫，造成严重后果，要及时到医院就诊。尤其是高温的夏季，更是惊厥的高发期，妈妈要对宝宝做好护理。

如何护理患惊厥的宝宝

1. 当宝宝突发惊厥时，应让宝宝平卧，松开衣领，头偏向一侧以防呕吐窒息；双齿间垫以木质的压舌板或木质的勺子，以防止舌咬伤；妈妈用拇指压人中穴也可以起到定惊作用。但千万不要对患儿摇曳或大声喊叫，否则会加重惊厥。

2. 宝宝患病期间应特别注意做好高热的护理，之后在医生的指导下给宝宝做脑电图检查来除外其他因素。如果其他检查没有异常发现，就可以考虑宝宝患有"热性惊厥"。

专家这样说

当宝宝遇到冷、热、痛等刺激时，肌肉会过度收缩或抖动，这并不是宝宝患惊厥的表现，是正常的生理现象，妈妈要注意区分。

宝宝生病妈妈别太担心

妈妈们育儿过程中最难过的便是宝宝生病了，即使只是轻微的感冒，妈妈也非常担心，只希望宝宝永远不生病才好。其实，宝宝偶尔生个小病并非坏事，妈妈应该以平常心对待。

宝宝每得一次病，免疫力就更强一点

很多家长感觉孩子三四岁前很

"难带"，动不动就生病，过后就好了很多，其实这里面也有此前"生病"的功劳。一个人的免疫力可分为两部分：先天性免疫和后天性免疫。先天性免疫人人都有，是与生俱来的。可后天性免疫则属于获得性免疫，它是要得病后才获得的。如果身体的免疫系统没接触过某种病菌，就没有抵御它的能力，只有当病菌进入宝宝体内，才能激活宝宝体内的免疫系统，并进行一番"交战"。下一次它再来侵犯时，免疫系统就会拉响警报，积极抵抗。因此，大人要把疾病当成对宝宝的考验和挑战，让他通过挑战一个又一个疾病来不断提高自身的抵抗力，让身体对抗疾病、恢复健康的能力越来越强。

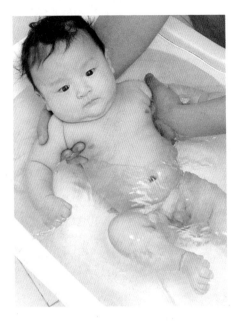

预防宝宝感冒的要点

只要宝宝不是生病特别频繁，都属正常现象，一般两岁以前的小宝宝一年感冒 5 ~ 6 次是正常的。主要是妈妈要照顾得好，防止宝宝感冒应主要做好以下几点：

1. 注意饮食，不要强喂给宝宝吃太多，吃太多容易造成肠胃负担，肠胃出现不适，宝宝便容易生病。

2. 不要让宝宝穿太多，很多宝宝生病都是热出来的。穿太多容易出汗，在身体出汗的情况下被风一吹，便会感冒。

3. 宝宝睡着后一定要盖被子。不管在何种情况下，只要宝宝睡着，妈一定要给宝宝盖上被子，有的宝宝感冒就是因为妈妈在逛街的时候宝宝睡着了，而妈妈只是将宝宝抱在手里，并没有给宝宝盖东西，很快宝宝便感冒了。

4. 多进行户外活动。一般来说经常进行锻炼的人，其肺活量大，不易感冒。而宝宝和成人相比，肺泡的数量少，肺容量也小。因此，宝宝只要多接触大自然，多进行户外活动，慢慢增强肺活量，便不会那么容易感冒。

宝宝生病后不要急着用药

知识导读： 一般病毒性感冒都是自愈性的，5 ~ 7 天就会好起来，妈妈护理得好，可能 3 天左右就能好。所以，如果宝宝只是有些流鼻涕，或轻微的咳嗽，妈妈不要急着给宝宝用药，可先在家自己护理。

宝宝生病后妈妈可先观察，若宝宝只是轻微的感冒，能吃能喝，精神好，妈妈可多给宝宝喂白开水，注意做好保暖工作，一般5~7天就会好了。

但如果宝宝确实病得比较严重，看起来很不舒服，妈妈也不可盲目拒绝就医用药，还是应该带宝宝看医生。

另外，感冒发展成肺炎的并不多，不要动不动就给宝宝服用抗生素。滥用抗生素，只能使宝宝对抗生素产生耐药性。宝宝刚一感冒，不要马上就吃抗生素，除非有细菌感染的证据（可抽血化验）。如果没有细菌感染，没有必要预防性地使用抗生素。

宝宝生病先观察

现在有的家长一看宝宝生病就着急，看医生的时候要求马上用药，其实这样反而对宝宝的健康不利。宝宝生病初起就把药用得很重，会把病菌一下子就消灭了，以至身体的免疫系统还来不及对病菌做出防御反应，或者对病菌的记忆很浅，产生的抗体有限，抗体维持的时间也短。等下一次这种病菌来袭，宝宝还是会中招，等于宝宝这次白得一次病。这就是为什么家长越是对宝宝的病高度重视、积极治疗，宝宝却越容易生病，而有的家长看似比较"粗"，对宝宝得病反应不太敏感，宝宝反而不容易得病。而多数病毒感染并没有"特效药"，多数需要宝宝自己的抵抗力赢得"战役的胜利"。

不要指望宝宝生病马上能好

每一种疾病都有其自身发生、发展到康复的规律，所以不能因为大人自己担心，就要求医生立即把病治好。

以普通的感冒发烧为例，完全康复至少需要一个星期。很多家庭都有这样的遭遇，白天刚带宝宝去过医院，把温度降了下来，可一到晚上宝宝再次发烧，一家人又手忙脚乱地把宝宝送到医院。明明吃了退烧药，体温为何仍会反弹？肯定是白天开的药不管用，干脆换个医生看，或换家医院看吧。有的宝宝一场感冒去了四五家医院看，终于在最后一家医院给看好了。并不一定是最后这家医院的医生水平高，而是宝宝的病本来就该好了。

此外，妈妈不要盲目听从别人的建议，如同事、邻居或亲朋好友说，他们的宝宝也是感冒，吃了什么药，效果非常好，父母就轻易采纳了非医务人员的建议，这是最不好的习惯。每一次、每一人的感冒都是不同的。

为宝宝准备一个小药箱

宝宝容易生病，零零散散地准备过不少药了，以后宝宝活动更频繁，磕磕碰碰更是难免，爸爸妈妈不妨给宝宝准备一个小药箱，更方便地放置和管理宝宝的药物，以备不时之需。

宝宝药箱中可能需要的常备药

1. 内服药。退热退烧药、感冒药、助消化药、止泻药、止咳药、消炎药。此外，中医治感冒多半用一些发散的药，也可以包括进来。

2. 外用药。2% 的龙胆紫（紫药水）、1%～2% 碘酒（用于皮肤初起而未破的疖肿及毒虫咬伤，其刺激性很大，当伤口破溃时不能用）、75% 的酒精、创可贴、棉棒、纱布、脱脂棉、绷带以及止痒软膏、抗生素软膏、眼药水等。

3. 医疗器械。温度计（腋下）、剪刀、镊子等。

宝宝药品要分类放好

宝宝的药品要按功效不同分类放置，把各种药分门别类放好，贴上标签，写上药名、用法、用量及主要作用，特别是外用药，标签要醒目，这样找的时候更方便。要做到定期清理药箱，至少每隔 3 个月清理一次，添置新的药物，还要检查一下是否有过期的药物，药物是否有发霉、粘连、变质、变色、松散、怪味等现象，若有则及时清除。

在玩耍中开发宝宝能力

训练宝宝放手和投入

知识导读： 8个月后，宝宝手的动作明显地灵巧了，一般物体均可熟练地抓起，也能熟练地放下。

宝宝这个时候非常喜欢做重复的动作，喜欢将一样东西放下又拿起，妈妈可抓住这一敏感期，跟宝宝玩游戏，以训练宝宝各方面的能力。

放手训练

训练宝宝有意识地将手中玩具或其他物品放在妈妈指定的地方。妈妈可给予示范，让宝宝模仿，并反复地用语言示意他"把××放下，放在××上"。由握紧到放手，使手的动作受意志控制，手、眼、脑协调又进了一步。

投入训练

在宝宝能有意识将手中的物品放下的基础上，训练宝宝玩一些大小不同的玩具，并教宝宝将小的物体投入到大的容器中，如将积木放入盒子内，反复练习，训练宝宝的观察力，让宝宝学会解决简单问题。

宝宝练习用拇指和食指拿东西

知识导读： 人类的手要数拇指和食指的功能最强了，也最灵活。人要准确地、灵活地抓取东西都离不开拇指和食指的功能。孩子到了这个年龄阶段，手部动作已经发展到了拇指和食指的指端。所以，正常的孩子到1岁时都能用拇指和食指端捏取小东西了。

要成功地用拇指和食指捏取小东西并非易事，孩子要经过几个月的锻炼和发展才能有这个能力。

宝宝拇指和食指使用能力发展

9个多月时，宝宝开始能伸出食指，用食指拨弄小东西。10个多月时，会用拇指和食指的侧面来夹取较小的东西，这个动作虽然也能成功地拿起小东西，但不成熟，也不灵活。到了11～12个月时，手的动作发展到了拇指和食指指端了，宝宝就能用拇指和食指指端来捏取小东西。这样的姿势取物就相当灵活，取东西也稳固。在以后的年龄阶段，随着孩子手的动作的进一步发展，捏取东西这个动作还

要发展得更加成熟。

宝宝会捏取小东西后，手的技能就高多了，他会用手去抠小东西、拿起杯子、打开抽屉、搭积木、拿笔乱涂、翻书等。

练习宝宝用拇指和食指拿东西

宝宝到了这个年龄，手就具备了一定的能力了，但这个能力的获得与平时手的锻炼是分不开的。妈妈应经常给他提供玩具和物品让他抓握、摆弄，还要训练他捏取细小的东西，但一定不能让宝宝玩花生米、豆子之类的东西，以免宝宝放入口中导致呛噎。

洗澡时教宝宝玩水

宝宝天生喜欢玩水，妈妈带宝宝玩水不仅能使宝宝心情愉快，还可以学到很多知识，如了解水的特性、感觉水的不同温度等。

浴盆中放浮水玩具

洗澡时，将宝宝扶坐在浴盆内，把浮水玩具放进浴盆内。妈妈示范如何伸手拍打浮水玩具，然后辅助宝宝用手拍打浮水玩具。渐渐地宝宝会乐

此不疲，会玩得很开心。不过须注意在玩此游戏时，时间不易太长，5～10分钟即可，以免宝宝着凉。

让宝宝感受水的温度

妈妈可准备3个玻璃杯，分别装入凉水、温水、热水。妈妈抱着宝宝让他摸一摸3个玻璃杯，先从凉的开始，告诉宝宝："凉，凉，这是凉的；温，温，这是温的；热，热，这是热的，好烫！"每天抽出一定的时间来做这个游戏。这不仅让宝宝通过自己的皮肤感觉到了不同的水的温度，还了解了水的物性。

带宝宝爬梯子

知识导读：如果你家里有楼梯，那么宝宝在10个月左右就能开始学习攀爬了，这种攀爬练习有助于宝宝的肌力发育。

爬行是宝宝第一个远距离移动身体的动作，它既让宝宝全身肌肉得到锻炼又让宝宝全身的重量均匀地分布在四肢上，对骨骼不会产生不利的影响。但是爬行这个动作缺少脚对人体重量支持的感觉，而且此阶段的宝宝在肌肉力量的锻炼方面还不全面。所以从爬行到直立行走中间需要增加攀登这个动作。

让宝宝手脚并用地爬梯子

或许妈妈有疑问：宝宝还不会走路又怎么会爬梯子呢？其实，是可以的。直立行走时人体重心在脚的支撑点上方，属于不稳定平衡，而攀登时人体重心在手的握点下，属于稳定平衡。宝宝早期有抓握反射，攀登时宝宝上肢肩带的屈肌得到很好发展，身体成垂直姿势使腿部用力，同行走比较接近。

在帮助宝宝爬楼梯时，爸爸妈妈可把宝宝喜欢的玩具放在楼梯的第四、第五层台阶上，以此引导宝宝爬楼梯拿玩具。练习时，爸爸妈妈双手扶着宝宝的腋下，帮助宝宝往上爬楼梯。帮助的力量可逐渐减小。此游戏能增强宝宝腿部的力量，为今后独立行走打好基础，但应注意每次练习的时间不宜过长。

宝宝满 9 个月了

满 9 个月宝宝的体格标准

满 9 个月宝宝的体格标准如下：

体格指标	男宝宝	女宝宝
体重（平均）	9.33 千克	8.69 千克
身长（平均）	72.60 厘米	71.00 厘米
头围（平均）	45.30 厘米	44.10 厘米

满 9 个月宝宝具备的能力

大动作能力
——能够扶着东西站起

宝宝能够在大人扶着的时候站立，或自己揪着东西站起来，扶着墙或沙发横向跨步走来走去。

精细动作能力
——小手指越来越灵活

宝宝可以大拇指与另外四指相对捏起小东西了，对食指的运用非常熟练，能将小物体放到大盒子里去，能把蒙在脸上的手帕轻松地拉下来，还能把一只食指插进小洞里。宝宝的两只手的配合更加娴熟，可以把玩具在两只手之间递来递去，能帮妈妈拿东西，并递到妈妈的手里。

感知能力——能认识五官

宝宝现在看东西已经带着目的性，喜欢什么看什么，并且注意力较集中，不容易被别人吸引。宝宝的观察辨别能力有所提高，能够认图认物，能够认识五官，并初步认识能吃的和不能吃的。

人际交往能力——出现分离焦虑

分离焦虑是这个阶段宝宝最大的情绪特点，特别害怕和大人分开，妈妈上班前，宝宝可能都会哭一场。此时缓解分离焦虑最好的方法是培养他的独立性，只要具备一定的独立性，分离焦虑就会缓解。

语言能力
——能听懂越来越多的话

宝宝能够听懂越来越多的话，比如"喝奶了""妈妈上班了""再见了"等，此时他已经不再是单纯地听声音了，而是开始理解声音所传达的意思，这是一个大进步。另外，宝宝对禁止性的命令很敏感，如果妈妈说"不行""不要"，宝宝就会停下手中的动作。

第 10 个月

本月重点问题：
宝宝走路早些好还是晚些好

家长：宝宝走路早些好还是晚些好？

宝宝 10 个月了，可不可以教宝宝走路了，还是晚些再教的好？另外，是不是走路早的宝宝较聪明？

问题解决 每个孩子都有自身的发展时刻表，看你如何把握好，如果是宝宝自身发展的需要，无论是 8 个月走路还是 1 岁半走路都是自然的结果。不是自然的过程无论早晚都没什么好处。只要遵照孩子自身的发展规律，无论早走晚走都会正常健康，不存在早走比晚走聪明，只是客观上发展成熟的时间不一样而已。正常发展的孩子即使晚走各方面也会很快赶上早走的孩子，就是一个时间问题。

因此，如果宝宝此时想走路了，妈妈可以遵循宝宝的意愿，适量地训练宝宝学走路，但若宝宝并没有想走的意愿，妈妈也不可强求，那说明宝宝身体、心理上都还没做好走路的准备。

如果宝宝的肌肉骨骼还不够强壮，身体的协调性还不够好，学习走路的动作和姿势可能不正确，严重的可能还会影响宝宝的腿形和体态。

❖ 宝宝能力发育情况

根据宝宝发育的一般规律，在

1岁左右，大脑对于神经的支配相对成熟，所以宝宝在这时开始学习走路比较好。因为个体的差异，宝宝开始学走路的时间并非完全相同。专家提醒，最早学走路的时间也不应该早于9个月。一般来说，在1岁3个月左右，家长可以领着宝宝迈步，1岁半左右，宝宝可以扶着东西走路，1岁六七个月时，在家长的保护和协助下，宝宝就可以上台阶了。

营养与饮食指导

宝宝正长个、长牙，注意补钙

知识导读： 钙是人体中含量最多的矿物质，占人体体重的1.5%～2.0%。其中99%的钙存在于骨骼和牙齿中，构成人体的支架。0～3岁是宝宝发育的重要阶段，如果缺钙，就会直接影响到骨骼与牙齿的健康。

这个时期的宝宝身体长得飞快，骨骼、肌肉和牙齿都开始快速发育，需要大量的钙，因而对钙的需求量非常大。如未及时补充，2岁以下的宝宝，身体很容易缺钙。

宝宝每天需要多少钙

宝宝对钙的需求是随年龄、性别、生理状况的不同而有差异的。根据中国营养学会2022年修订的推荐每日膳食中钙的供给量是：

1～6个月：每天需要200毫克。

7～12个月：每天需要250毫克。

1～3岁：每天需要600毫克。

宝宝缺钙有哪些症状

宝宝缺钙的症状包括：不易入睡，不易进入深睡状态，入睡后爱啼哭、易惊醒，入睡后多汗，容易长湿疹，肋骨外翻，出牙晚，走路迟，等等。但这些症状也可能是婴幼儿生长发育的正常现象，所以妈妈不能一看到宝宝出现上述症状就认为宝宝缺钙。建议当宝宝出现以上症状时，妈妈可让宝宝多吃含钙的食物，并注意补充鱼肝油，不要盲目补钙。若高度怀疑宝宝缺钙，可在打疫苗时咨询体检医生。

以下几类宝宝容易缺钙

1. 早产儿、双胞胎和低出生体重儿需要尽早补钙，因为此类宝宝的钙储备较少，胃肠道功能欠佳，不够健全，对微量元素的吸收能力相对较弱，容易出现缺钙现象。

2. 胖宝宝需要补钙。钙可以促进脂肪代谢，减少脂肪堆积，所以给体重超标的宝宝补钙对控制体重有一定的帮助。

3. 生长速度较快的宝宝，对钙的需求量也大，要及时补充。

4. 活动量大的宝宝，出汗较多，而钙可以随汗水排出，所以也容易缺钙，应持续补充。

5. 爱生病，反复长期腹泻的宝宝有可能钙摄入不足，也有可能钙流失严重，要及时补钙。

专家这样说

骨密度检查低下不能作为需要补钙的标准。对孩子来说，特别是生长旺盛阶段的婴幼儿，骨密度偏低意味着快速生长过程，是好现象，不是补钙的指征。

常给宝宝吃含钙丰富的食物

知识导读： 宝宝正处于生长发育的重要时期，对钙的需求量比成人多，因此，应给宝宝补充足够的钙。母乳是天然补钙剂，其中钙和磷的比例最适于宝宝吸收，所以我们提倡母乳喂养宝宝。

处于哺乳期的妈妈应多食含钙丰富的食物，这样可以提高母乳的含钙量，间接给宝宝补钙。对于已添加辅食的宝宝，奶制品是补钙的最佳选择，因为奶制品是目前被公认的含钙质最丰富的食品，而且吸收率也很高。另外，各式各样的蔬菜、水果也含有少量的钙，坚果和海产品也是钙源丰富的食物，同时还含有维生素 D，能促进钙质的吸收。

含钙丰富的食物

海带和虾皮。海带和虾皮是高钙海产品，每天吃 25 克，就可以补钙 300 毫克。

豆制品。大豆是高蛋白食物，含钙量也很高。500 毫升豆浆含钙 120 毫克，150 克豆腐含钙就高达 500 毫克，其他豆制品也是补钙的良品。

动物骨头。动物骨头里 80% 以上都是钙，但是不溶于水，难以吸收，因此在制作成食物时可以事先敲碎它，加醋后用小火慢煮。

蔬菜。蔬菜中也有许多高钙的品种。雪里蕻 100 克含钙 230 毫克；小白菜、油菜、茴香、香菜、芹菜等每 100 克钙含量也在 150 毫克左右。这些绿叶蔬菜每天吃 250 克就可补钙 400 毫克。

黑芝麻。黑芝麻是便宜又好吃的植物性钙质的来源，父母可给宝宝适量吃黑芝麻食品，如自制芝麻糊。

注意钙的吸收量

有些蔬菜如菠菜、竹笋、苋菜、毛豆、茭白、草头等，含有草酸盐，它可以和钙结合形成草酸钙，影响钙质的吸收。所以在烹调这些蔬菜前，应先在沸水中烫一下，除去其中的草酸。

并不是所有宝宝都要补钙

并不是所有的宝宝都要补充钙剂，如果一日三餐能给宝宝提供足够的钙，如每天给宝宝吃奶制品，再加上蔬菜、水果或豆制品中的钙，已经足够宝宝每天钙的需要量，就不必再补钙了。盲目给宝宝补钙，反而可能造成宝宝体内钙含量过高。

有的妈妈不管宝宝缺不缺钙，从宝宝半个月开始每天给宝宝吃钙片，这样做并不科学，容易造成宝宝身体内钙含量过量。

补钙过量的危险

短期补钙过量的后果是引起厌食、便秘，严重的会患上"鬼脸综合征"，就是宝宝会有扁扁的朝天鼻、大嘴，而且表情怪异。如果长期过量补钙还可能患上很多疾病：

1. 长期过量补钙，可能造成囟门过早闭合，如果在 6 个月前闭合，很容易造成小头畸形，制约宝宝的大脑发育。

2. 肠道中过量的钙会抑制铁、锌等二价离子的水平，影响铁、锌在宝宝体内的水平，导致食欲不振、免疫力下降、厌食、生长缓慢、贫血、精神疲乏等毛病。

3. 长期过量补钙，还会出现骨骼过早钙化，骨骺提早闭合，使骨发育受到影响，最终会影响身高。

吃奶正常能摄取足够的钙

宝宝的食品中（如含钙量最丰富的奶产品），含有绝对足够的钙。如：根据中国居民膳食矿物质推荐摄入量，6个月以前的婴儿每日需要200毫克的钙，6个月以后的婴儿每日需要250毫克的钙，而在配方奶粉里，每800毫升的奶粉已经有350～400毫克的钙含量，这已经能够满足一个正常婴儿每日的钙需求量。而母乳中钙的含量虽然不及配方奶粉多，却是稳态调节的，不会因妈妈钙摄入量的多少而变化。乳母会进行多种生理调节尽可能满足哺乳期宝宝的钙需求。而母乳中的钙比配方奶粉容易吸收，因此母乳喂养也不容易缺钙。不过母乳喂养的妈妈为了自身的健康，在哺乳期应注意钙的补充，多吃些含钙多的食物，如海带、虾皮、豆制品、芝麻酱等。牛奶中钙的含量也是很高的，妈妈可以每日坚持喝500毫升牛奶，也可以补充钙片。

宝宝缺的不是钙是维生素 D

不论母乳，还是配方奶粉，或婴儿辅食中都有婴幼儿生长发育所需钙质。食物中的钙质能否进入血液，并进一步进入骨骼，与体内维生素D含量有关。换言之，佝偻病为维生素D缺乏性佝偻病，不是缺钙性佝偻病。补钙并不能预防和治疗佝偻病，反而会影响锌、铁、镁、铜等其他二价阳离子的吸收。

因此，宝宝出生后仅补充维生素D就可以。如果是早产儿更应及时、足量补充。

宝宝皮肤内储存的7-脱氢胆固醇经过光化学作用可转化为维生素D，所以经常让宝宝晒太阳可促进钙的吸收利用。而且经过阳光照射体内合成的维生素D是最安全的，不会导致维生素D过量。但光照程度、皮肤暴露面积、季节、光的强度等都会影响通过晒太阳获得维生素D，不

确定性较大。还是应该给宝宝补充维生素 D 来确保效果。

钙剂和维生素 D 的服用时间

补钙时间不对，会影响钙吸收率。钙剂的最佳服用时间是饭后半小时。饭后补钙可提高吸收率。食物进入消化道后，会产生一些可以促进钙吸收的物质，比如氨基酸就对钙的吸收有促进作用，同时还能保护胃肠道少受钙剂的刺激。另外，夜间血钙浓度低，所以，睡前服钙也有利于钙的吸收。但不要让宝宝空腹服用钙剂。

维生素 D 和钙不一定要同时服用，一般维生素 D 可以在吃早点时服用。

专家这样说

有的宝宝补钙会便秘，因为钙有收敛作用，可以尝试把钙分次服用或换一种钙可能会好一些。

宝宝尿便 / 睡眠 / 洗护指导

宝宝睡觉总爱滚来滚去是为什么

宝宝睡觉不老实，在床上滚来滚去，这种现象很常见，并不一定有问题。但宝宝晚上睡觉总爱翻滚还是有原因的，家长可以针对自己宝宝的情况来找找原因。

1. 看看宝宝睡的床被是否舒适。有时褥子垫得不平，或者被子盖得过厚，都会使宝宝感到不舒服。还有的家长怕宝宝受凉而给宝宝穿着几件衣服睡觉，致使宝宝睡觉不适而滚来滚去。

2. 因为婴儿的神经系统在这个年龄阶段尚未发育成熟，神经系统脆弱。如果白天玩得很兴奋或受到惊吓，晚上睡觉后大脑是不会完全平静的，容易处在比较兴奋的状态，从而表现出睡得不安稳。

3. 还有的家长总是担心宝宝吃不饱，晚餐吃得过多，或饱食后入睡使得宝宝睡觉后肚子很不好受，也会滚来滚去。

4. 肠道寄生虫病，例如蛔虫病、蛲虫病，经常在晚上"捣乱"，使得宝宝睡卧不安。

宝宝爱滚就让他滚吧

除了以上原因，若宝宝睡觉还是爱滚来滚去，那妈妈就让他滚吧。妈妈只需将宝宝床沿做好防护，任由宝宝一会儿朝南睡，一会儿朝北睡，又有什么关系呢？宝宝不哭不闹，没必要因宝宝睡觉的姿势或位置不固定而反复移动宝宝，那样会影响他的睡眠。

宝宝玩"小鸡鸡"要制止吗

知识导读： 6岁之前的宝宝都可能有摆弄生殖器的行为，0~3岁的宝宝因为不懂羞耻感，可能更容易这样做，这没有什么好吃惊的，这时候的宝宝抚摩生殖器和摸弄脚趾头、抠摸肚脐眼没有两样，这是一种探索行为，是对自己身体的探索。

父母对于宝宝玩生殖器的动作，只当没看见，不用大惊小怪，也不要呵斥宝宝，或强行纠正，最好能转移宝宝的注意力。

如果一段时间后，宝宝还是喜欢玩自己的"小鸡鸡"，建议妈妈不要给宝宝穿开裆裤。

需要注意的是，大人不要拿宝宝的"小鸡鸡"开玩笑，否则宝宝也会喜欢玩自己的"小鸡鸡"。

宝宝总抓耳朵是为什么

宝宝总抓耳朵，可能的原因有：进食时过热引起不适、耳内有耳屎、耳内有湿疹、耳内有炎症等。

进食时过热

妈妈首先排除宝宝过热的情况，选择在温度较低的地方进食。如宝宝仍有抓耳朵情况，且伴有啼哭等，则有其他的原因。

耳内有耳屎

妈妈可用小电筒对着宝宝的耳孔观察是否有耳屎。因为有耳垢堆积时，宝宝也可能揉搓或抓扯自己的耳朵，还可能会用手指抠耳朵眼，这和耳朵感染的症状很相像。但是，耳垢堆积不会引起宝宝发烧和睡眠问题，而耳部感染则会出现这些问题。

耳内有湿疹

有的宝宝不但在皮肤出现湿疹，

耳道也会出现湿疹，造成耳道的皮肤出现皮疹、糜烂、渗出，导致孩子感觉不适。对于这种情况，可以在医生的指导下外用治疗湿疹的药膏。

耳内有炎症

妈妈可观察宝宝耳朵，正常情况可看见黄色或褐色分泌物，而耳部感染造成的分泌物是透明的、乳状脓水或带血。

不管宝宝是因为什么总抓耳朵，妈妈可以帮宝宝查看和清理耳郭或可见的耳朵眼的范围，但要避免过深清理耳道，以免引起感染或造成鼓膜的损伤，影响孩子的听力。一般来说，耳屎通过孩子的头部运动、咀嚼、张口可以自行排出。如果耳屎过多，应该去医院请医生处理。

给宝宝赤脚活动的时间

赤脚对宝宝的身体有许多好处。

1. 增强体质。孩子经常赤脚活动，有利于保持全身血液循环和促进新陈代谢，提高身体的抗病和耐寒能力，能预防感冒受凉、腹泻的发生。

2. 促进生长发育。研究发现，进行一段时间的赤脚训练后，80% 以上的儿童体质明显增强，食欲增大，身高、体重增加较快。

3. 预防扁平足。日本的研究显示：长时间光着脚走路，能有效减少幼儿扁平足的发生。

提供赤脚活动的机会

在温度适宜的季节，一回到家中，妈妈就可以让宝宝赤脚活动；浴前和浴后也是宝宝最兴奋和开心的时候，可以让他做一些赤足热身运动；亲子游戏时间，爸爸妈妈也不妨陪宝宝一起玩光脚丫游戏，引导宝宝的注意力和兴趣。妈妈还可以在保证安全的情况下，让宝宝赤着脚学走路，并在不同的地面上练习，如草地、沙地、土地等，增加宝宝脚部的触觉刺激。

宝宝赤脚活动后，要及时清洗并擦干宝宝的小脚丫，注意保持脚部皮肤的卫生。气温突变时，应及时为宝宝穿上袜子，以防伤风感冒。

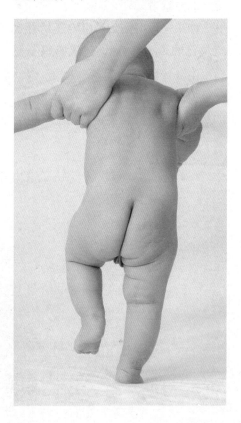

常见疾病防护

小儿手足口病

手足口病也称为"手口足综合征"，是由肠道病毒引起的发疹性传染病。夏、秋季多见。

手足口病的症状

宝宝患了手足口病，又是咳嗽又流口水，还不爱吃东西，嗓子眼还有一些小水疱。最典型的起病过程是中等程度发热（体温在39℃以下），进而出现咽痛，幼儿表现为流口水、拒食。检查口腔时，可发现咽部黏膜上有多发疱疹，手足等远端部位也出现丘疹或疱疹，一般有米粒或绿豆样大小，呈圆形或椭圆形，周围有红晕，无明显瘙痒感。

有的患儿肛门周围也会出现类似皮疹样的疹子。它和水痘不同。水痘皮疹以躯干为主。手足口病的皮疹主要出现在肢端，家长还是可以判断的。

宝宝患手足口病要及时去医院

手足口病与"水痘"一样，无特效药治疗，但具有自限性，多数即使不治疗，在7～10天也可痊愈，也有重症病例危及生命，应带宝宝去看医生。由医生确定是否为手足口病，能不能排除其他疾病，评估宝宝的状态如何。由医生指导生病期间的饮食、起居，才能帮宝宝顺利度过疾病期，早日痊愈。

饮食宜清淡

宝宝患病后因发热、口腔疱疹，胃口较差、不愿进食。宜给宝宝吃清淡、温性、可口、易消化、柔软的流质或半流质食物，禁食冰冷、辛辣、咸等刺激性食物。

为了避免脱水，要坚持给宝宝喂母乳、配方奶或水，较大的宝宝可以喂稀释的果汁。

护理口腔

口腔疼痛会导致宝宝拒食、流涎、哭闹不眠等，所以要保持宝宝口腔清洁，饭前饭后漱口，对不会漱口的宝宝，可以用棉棒蘸生理盐水轻轻地清洁口腔。预防细菌继发感染，促使糜烂早日愈合。

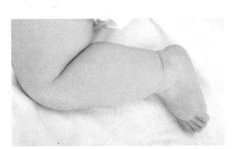

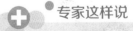
专家这样说

目前有手足口病的疫苗，可以预防中重型手足口病，为国家二类疫苗，家长可以根据情况选择接种。

在玩耍中开发宝宝能力

玩积木

🔔 **知识导读：** 智力型的积木玩具是大人为孩子选择的最理想的玩具，玩积木可以锻炼宝宝双眼协调能力，锻炼宝宝肢体稳定性与平衡感，对宝宝脑力激发有很大的作用。

妈妈可以从现在开始培养宝宝对积木的兴趣，从宝宝很小的时候开始，就送给宝宝一盘积木，不刻意要求他怎么玩，让他自己去摸索或和宝宝一起玩。大多数宝宝开始只是简单地敲击积木、扔积木、捡积木，慢慢地就会把积木堆高，或把积木排长，甚至还会用积木造桥、造车或创造其他形状结构。

宝宝玩积木的发展过程

9个月：扔积木。宝宝开始只会把积木当作一个可以在手里摆弄的东西，扔来扔去。

10个月：敲积木。慢慢地，宝宝学会了拿两片积木，不停地敲出啪啪响声。

11个月：拆积木。坐在地上，宝宝开始学拆积木，倒出来再拆，越拆越起劲。

12个月：堆积木。宝宝突然知道将两个积木堆起来了，并且从此以后爱上了堆积木。

教宝宝玩积木

准备一些积木，大人先示范给宝宝搭得越来越高，或越来越长，让宝宝模仿。搭高的时候，就说："长高了呀。"倒塌的时候就说："哎呀，又变矮了。"搭长了的时候说："又长一点，又长一点。"拆下的时候说："变短了，更短了。"

互动很重要

现在玩具的种类越来越多，但并不是仅仅把玩具买回家摆在宝宝眼前就够了。而是家长应该和宝宝一起去探索，玩具是大是小呀，是圆是方呀，是什么颜色呀，是你一个我一个呀，要把它放在哪里去呀，是用什么把它盖住呀，还是我们互换一下玩具呀，等等。在这些互动中教宝宝认识世界，听懂什么是"给""放""交换"等简单的动作。并把这些动作与大人的语言联系起来，并且可以练宝宝的专注力。

宝宝满 10 个月了

满 10 个月宝宝的体格标准

满 10 个月宝宝的体格标准如下：

体格指标	男宝宝	女宝宝
体重（平均）	9.58 千克	8.94 千克
身长（平均）	74.00 厘米	72.40 厘米
头围（平均）	45.70 厘米	44.50 厘米

满 10 个月宝宝具备的能力

大动作能力——想下来走

现在的宝宝特别喜欢走路，但又不会独立走，总是要求大人拉着他、扶着他四处走动，这段时间照顾宝宝的人是最累的。不过有的宝宝比较安静、乖巧，会自己安安静静地扶物横向移动，并不需要大人陪伴行走。还有些宝宝动作能力发展较快，在这个时候已经能够自己熟练地扶物蹲下捡东西了，这是一个大进步。

精细动作能力——拇指与食指的运用能力加强

在精细动作方面，宝宝没有出现什么里程碑式的、质的变化，都是前段时间动作的练习，练习捏取东西、滚球、盖盖子、扔东西等，尤其热衷于扔东西。

感知能力——认识常见的人和物

宝宝的认知能力越来越强，此时能够认识常见的人和物，另外他还开始观察物体的属性，体会形状、构造、材质、大小等概念，遇到感兴趣的物体还会试图拆开看里面的结构。此时的宝宝有时候仍然会把不能吃的物品放到嘴里，但并不是吃，只是通过嘴巴认识一下而已。

人际交往能力——独立意识增强

宝宝的自我意识、独立意识在这个时候得到了强化，更加成熟，见到陌生人时，很多都能保持自如，离开妈妈时也不再会特别焦虑，表现得非常自信。这个时候的宝宝喜欢被表扬，依旧喜欢小朋友，会主动接近小朋友，但不会跟小朋友玩。

语言能力——会说叠词了

满 10 个月的宝宝，语言能力处于词和句子的萌芽时期，开始热衷于模仿说话，也是模仿能力最强的时候，多跟宝宝说话，有利于他积累词汇。

宝宝现在已经意识到了语言的力量，开始有意识地使用语言以实现他的要求，说出来的多是叠声词，比如"抱抱""妈妈"等。

第11个月

本月重点问题：宝宝什么时候可以练习用勺子吃饭，怎么训练

家长：宝宝什么时候可以开始练习使用勺子吃饭，怎么训练？

我的宝宝现在很有兴趣使用勺子，但经常弄得满身满地都是，好像他还没有足够的能力控制勺子。有什么方法或者窍门能够帮助宝宝尽快学会使用勺子吗？

问题解决 人的智力跟手的运动密切相关。在宝宝 1 ~ 2 岁的敏感期，训练宝宝使用小勺子，不但可以满足宝宝的探索欲望，还可以锻炼肩膀、胳膊、手掌、手指等部位的肌肉运动，加强精细动作的协调性，促进大脑的发育。

宝宝大概 1 岁左右，就要开始训练用勺子吃饭，让他接受勺子并学会使用勺子，并且体会"自己喂自己"的乐趣。

❖ 第一步：让宝宝接受勺子

宝宝吃饱饭后，在他的碗里装一些容易压碎的大块食物，如豆腐、鸡蛋黄等，让他拿着勺子在碗里戳着玩。虽然用勺子对他来说还是一件费力的事，但宝宝却从挤压食物中找到了一些乐趣。通过一段时间的训练，宝宝就会知道勺子是一种用餐工具了，为以后用勺子打下基础。

❖ 第二步：锻炼宝宝用勺子舀食物

最好的游戏就是用勺子搬食物，将食物从一个碗里搬到另外一个碗里。可以将胡萝卜、黄瓜切成块状放在碗里，鼓励宝宝用勺子舀食物。开始宝宝可能因受到挫折而厌烦急躁，父母可以帮助把食物拨到他的小勺里，让他体会到成就感，从而激发他使用勺子的欲望。

❖ 第三步：舀起食物往嘴里送

宝宝刚开始练习用勺子吃饭时，尽量给他黏稠的食物，米饭、酸奶、苹果酱、土豆泥以及粥等食物，这些食物比蔬菜、面条更容易用勺子舀起来。

此外，这个时候使用的勺子最好

选择半球形的汤匙，这样食物就不容易泼出来。先让宝宝学会用勺子喝汤，等到熟练后可让宝宝学会用勺子舀固体食物吃。

❖ 不限制宝宝的手部活动

不要因为宝宝勺子控制不好，弄得满地满身，而限制他，也不要因为宝宝不好好吃饭，只是一味地摆弄勺子和饭菜，而斥责他。只要父母不限制他的手部活动，让他抓住勺子玩，玩来玩去，饭就送到嘴里了，这样宝宝很自然地，循序渐进地就掌握了独立进餐的技能，其实不需要特别刻意的训练。如果父母不给他吃饭的自由，他可能一到吃饭就烦躁。一定要多给宝宝机会，相信宝宝会逐渐熟悉并掌握这些技巧。以后等他能自己吃完之后还可以喂别人。

营养与饮食指导

可以给宝宝添加蛋清了吗

如果宝宝在之前添加辅食的过程中，每一种都适应得很好，没有出现过敏或消化不良的情况，现在可以尝试一些易致敏食物，如蛋清、鱼肉、虾肉等。不过添加的时候，还是要遵守少量尝试，一次加一种的原则，如果有不良反应马上停止。那些添加辅食容易过敏或消化不良的宝宝就不要太早添加这些食物了。

给宝宝补充维生素 C 好吗

有些妈妈觉得维生素C对宝宝好，就自作主张地给宝宝吃维生素C丸，这对宝宝的健康是不利的。维生素C是人体必需的营养素，但父母却将它们当成"灵丹妙药"。小孩子不喜欢吃蔬果，大人也拿它当代用品，就连预防感冒也找它。

维生素 C 能预防感冒

维生素C能促进免疫蛋白合成，提高机体功能酶的活性，增加淋巴细胞数量及提高中性白细胞的吞噬活力。于是很多人都建议在感冒多发季节或者出现了感冒的症状后，患者要赶快大剂量服用维生素C。

但必须指出的是，这些都是体外研究或者在人体缺乏维生素C的前提下得出的结论。对绝大多数维生素C并不缺乏的健康人来说，维生素C能预防感冒暂时还没有科学依据。

多吃水果和蔬菜即可

服用维生素C过量，会出现腹泻、电解质紊乱、肾脏结石等不良反

应。因此补充维生素 C 并不是"多多益善"。而且人工合成的维生素 C，也有一定的负面影响，绝不能代替食物中的维生素 C。

妈妈想给宝宝补充维生素 C 只需多让宝宝吃蔬菜水果即可，如青椒、西红柿、猕猴桃、橙子等。天然食物中的维生素 C 对人体更有利。

专家这样说

母乳中含维生素 C 较多，大约 100 毫升母乳中含有 6 毫克，可以满足宝宝身体发育的需要，因此母乳喂养的宝宝一般不会缺乏维生素 C。如果是人工喂养的宝宝，一般配方奶粉中也添加了维生素 C，通常也能满足宝宝的需要。

宝宝不吃蔬菜怎么办

知识导读：宝宝不吃蔬菜容易缺乏维生素，家长不要用强迫或者诱骗的方式让宝宝吃蔬菜，这只会让宝宝更加反感。

对正处于生长发育期的宝宝来说，平衡膳食，营养均衡才能健康，因此若宝宝不爱吃蔬菜，妈妈需想些办法让宝宝吃进更多的蔬菜。

把蔬菜加入宝宝喜欢吃的食物里

试试在白米里加入甜玉米、甜豌豆、胡萝卜小粒、蘑菇小粒，再点上几滴香油，美丽的"五彩米饭"一定会使宝宝兴趣大增。又如家里不再做纯肉菜，而是在炒肉的时候配些芹菜、青椒等，炖肉时配上土豆、胡萝卜、蘑菇、海带等，也会增加宝宝吃蔬菜的机会。

另外，妈妈可以给宝宝打各种蔬菜汁，用这些蔬菜汁和面，变成彩色面，然后用这种菜汁面包饺子、做面条都可以。这样的饺子宝宝也比较喜欢吃，特别是小孩子，颜色鲜艳会增加孩子的食欲。比如面里和些胡萝卜汁、大头菜汁、西红柿汁等。

把蔬菜包进饺子、包子里

很多宝宝爱吃带馅儿食品，妈妈可以给宝宝做些饺子、包子等，但要多放几种蔬菜，比如说一次放两三种，像大头菜、白菜、韭菜、香菇、胡萝卜、洋葱等，都可以包到这些带馅儿食物中。最好是现吃现包，速冻的一些饺子，就肉类保存还可以，蔬菜营养素会流失很多，营养价值下降。为什么宝宝都比较喜欢吃这类食物，就是因为饺子同时含有菜和肉，比较香，

所以，菜也就愿意吃了。

暂时用其他蔬菜代替

如果宝宝暂时无法接受某一两种蔬菜，哪怕是营养很好的蔬菜，也不必过分紧张，可以找到与它营养价值类似的一些蔬菜来满足宝宝的营养需要。比如说，不肯吃胡萝卜的可以吃富含胡萝卜素的绿菜花、豌豆苗、油麦菜等深绿色蔬菜。

辅食添加顺序很重要

上面提到的各种方法虽然可以让宝宝有机会吃到更多的蔬菜，但如果宝宝并没有接受蔬菜的口味和口感，今后还是可能出现挑食的问题。

最根本的解决方法应该在宝宝添加辅食时优先添加蔬菜，特别是绿叶蔬菜，而不是水果。在宝宝的味蕾还没有充分开发时即接受和习惯蔬菜的味道，这样宝宝在长大后才能不挑食，习惯于吃蔬菜。

水果不能代替蔬菜

知识导读： 各类食物都有各自的特点和营养作用，任何一种食物都不能满足人体多方面的需要，为了保证全面平衡的营养，各类食物应相互配合食用。因此，不能用水果来代替蔬菜，两者应适当搭配食用。

有的妈妈认为水果、蔬菜均为植物性食物，它们所含的维生素和矿物质等营养素差不多，而水果与蔬菜相比味道甜美、食用方便，宝宝一般都比较喜欢吃水果而不喜欢吃蔬菜，干脆只给宝宝吃水果，同样能补充维生素和矿物质。其实，这种做法是错误的。

水果和蔬菜营养素含量差别大

水果和蔬菜中都含有维生素 C 和矿物质，但含量差别很大。水果中除了鲜枣、山楂、柑橘、猕猴桃和草莓等含维生素 C 较多外，其他常见水果如苹果、梨、香蕉、桃和西瓜等含维生素 C 与矿物质都比蔬菜少，尤其不如绿叶蔬菜多。此外，一般水果中 B 族维生素、维生素 D 及胡萝卜素等的含量也远远低于绿叶蔬菜。因此，仅靠吃水果是难以满足机体对维生素和矿物质的需要的。

此外，水果含糖分较多，宝宝摄入过多的糖分不利于健康，也可能影响宝宝的食欲。而蔬菜中含纤维素较多，它能降低食物的消化速度，清除肠道内的有毒物质，治疗便秘，对人体健康十分重要。

宝宝能吃果冻吗

小孩子都喜欢吃果冻，但不建议

妈妈给宝宝吃果冻。果冻的制作过程中，营养物质已经大部分损失，因此，果冻并不像新鲜水果那样含有多种维生素、微量元素以及其他营养成分，而且果冻中的有些成分对胃、肠和内分泌系统还有一定的影响，经常大量地食用果冻，会导致宝宝食欲不振，消化功能紊乱和内分泌失调。

而且宝宝吃果冻有发生误吸、噎住的危险。如果宝宝确实喜欢吃果冻，妈妈可偶尔让宝宝吃一次，但一定要购买符合国家食品安全标准的果冻，且不能让宝宝单独食用，可用勺子挖出来喂给宝宝吃。

✚ 专家这样说

如果宝宝吃果冻时出现了呛咳、憋气，家长不能存在任何侥幸心理，应立即争分夺秒送到医院。在去医院途中，家长可以头朝下抱起小孩、拍背、压腹，争取将异物及早排出。千万不能喝水，否则水吸入气管，后果更加严重。

选购一套适合宝宝的餐具

🔔 **知识导读：** 妈妈应该给宝宝选购一套合适的餐具，不要与大人共用餐具，大人的餐具无论是大小还是重量都不适合宝宝。

妈妈给宝宝选择餐具要注意以下几个要点：

1.注重品牌，确保材料和色料纯

净，安全无毒。市场上宝宝餐具品牌很多。宝宝餐具应将安全性放在首位，知名品牌多是经受住了国家和消费者考验的，较为可靠。

2.餐具的功能各异，有底座带吸盘的碗，吸附在桌面上不会移动，不容易被宝宝打翻；有感温的碗和勺子，便于父母掌握温度，不至于让宝宝烫伤；大多数合格餐具还耐高温，能进行高温消毒，保证安全卫生。

3.在材料上，应选择不易脆化、老化，经得起磕碰和摔打，在摩擦过程中不易起毛边的餐具。

4.在外观上，应挑选内侧没有彩绘图案的器皿，不要选择涂漆的餐具。毕竟宝宝的餐具主要还是以安全实用为标准。

应避免的 4 类餐具

1.材质为玻璃、陶瓷的餐具。一方面易碎，另一方面还可能划伤宝宝。

2.西式餐具，刀、叉。既坚硬又尖锐，很容易造成意外伤害。

3.筷子。使用筷子是一项难度很大的技术，不应要求婴儿学习，一般要到宝宝 3 ~ 4 岁时才可练习。

4.塑料餐具。塑料餐具在加工过程中会添加一些溶剂、可塑剂与着色剂等，有一定毒性，而且容易附着油

垢，比较难清洗，不是理想的餐具，尤其是那些有气味的、色彩鲜艳、颜色杂乱的塑料餐具，其中的铅含量往往过高。

用面粉清洗宝宝餐具最好

很多妈妈在清洗宝宝餐具时会选择婴儿用的奶瓶清洗剂来清洗，这种方法应该是比较普遍的，但毕竟清洗剂含有一些化学物质，如果没有将其彻底清洗干净，对宝宝来说还是不好的。现在提供给妈妈一种更安全实用的清洗宝宝餐具的方法：用面粉清洗。

用面粉清洗

宝宝的餐具清洗前，先抓一小把普通面粉，放入宝宝餐具中，用手干搓几次，油腻多的话多搓一会儿就行。记住，一定要干洗！然后倒掉面粉，餐具放入水中正常清洗即可。面粉具有超强的吸油功效，比那些洗洁精、奶瓶清洗剂效果好多了，便宜又没有任何污染，还没有任何残留物和味道。切勿用强碱或强氧化化学药剂如苏打、漂白粉、次氯酸钠等进行洗涤。

清洗好的餐具要晾干

清洗好的餐具不要用毛巾擦干（因为毛巾也是细菌传播的一种途径），可放在通风处晾干，然后放入消毒柜中储存。使用前要记得用开水烫一下消消毒，更安全可靠。如果没有消毒柜，则应定期用开水蒸煮消毒。

宝宝尿便 / 睡眠 / 洗护指导

可以训练大小便了

🔔**知识导读：** 从现在开始可以训练宝宝大小便，但不能指望能很快奏效。1岁半的宝宝会蹲下撒尿，晚上会醒来叫嚷着尿尿，已经是很不错了。2周岁以后会告诉排大便，不再拉裤子了说明训练是很成功的。

如果宝宝让妈妈把尿，也喜欢坐便盆，就慢慢训练下去。如果宝宝反对妈妈这样做，把尿就打挺，坐便盆就闹，一定不要强求宝宝，过一段时间再训练。

给宝宝准备便盆

宝宝很小时，就应为他准备一个尺寸适合的便盆，通过使用自己专用的便盆，让他逐渐理解大小便要排在固定的地方，不能随地大小便的道理。

教宝宝表达大小便的需要

较小的宝宝可能不会主动表达大小便需要，这时妈妈要注意观察宝宝的大小便规律，在估计宝宝需要大小便时，询问宝宝是否需要大小便，宝宝回答之后，要进一步询问宝宝是要大便还是小便，鼓励宝宝清楚地表达出来。

即使现在大部分宝宝还不会说"尿尿""屁屁"，但他听得懂话，妈妈可教他更简单表达大小便的方法，比如"嗯"是表示要大便，或拍拍屁股是表示要大便，"嘘"是表示要小便等。妈妈记得不要忽略对宝宝主动表达排便需要的行为予以表扬。

让宝宝形成有规律的大便时间和次数

由于大便的时间相对较长，处理起来也比较麻烦，所以，最好让宝宝形成有规律的大便时间和次数。妈妈可根据对宝宝大便情况的观察，到差不多的时间就开始提醒宝宝大便，使宝宝形成固定的条件反射。直到不需要提醒，宝宝也能在固定的时间自己大便。

排大便的时间以清晨为最好，这对宝宝一天的吃、玩、睡都有好处。晚上临睡前排便也可以，可使宝宝夜间睡得踏实。

宝宝睡觉打鼾是正常的吗

🔔**知识导读：** 宝宝打鼾的原因：宝宝的鼻道狭窄，容易引起鼻腔堵塞，咽喉部狭小且较垂直，也易肿大闭塞，从而导致打鼾，当宝宝感冒或患其他上呼吸道急性感染时特别容易引起鼻咽部充血肿胀，堵塞鼻咽道而引起打鼾，若鼻咽腺样体肥大、感冒反复发作，会导致长期打鼾。此外，宝宝肥胖或睡姿不当也会引起打鼾，仰面朝天睡是引起打呼噜的主要姿势。

孩子打呼噜也叫打鼾，它不一定都是病。假如宝宝平时睡觉不打鼾，仅在偶尔的情况下，如感冒以后或玩得特别累以后才打，且鼾声不大，仅在平卧时出现，侧卧时就消失，鼾声平稳、均匀，这是没有问题的。但若平时睡眠时有打鼾，鼾声很响，呼吸不均匀，鼾声时大时小，严重时还伴有呼吸暂停现象，这就是病态。引起小儿打鼾的原因很多，鼻子疾病，如慢性鼻炎、鼻窦炎、鼻息肉、鼻中扭偏曲等；咽部的疾病，如腺样体肥大、扁桃体肥大以及某些喉和气管的疾病等。

因此，当发现宝宝睡眠时有鼾声，尤其是经常发生时，要追查原因，警惕鼻、咽部疾病的发生。

宝宝半夜醒来的处理办法

当宝宝在夜里醒来时，应首先尽量找出他醒来的原因（比如尿床了、饿了、在白天的焦虑情绪、鼻子不通，或者是睡衣不舒服等）。如果宝宝仅仅是因为妈妈不在身边而哭闹，就不要从床上抱起他，尽量让他在自己的床上重新入睡，这样宝宝可以学会自己入睡。妈妈可以轻轻拍宝宝的后背，低柔地和他说说话，并哼唱歌曲，安慰他一小会儿就走开，然后每隔5～10分钟再回来看看他，直到宝宝重新入睡。

此外，宝宝半夜醒来要注意两点：

1. 宝宝夜间醒来应马上走到他身边，使他舒服并找出问题所在，不能一味地抱起来哄或者一哭就喂奶。

2. 妈妈千万不要因为宝宝半夜醒来哭闹而陪他玩，这样只会养成宝宝夜里玩耍的坏习惯，更不利于宝宝的睡眠。

别让宝宝养成带玩具睡觉的习惯

知识导读：儿童最爱的毛绒玩具里藏有肉眼看不到的螨虫。这个在显微镜下才能原形毕露的小螨虫，是引发儿童皮肤过敏、过敏性鼻炎、哮喘的罪魁祸首。

毛绒玩具、小木偶等，给孩子们带来了无限的欢乐，孩子已经把它们当成可以信赖的好伙伴。于是很多孩子睡觉都要抱着毛绒玩具。这种现象尤其在女孩子中更普遍。但玩具陪睡对宝宝是不好的。

不利于宝宝按时入睡

睡觉时间将玩具置于宝宝身旁的话，宝宝很容易玩着玩着就忘了时间，甚至兴奋得睡不着觉，不利于培养宝宝按时自然入睡的好习惯。

不利于宝宝的安全

陪睡的娃娃往往是布制玩具和长毛绒玩具，如布娃娃、长毛狗之类，特别容易脏，宝宝抵抗力差，睡觉时置于身边容易感染上病菌，男宝宝喜欢的玩具像变形金刚等，质地比较硬，棱角尖，宝宝睡着后可能被伤到。

不利于视力健康

通常宝宝的房间会开一盏光线较暗的灯，宝宝边玩玩具边睡觉时，眼睛与玩具的距离较近，通常不到 20 厘米，而宝宝不懂得休息眼睛，很容易造成眼睛眼肌疲劳，眼内压力增高，眼轴容易伸长，对视力健康很不利。

为了培养宝宝良好的生活卫生习惯，保护宝宝的视力，爸爸妈妈一定不要让宝宝养成玩具陪睡的习惯。

常见疾病防护

秋季腹泻

知识导读： 秋季腹泻一般无特效药治疗，多数患儿在一周左右会自然止泻。即使不用药物治疗，只是靠口服补液，绝大多数的患儿也能自然痊愈。

秋季腹泻的症状和特点

1. 在秋冬季发病。
2. 病程大约 1 周。
3. 平均一天拉五六次，多的达到十余次，大便稀，表现为清水样或蛋花汤样，有时呈白色米汤样，带有少量黏液，无腥臭味。化验大便时有少量白细胞。

4. 用消炎药治疗无效。
5. 患儿发病初期一般有发烧、咳嗽、流涕等感冒症状，病初 1 ~ 2 天常发生呕吐，随后出现腹泻的症状。

秋季腹泻的护理和治疗

小儿患秋季腹泻后合理饮食和适当用药，可缩短病程，很快恢复。如果宝宝病情轻、无明显脱水症状，妈妈可在家护理。

1. 补充足够的液体。口服补液盐（ORS）溶液（新生儿慎用）一定要按照说明书严格要求的水量来溶化，不能加多水或减少水量。口服 ORS 应根据宝宝腹泻的量来评估需要补充的

量，量出为入，宜少量多次喂服，如果患儿呕吐，停10分钟后再慢慢给患儿喂服。

2.注意饮食。母乳喂养的患儿继续母乳喂养，可适当延长喂奶间隔时间。人工喂养的患儿可继续应用原来的品牌，不要更换品牌。如腹泻持续时间较长，大便很稀，可更换为不含乳糖的奶粉。如宝宝已添加辅食，给宝宝准备粥、面条或烂饭，可给适量新鲜水果汁或水果以补充钾。但不要再添加之前没吃过的辅食。

3.可选用的药物。蒙脱石散，可以让宝宝的大便不那么稀，但不可擅自服用，需要咨询医生。

4.看医生。如果宝宝3天不见好转，或3天内出现下列任何一种症状，应找医生诊治：腹泻次数和量增加、不能正常饮食、频繁呕吐、发热、明显口渴、粪便带血。

在玩耍中开发宝宝能力

好玩的涂鸦

知识导读：从涂鸦期开始的绘画活动，有助于宝宝小肌肉发展、认知能力与创造力的增进，在幼儿的心智发展上有着重要的指导性意义。

宝宝周岁以前就开始喜欢在墙面、桌面等空白的地方随意乱画了，爸爸妈妈发现宝宝有这样的一时兴起时，千万不要拒绝这种兴趣的发挥，而应当及时地给予鼓励，并且作出引导。

为宝宝涂鸦创造条件

爸爸妈妈不妨在墙上挂一块白板，或是开辟出一片墙壁，让宝宝知道有固定的地方可以让他写写画画，也是对整体家居布置的一种点缀，宝宝的涂鸦还会令房间"增色"不少。没有充足时间收拾房子时可为宝宝选择涂鸦板，一般自带画笔，涂写过的东西易擦易洗。

不要给宝宝粉笔，可以选择彩笔或蜡笔，粉笔比较容易掉屑，不易长时间保存也很难彻底清理，掉下来的屑一旦被宝宝吸入，对健康十分不利。

大的套小的

家人带宝宝玩"大的套小的"游戏，不但可以锻炼宝宝的动手能力，还能让他逐渐明白"大""小"概念，以及它们的对比关系，可开启宝宝的数理逻辑能力。

游戏方法

妈妈准备一套套碗或套塔，跟宝宝面对面坐好，妈妈先示范一下正确的玩法，按照大小顺序依次套起来，然后放到宝宝的手里，一起将套碗或套塔拆散。接下来就可以跟宝宝一起玩，跟宝宝说："先找一个最大的出来。"两两相比，"红色的是最大的吗？跟黄色的比比看看哪个大？"诱导宝宝指出哪个大，指对了就表扬宝宝，指错了就纠正，最后挑出一个最大的"哦，原来红色的果真是最大的呀！"接下来按照同样的方法逐个选出最大的，交给宝宝一个一个套进去。

下一次玩套塔或套碗就可以再换个方式，妈妈假装找错了，套的时候，配着夸张的语气："哎呀，太大了，放不进去，帮妈妈找个小点的好吗？"或者说："哦，太小了，有很多空当啊，宝宝找个大点的。"或者玩到最后，发现剩下一个："啊，怎么剩下一个，哪里漏了？"重新玩过。

上下左右来辨方向

知识导读： 宝宝对左右、上下等方向位置的认识可以增强他的方位意识，早期培养宝宝的方位意识非常重要，不仅能提高宝宝的思维能力和动作协调能力，还能普遍提高宝宝的智力水平，而且能给以后的入学教育打下一个良好的基础。

9个月的宝宝已经有了"客体永久性"的概念，玩具丢了知道回头去找，有了一定的空间感知能力，爸爸妈妈不妨教宝宝辨别上下左右的方位概念，平常对宝宝说话时常用些方位术语，比如：

1. 在给宝宝取奶瓶时说在桌子上边，给宝宝拿玩具时告诉他是在箱子下边，让宝宝自己去取皮球时说在抽屉里面，宝宝要用小毛巾时，告诉他在外面晒着，能让宝宝对空间有整体感知。

2. 在上下楼梯或搭乘楼梯时，可以告诉宝宝要上楼了，或是下楼了，可以更直观地帮宝宝建立上与下的空间概念。

3. 有意识地教育宝宝向左、向右怎么转，这样训练一段时间后，宝宝能有比较深刻的感知，起到良好的效果。

宝宝满 11 个月了

满 11 个月宝宝的体格标准

满 11 个月宝宝的体格标准如下：

体格指标	男宝宝	女宝宝
体重（平均）	9.83 千克	9.18 千克
身长（平均）	75.30 厘米	73.70 厘米
头围（平均）	46.10 厘米	44.90 厘米

满 11 个月宝宝具备的能力

大动作能力——能够扶站了

大多数宝宝现在已经能够扶站了，也能够顺利地爬楼梯，爬上爬下都不成问题。坐着的时候非常平稳，而且能够毫不费力地坐到一个小椅子上。另外，在大人用一只手牵着的情况下还能走路，不过走起来摇摇晃晃的，平衡感很差的样子。

精细动作能力——能够握笔涂鸦

手部动作的灵活性明显提高，能玩弄各种玩具，能推开较轻的门，拉开抽屉，把杯子里的水倒出来，还能够满把握笔涂鸦，将书打开再合上等。但是需要旋转手腕的动作，比如拧开门锁还无法完成。

感知能力
——慢慢理解事物之间的联系

宝宝现在开始会进行有意识的活动，能够指出图画中特别的部分，看到自己熟悉的部分会很兴奋。此时，他逐渐理解事物之间的联系，开始建立起空间、时间、因果关系，例如知道小木球可以投到瓶子里，知道妈妈倒水入盆就等待洗澡，知道把杯子拿开可以拿到杯垫，听到"汪汪"声就想起小狗，等等。

人际交往能力——会"吃醋"了

宝宝自我意识的增强，让他对妈妈有了一定的占有欲，喜欢别的小朋友，但绝不许妈妈抱他们。自我意识的增强还让宝宝有了害羞的感觉，可以观察一下他见到别人时的表现。

语言能力——越来越喜欢说话了

宝宝现在变得越来越喜欢说话了，除了会说简单的几个词如"爸爸""妈妈""奶奶"等，还会说出一连串语义不明的词，不但会跟大人啊啊呜呜、咿咿呀呀，流利地说出一串串别人不懂的话，还会自言自语，嘟嘟囔囔。

第12个月

本月重点问题：
什么时候给宝宝断奶最好

家长：什么时候给宝宝断奶好？

宝宝能够很好地吃辅食了，是否可以给宝宝断奶了，还是让宝宝多吃些母乳更好呢？

问题解决 世界卫生组织和国际母乳协会都提倡最好将母乳喂到宝宝2岁及2岁以上，但是由于工作和传统习惯等原因，大部分妈妈可能做不到这一点，妈妈可以根据自身的情况尽量坚持到你能坚持的时间再给宝宝断奶，如果坚持不了更久，最少也要喂满6个月，如果能坚持到1岁时更好。

为什么要母乳喂养到两岁

从生理和心理两个方面来看，母乳喂养都对宝宝的成长有巨大的帮助。在生理方面，母乳在1岁之后可以提

供宝宝大量的营养帮助他们大脑发育，而其中有些成分是无法复制的，同时能够进一步增强宝宝的免疫力；在心理方面，1～2岁正是孩子的探索期，他们常常在对外界的常识当中受挫、受伤，没有比母乳喂养更健康的方式，让他们找回安全感了。所以我们鼓励妈妈们能够母乳喂养到2岁甚至更大。

什么情况下必须尽快断奶

有些宝宝特别依恋母乳，甚至只吃母乳，不吃辅食也不吃其他奶类，这样的宝宝需要尽快断奶，如果不及时断奶，对宝宝的身体和心理都将产生不良影响。

首先，此时仅靠母乳的营养已经不能满足宝宝的身体需求了，尽管有的妈妈乳汁特别丰富，宝宝只吃母乳也能吃饱，但只吃母乳不吃辅食或者很少吃辅食，时间长了，会导致营养不良。而且在宝宝需要接受其他食物

口味和学习咀嚼的关键时期如果只吃母乳会对宝宝今后的饮食习惯造成非常不利的影响。

其次，对母乳依恋特别严重的宝宝如果不及时断奶，还会影响宝宝个性发展，以至于他不愿意承认自己是独立存在的，独立性特别难建立，特别黏人，妈妈和宝宝都会感觉疲累。

因此，特别依恋母乳的宝宝，及时断奶是必要的，在满 1 岁时可尽快、坚决地断，否则越晚越难断。

❖ 可暂时不断奶的情况

妈妈乳汁丰沛，还愿意再喂一段时间，那是很好的，但仅限于宝宝对母乳不是很依赖的情况，如果宝宝母乳和辅食都吃，而且辅食吃得很好，母乳喂养坚持时间越久越好，最好坚持到宝宝 2 岁。这样的宝宝，到最后断奶的时候其实也几乎不需要采取断奶的手段，只要不喂了就可以，宝宝不会特别要求，不给吃了也不介意，对妈妈来说是最省事的。

营养与饮食指导

饮食习惯逐渐固定

快一岁的宝宝，咀嚼能力增强，消化能力也更完善，饮食习惯基本上可以固定，一般一日三餐两点，加两顿奶。由出生时的以奶类为主，逐渐向以辅食为主。

奶可以安排在早上第一顿和晚上最后一顿，一般是早上六七点和晚上七八点，每次给奶粉 250 毫升左右，其他的时间吃辅食，肉类每次 20 ~ 40 克，蔬菜、豆腐等每次 80 ~ 100 克，谷类食物 100 ~ 150 克左右，时间安排在午餐、晚餐时间。在两餐之间还需要再给些水果，50 ~ 120 克就够。

添加种类丰富的辅食

随着宝宝饮食习惯的固定，妈妈可添加种类丰富的辅食给宝宝，如面包、面条、通心粉、薯类、蛋、肉、鱼、肝、豆腐等都可以吃了，四季各色蔬菜、水果可以让宝宝都吃点，另外，海产品紫菜、海带，含油脂丰富的坚果如核桃等也可以吃了，还可以用些黄油。宝宝每天要吃包括肉、蛋、奶、蔬菜、水果等在内的辅食 10 种左右，每个月吃过的辅食种类最好能达到 30 种。

多采用不同食物种类，是保持宝宝旺盛食欲的一个要点，另外，烹调时多变换花样也是很必要的，不要让宝宝吃腻辅食。

饭要做得漂亮好看吸引宝宝

将不同颜色、不同性能的主食混合在一起烹饪，不但种类更丰富，营养更全面，而且由于主食的色彩丰富，更能吸引宝宝的注意力，刺激食欲。

八宝饭

将家里常吃的白米饭换成由黑米、白米和小米，加上泡松软的红豆、绿豆等粗粮，组成"八宝饭"，能够增加膳食纤维的含量，营养更丰富。提请注意的是，如果是豆子饭，应将豆子煮烂，并让宝宝充分咀嚼，以免宝宝误吞进入气管。

二米饭

是八宝饭的简化版，用两种米或者大米与一种粗粮，如大米和小米、大米和玉米小碴子煮成米饭即可，这样可以增加宝宝食物的种类。

红薯饭

红薯富含淀粉和人体必需的铁、钙等微量元素，其氨基酸、维生素A、B族维生素、维生素C及纤维素的含量都高于大米与白面。妈妈可以将红薯与大米一起焖成红薯饭，也可以将红薯切成楔形条状，装在塑料袋中，再加入2茶匙菜籽油和少许盐，反复摇晃使红薯条外层均匀附着油和盐，放置在400℃烤箱中烘烤25分钟做成自制薯条，作为宝宝的餐后点心。

粥类

粥类主食的操作空间很大，如八宝粥、水果粥、皮蛋瘦肉粥、菜粥等，都是宝宝不错的选择。但妈妈也不要为了宝宝营养均衡而长期让宝宝喝粥，这不利于锻炼宝宝的咀嚼能力。

面食类

用燕麦、玉米面、小米面等杂粮混合的面粉来代替平时常用的白面粉做成面食，能够增加四倍的纤维含量。

给宝宝适当吃些粗粮

知识导读： 所谓粗粮就是除了精白米、精白面之外的谷类食物如小米、玉米、高粱米等以及黄豆、绿豆、红豆等各种豆类。

粗粮有利于健康，但要吃得科学合理，才能更好地发挥效用，否则可能适得其反。

吃粗粮要适量

宝宝吃粗粮每周1次即可，1次摄入的推荐量为5~10克，吃多了容易消化不良，出现腹胀现象，还可能影响某些营养素如铁和钙的吸收。肥胖宝宝和便秘宝宝可以适当增加。

粗粮应搭配细粮

粗粮中的植物蛋白质所含的赖氨酸、蛋氨酸、色氨酸、苏氨酸普遍低于动物食品中的蛋白质，并且利用率也不高，如果跟细粮搭配就能得到有效提高，可以做八宝稀饭、玉米红薯粥、小米山药粥等，也可以大豆配玉米面或高粱面做窝窝头，或者小麦面粉配玉米面或红薯面蒸馒头，等等。

怎样烹调粗粮

粗粮毕竟粗糙，不好咀嚼，宝宝有可能不喜欢，另外宝宝的肠胃功能毕竟还不太完善，对于粗粮中的"不可溶性纤维"消化能力较成年人要弱很多，所以做粗粮食品时，宜精细，也就是粗粮细作，以下的几种做法，妈妈可以参考：

水果燕麦羹

将燕麦片煮熟冷却后，加入适量牛奶，把几颗葡萄干、去皮的苹果、甜瓜都切成小丁加入，然后放到火上，加热至70℃左右，再加入一些猕猴桃果粒、橘子瓣等，放温喂给宝宝吃即可。

奶香玉米汁

准备一些嫩玉米洗净，在锅中放入适量水，加一点黄油或色拉油，然后将玉米放入煮熟，捞出后用刀将玉米粒切下，放到粉碎机里，再倒入一点煮玉米的水，搅拌成汁，然后加适量的牛奶或椰浆即可喂食。

什锦杂粮饭

将适量的红豆、芸豆、花生、核桃仁等其中一种或几种材料提前在凉水中浸泡1晚，然后将大米、紫米、糯米、小米等几种或一种洗净，同泡好的豆类或坚果一起放入电饭煲中，加入适量水和椰浆，然后加一些去掉枣核的红枣、蜜饯或果脯等，点一些烹调油，然后小火煲煮，所有材料都煮得熟烂即可。

小饼、发糕

粉状的粗粮如玉米粉、豆粉等可以与面粉混合，然后加入鸡蛋、牛奶等，和成面团，醒发一两个小时后，加入适量泡打粉，揉搓均匀后，分成等量的几份，上锅蒸成发糕或者用煎锅做成小饼即可。

粗粮加了奶或椰浆味道特别香，一般宝宝都会喜欢。另外，市售的荞麦面条、玉米面条、杂豆面条都是美味营养的粗粮食品。

偶尔让宝宝吃些苦味食物

知识导读： 苦味以其清新、爽口而能刺激舌头的味蕾，激活味觉神经，也能刺激唾液腺，增进唾液分泌；还能刺激胃液和胆汁的分泌。这一系列作用结合起来，便会增进食欲、促进消化，对增强体质、提高免疫力有益。

炎热的夏天，宝宝食欲差，父母可适当让其吃些苦味食物，如莴苣、生菜、芹菜、茴香、香菜、苦瓜、萝卜叶、苔菜等。在干鲜果品中，有杏仁、桃仁、黑枣、茶叶、薄荷叶等，必定能增进宝宝食欲。

宝宝已经对吃奶不感兴趣了，可以断奶吗

一岁以下的宝宝有时候会出现没有任何明显理由突然拒绝吃奶的情况，通常被称为"罢奶"或"生理性厌奶期"，往往与生长速度放慢，对营养物质的需求量减少有关系，一般在宝宝已经吃了很多固体食物，身体已经适应通过母乳以外的食物摄取营养的情况下发生，这个过程大概会持续一周。这段时间过去后，随着运动量的增加，奶量又会恢复正常。所以，当妈妈发现宝宝突然之间不爱吃奶时，不要认为是到了该断奶的时候。如果妈妈此时奶水还比较充足，喂奶的时间也充分，这时断奶比较可惜，至少母乳喂养到一岁。

宝宝尿便／睡眠／洗护指导

宝宝不肯洗脸怎么办

宝宝不愿意洗脸应该有他的原因，或是怕黑，或是因为水弄到眼睛里了，或是把宝宝擦疼了……

给宝宝洗脸要温柔

因为宝宝皮肤很嫩，洗脸时可能妈妈都是按照平时给自己洗脸的方式给宝宝洗脸，有时可能会弄疼宝宝，小宝宝们的记性很好的，如果第一次洗脸弄疼了宝宝，以后洗脸肯定就会不配合了。所以，妈妈每次给宝宝洗脸的时候，可先准备好温水，让宝宝坐在凳子上面，然后用手蘸些水，轻轻地把宝宝的脸打湿，然后轻轻地在宝宝脸上揉揉并按摩几下，边洗边跟宝宝说话，多夸夸宝宝。可以将毛巾换成纱布（要纯棉的）给宝宝擦脸，因为纱布擦脸软软的，不会弄疼宝宝。

把握宝宝的心理

把握宝宝的心理很重要，如宝宝往往对感兴趣的事愿意去做、宝宝喜欢听表扬的话、宝宝喜欢自己动手等。所以，对付不肯洗脸的宝宝，妈妈要使用一些小技巧。

1. 让宝宝选择用具：把东西放在宝宝够得着的地方，让宝宝自己挑选

盥洗用品，宝宝用起来会更有兴趣。例如，1 ~ 2 岁的宝宝喜欢印动物、小人头的毛巾。给宝宝使用无刺激性的香皂，以免刺激眼睛，从而觉得洗脸很不愉快。把用剩下的小皂头切成小片缝在小口袋里，制成一个"自动"香皂器，让宝宝用手指蘸着皂液把手和脸洗干净，宝宝会觉得很好玩。

2. 要调动宝宝对洗脸的兴趣，比如，大人做个示范，把洗脸和玩结合起来，引起宝宝的兴趣。

3. 给娃娃洗脸。一般来说，宝宝都喜欢模仿，妈妈拿个小动物、娃娃，一边给宝宝洗脸，一边给它们洗脸，也可以让宝宝给娃娃洗脸，妈妈就给宝宝洗脸，慢慢地宝宝自然会喜欢上洗脸。

4. 表扬宝宝。宝宝一般都爱漂亮，洗完了告诉他很漂亮，很白，他会喜欢的。

5. 奖励宝宝。在洗澡间贴一张图表，宝宝每次饭前便后都洗手，就在上面画个红色的勾；当宝宝把脸和手洗得干干净净坐在饭桌前时，就可赢得一张笑脸贴在图上；另外，当分数攒够一定数目后，奖励宝宝一个他喜欢的玩具或者他爱吃的点心。

宝宝罗圈儿腿怎么办

知识导读： 2 岁前宝宝呈现 O 形腿大多属于正常现象，90% 以上都能自动矫正，恢复正常。

宝宝膝盖发展过程

医学上，把 O 形腿称作膝内翻，把 X 形腿称作膝外翻。婴幼儿在发育过程中，伴随着年龄的增长，会历经从膝内翻到正常，再转变为膝外翻再到正常的过程。一般来说，新生儿是膝内翻，至 2 岁时接近正常；2 岁后逐渐成轻微的外翻，至 10 岁再恢复正常。10 岁以后，绝大多数人会保持正常或略呈 5° ~ 10° 的膝内翻，这都在正常生理范围之内，无须治疗。

给宝宝补充维生素 D

父母在宝宝 2 岁前发现宝宝是罗圈儿腿，不必着急，更不能用绷带把宝宝的双腿缠起来，希望借助外力强行把他的腿矫正变直。正确的办法是适当补充维生素 D，同时督促他积极

进行运动，改善肌肉张力，让腿在生长发育过程中慢慢纠正过来。

让宝宝习惯坐便盆

在宝宝可以自己蹲下起立后，妈妈就可训练宝宝坐便盆了。

让宝宝习惯便盆

让宝宝习惯便盆，把它当作自己日常生活的一部分，对训练宝宝排便非常重要。可以先在早餐后、洗澡前或任何他很可能会大便的时间让宝宝不脱裤子坐在便盆上，宝宝习惯后再让宝宝习惯在便盆上排便。如果宝宝不愿意坐在便盆上，一定不要强迫他，

或硬把他按到那儿，不然宝宝就会越来越反抗得厉害。

控制宝宝坐便盆的时间

宝宝每次坐便盆的时间不能太长，不用非等拉完才结束，开始时不能超过5分钟。不要将便盆挪作他用，比如当作椅子、玩具等，让宝宝坐在上面吃东西、玩耍，这样做不利于宝宝正确认识便盆的用途，而且宝宝坐在上面不专心，不利于排便习惯的建立。训练要持之以恒，一旦开始了就坚持下去，只有这样宝宝才能真正形成习惯。

专家这样说

宝宝现在控制小便的能力并不强，每次都便在便盆里不太现实，妈妈不要勉强宝宝，也不要频繁把尿，以免宝宝尿频。

宝宝还不能控制小便是正常的

知识导读：每个宝宝都有其自然成长规律，有的宝宝1岁以后就能控制大小便了，有的宝宝先会控制小便，可有的宝宝先会控制大便，有的宝宝到了2岁还不能控制大小便，这些都是宝宝的正常现象，并不是说早早就能够控制尿便的宝宝就更聪明。

此时的宝宝，大多数都能够坐便盆或者顺从父母把便，但也有的宝宝可能仍然不愿意配合，甚至有的宝宝

前一段时间很配合，这段时间突然变得叛逆，总是把的时候不尿，一上床就尿，这让父母很生气。这里提醒父母不要用不换湿裤子或湿尿布的方式来惩罚宝宝，认为宝宝穿了湿裤子或湿尿布，感觉难受下次就改了尿裤子的毛病是不对的。

湿裤子或湿尿布的湿冷感觉有可能让宝宝受凉，导致感冒，另外，尿液的腌渍也会刺激宝宝皮肤，有可能加剧宝宝尿裤子的现象。所以，尿湿裤子一定要及时更换。其实，现在宝宝还不能控制小便是非常正常的，妈妈不能因此责怪宝宝。当然，有的宝宝可能学会了表达，但偏偏不表达，这也是正常的，妈妈不要生气，宝宝可能突然有一天就会主动告诉妈妈自己要大小便了。

常见疾病防护

过敏性咳嗽

小儿过敏性咳嗽的临床表现主要是：早上一起床无原因的咳嗽几下，晚上睡觉前也咳嗽，睡到半夜也要咳嗽，虽听到喉间有痰，但孩子们很难咳出来，呼吸道过敏性咳嗽的小儿睡觉可闻呼吸音粗，打呼噜，容易夜间无诱因的咳嗽一阵，严重的可伴有恶心。咳嗽，成为孩子唯一的症状表现。

疾病特点

1. 宝宝咳嗽常发生在冷热交替或季节交替的时候，或者春暖花开花粉较多的春季；

2. 宝宝有爱揉眼睛、揉鼻子或者爱挠头皮的表现；

3. 宝宝睡觉时特别爱出汗，不老实，还不喜欢平躺着睡，而是喜欢蜷着身子睡；

4. 反复发作，咳起来比较剧烈，而且呈阵发性；

5. 宝宝咳嗽的时间较长，一般都超过 3 个月了；

6. 宝宝虽然咳嗽，但是不发烧，咳出来的痰是稀薄的白色泡沫样的；

7. 咳起来的时候，呼吸较急；

8. 宝宝咳嗽一般晚上睡下后比白天要严重。

治疗方法

若经医生判断宝宝确为过敏性咳嗽，应服用抗过敏的药。对家族有哮喘及其他过敏性病史的宝宝，咳嗽应格外注意，及早就医，明确诊断，积极治疗，及时发现哮喘。

预防措施

要防止宝宝患过敏性咳嗽，需注意防寒保暖，避免着凉、感冒；避免食用会引起过敏症状的食物，如海产品、冷饮等；家里不要养宠物和养花，不要铺地毯，避免接触花粉、尘螨、油烟、油漆等；不要让宝宝抱着长绒毛玩具入睡；被褥要常晾晒。

在玩耍中开发宝宝能力

唱儿歌，学称呼

几乎所有的宝宝都喜欢儿歌，儿歌朗朗上口，对于发展宝宝的语言表达能力十分可行，宝宝快 1 岁了，认识不少亲戚了，学学怎么称呼亲戚是很必要的，爸爸妈妈不妨借助儿歌来帮助宝宝更快地学习：

《称呼歌》

见长辈，会称呼，行礼问好要记住。

妈妈的姐妹我叫姨，爸爸的姐妹我叫姑。

妈妈的哥哥我叫舅，爸爸的弟弟我叫叔。

妈妈的妈妈叫外婆，妈妈的爸爸叫外公。

爸爸的妈妈叫奶奶，爸爸的爸爸叫爷爷。

尊敬长辈有礼貌，称呼我都记得熟。

这首儿歌可以帮助宝宝正确地叫出爷爷、奶奶、外公、外婆、叔叔、阿姨等称谓，爸爸妈妈还可以在儿歌中加入一些真实的情景，让宝宝

➕ 专家这样说

爸爸妈妈要学会把儿歌融入游戏中，相比儿歌，多数宝宝更喜欢游戏，宝宝在游戏中最愿意交流和表达。

能迅速地分辨该叫"爷爷"还是"叔叔"等。

练习下蹲站起

知识导读：单独蹲着需要小腿部肌肉的发育和大脑的平衡能力，从蹲位不扶东西站起来更需要下肢和臀部肌肉的力量和平衡稳定性。下蹲和站起训练要能学会蹲下去而不是坐在地上，宝宝大概要到1岁半左右才能掌握，而且要经过反复训练才能做到。

1岁左右的宝宝，虽然能力有限，但对新鲜事物的好奇心很大，在妈妈的帮助下，可以完成下蹲站起的动作，这时候对宝宝进行下蹲站起训练，不但可以训练宝宝的大动作能力，还可以训练宝宝的空间运动感。

下蹲站起的练习方法

1.妈妈蹲着握住宝宝的双手腕，宝宝与妈妈面对面站着。

2.待宝宝站稳时妈妈说"蹲下"指令，同时将宝宝双手轻轻下压，此时宝宝通过上臂力下沉而下蹲。

3.蹲姿维持数秒钟后，再缓缓向上拉起，使宝宝随之起立。

练习下蹲的动作依靠玩具效果更好，妈妈可以在低矮处放些玩具，妈妈扶住宝宝的腋下让宝宝蹲下去取玩具。

培养宝宝独自玩耍的能力

知识导读：在宝宝情绪好的时候，

父母可将一些玩具放在宝宝周围，让他自己玩一会儿，训练宝宝自己玩玩具，有利于养成从小独立支配自己的好习惯。

由于宝宝的个性差异很大，所以究竟让宝宝自己玩多长时间要视具体情况而定。应注意不要宝宝一闹就抱，但也不要让宝宝哭得太厉害。可以有计划地逐渐延长宝宝自己玩的时间，宝宝独自玩耍时，父母应经常留心观看，确保宝宝的安全。

另外，当宝宝伸手拿东西拿不到时，妈妈可以引导他使用"工具"去拿，而不是代他去拿。比如桌上有一块糖，宝宝够不着，很着急。妈妈不要替他拿，而是给他一根筷子或一个长柄勺。宝宝可用勺把糖拨到近前，但要时刻注意宝宝的安全。如果宝宝不明白，妈妈可以提醒他去做。

宝宝满 1 岁了

满 1 岁宝宝的体格标准

满 1 岁宝宝的体格标准如下：

体格指标	男宝宝	女宝宝
体重（平均）	10.05 千克	9.40 千克
身长（平均）	76.50 厘米	75.00 厘米
头围（平均）	46.40 厘米	45.10 厘米

满 1 岁宝宝具备的能力

大动作发展——坐、蹲、站

有些宝宝在这个时候，能够顺利地从坐位转到蹲位，再转到站位，然后迈步走几步，走累了或害怕了会再次转为蹲位然后坐下，也有些宝宝还不能独立行走。

精细动作发展——学会搭积木

此时的宝宝可以把积木一块一块地装到盒子里，再一块一块地拿出来，还能把积木搭起来，能够把小球放入盒子中，还可以把书打开，翻书页，然后再合上书，经过练习还会穿珠子、投豆子等。

感知能力
——能够明白消失的物品还在

一岁的宝宝已经能够认识身体部位三四处，认识动物大约 3 种，还知道跟它们相关的一些事，比如小狗会"汪汪"叫，小鸟在天上飞，小鱼在水里游等。另外，他已经明白在眼前消失的物品不表示永远消失，能够把大人当面藏起来的物品找出来，而且已经明白了物品和容器的关系，可以把父母当面盖上的盒子打开，然后取出里面的玩具。

人际交往能力——喜欢模仿

宝宝尽管与父母以外的人能很好地相处，但是仍然不愿意妈妈离开，对妈妈的依恋感有所加强，一旦分开，会有很强烈的反应。另外，他现在喜欢模仿大人或其他小朋友的动作，喜欢跟小伙伴玩，可以把自己的玩具给小伙伴，也会想要其他小伙伴的玩具。

语言能力——能说出一些单词

一岁的宝宝，大多能比较清楚地说出 5 ~ 10 个单词，常常用一两个词表达自己的情绪和意思，父母注意观察宝宝是否会用动作辅助语言表达，比如说"不"的时候摇头，观察宝宝会不会发出一些惊叹词或经常模仿父母的声音。另外，宝宝能对大多数的指令做出正确的反应，很喜欢听指令做事，受到表扬后表现得很兴奋。

第二部分

幼儿期

经过一年的成长，有的宝宝已经蹒跚学步，有的正在牙牙学语，当然也有了自己小小的个性。这个时期的宝宝智力发育很快，接触外界环境的机会也增多，爸爸妈妈们要从现在开始早期教育，保证足够的亲子时间，也要注意关注宝宝的健康。

1岁~1岁3个月

本阶段重点问题：
怎样教宝宝走路

家长：怎样教宝宝走路

宝宝1岁1个月，还不会走路，隔壁的孩子都能走得很好了，要怎样训练呀？

问题解决 宝宝到9~10个月大的时候，经过扶栏的站立已能扶着床栏横步走了，这就是宝宝学走的开始，但从扶走到独自行走还需要一个较长的过程。

❖ 宝宝学步期的发育情况

第一阶段（10~11个月）：此阶段是宝宝开始学习行走的第一阶段，当父母发现宝宝在放手后能稳定站立时，就可以开始尝试让宝宝走路了。

第二阶段（1岁）：蹲是此阶段重要的发展过程，父母应注重宝宝"站—蹲—站"连贯动作的训练，这样可增进宝宝腿部的肌力，并可以训练宝宝身体的协调度。

第三阶段（1岁以上）：此时宝宝扶着东西能够行走，接下来必须让宝宝学习放开手也能走2~3步，此阶段需要加强训练宝宝的平衡能力。

第四阶段（13个月左右）：此时父母除了继续训练宝宝腿部的肌力及身体与眼睛的协调度，也要着重训练宝宝对不同地面的适应能力。

第五阶段（13~15个月）：宝宝已经能独立行走，对周围事物的探索增强，父母应该在此时满足他的好奇心，使其正向发展。

❖ 教宝宝学走路的方法

宝宝若已经有了独立行走的愿望和能力，就可以开始训练独走。

训练可以在室内或室外进行。在室外进行时，可选在比较平坦的草坪或泥土地上，妈妈手拿一个宝宝比较喜欢的玩具，在距宝宝两三步远处逗引其走过去，爸爸则在宝宝背后随时注意保护他，在以上练习完成较好的基础上，还可逐渐增加宝宝和成人间的距离。在室内进行时，让宝宝面对着妈妈，背靠着墙或家具站立，妈妈在距宝宝两三步远的地方拿玩具逗引他，让他向妈妈走过来。为充分练习宝宝的独立行走能力，大人要注意慢慢向后退，以加大距离，同时也不要忘记及时夸奖一下宝宝的勇敢和能干。

❖ 防止学步期的宝宝摔跤

学步期宝宝的心思说变就变，而且他的记忆力相当惊人。他也许还记得昨天小屁股被跌疼了，也许觉得累了，所以今天怎么也不肯走。妈妈在宝宝学步的时候要注意照顾好宝宝，千万不要让宝宝摔跤，否则会延长宝宝学走的时间。

营养与饮食指导

幼儿合理的膳食结构

🔔 **知识导读：**满 1 岁的宝宝，牙齿有 6～8 颗，咀嚼能力提高很多，消化酶活力也较强，辅食就不再被称作辅食了，辅食已经成为宝宝的常规饮食，可以按照一日三餐两点心的节奏安排。

宝宝早、中、晚三餐都可以跟大人一起吃，在每两餐之间加些点心，点心可以是牛奶、饼干、蛋糕、馒头干搭配各种水果或果汁，至于吃多少可以由宝宝自己决定，没吃饱他自然会要，吃饱了就自然拒绝再吃。

宝宝每天至少吃 10 种以上食物

因为一日三餐成了宝宝主要的营养来源，所以一定要认真安排，最好能做一份每周食谱，将一周的饮食提前设计、安排一下，做成表格。做成表格之后，有什么不足，什么类型的食物太多了，什么类型的食物太少了，就可以一目了然，可以进一步做出调整。

做完了食谱之后，可以数一数，一般每天进食的食物种类包括主食、蔬菜、水果、调味料在内，在 10 种以上，一周的食物种类达到 30 种以上就可以满足宝宝的身体需求了。

一日食物举例

粮食 2 种：小米、白面，或大米、燕麦，或紫米、白面。

肉蛋 2 种：鱼肉、鸡蛋，或虾肉、鹌鹑蛋，或猪肉、鸡蛋，或鸡肉、鸡蛋。

蔬菜 3 种：绿叶菜如白菜、菠菜、芹菜、芥菜、生菜、香菜等；果实菜如西红柿、甜椒、黄瓜、小瓜等；根茎菜如莴苣、萝卜、胡萝卜、土豆、莲藕、山芋等。

水果2种：热性的如橘子，中性的如苹果，凉性的如葡萄。

奶1种：配方奶，也可以喝少量酸奶。

保证每天适当的奶量

🔔 **知识导读**：配方奶等乳制品能为人类提供丰富的优质蛋白质，营养价值很高，不但在婴儿期，而且即使长大以后，宝宝也应该适当地喝点配方奶（或是吃一些乳制品）。

合理安排宝宝喝奶的时间和量

如果宝宝已经断奶，妈妈要及时给宝宝补充配方奶。对于刚断奶的宝宝来说，只靠三餐正餐是不能满足宝宝营养需要的，必须给宝宝喝配方奶，每天至少两次，早晨起来喝1次，晚上睡觉前半小时或1小时喝1次。建议每天喝300毫升左右。如果宝宝1次能喝180毫升，甚至更多，妈妈也不要怕宝宝积食，而有意减量。如果宝宝1次只能喝100毫升，不要硬逼宝宝多喝，试着在中午前后再给宝宝喝1次。如果宝宝最近一段时间不喜欢喝奶，也不要强求，可以多想些办法，或在饭菜上下功夫，保证宝宝的营养需要。

宝宝不喜欢喝配方奶怎么办

如果宝宝不喜欢喝配方奶，妈妈要想办法让宝宝喜欢。方法有很多，但具体到某一个宝宝，可能所有的方法都不灵，或有一天，妈妈没有再费劲，宝宝突然喜欢上喝配方奶了。总之，没有最好的方法，适合你的宝宝的方法就是最好的。如果你的宝宝不喜欢喝配方奶，不妨试一试下面的方法：

1. 在配方奶中加入宝宝喜欢吃的食物，如喜欢吃的米粉、蛋黄、奶伴侣等。

2. 自制一些宝宝爱吃的小点心，在里面加入配方奶。

妈妈应注意不要逆着宝宝的兴致来，当宝宝对喝配方奶表示厌烦时，妈妈切不可和宝宝较劲，不喝配方奶就不给其他食物，这样不但影响宝宝的营养摄入，还会让宝宝产生焦躁情绪，更加厌烦。

多给宝宝吃含铁的食物

知识导读： 宝宝很容易出现贫血，而贫血会导致浑身无力和倦怠，在日常饮食中，妈妈要注意让宝宝多吃富含铁的食物，预防宝宝缺铁性贫血。

1～3岁的宝宝每天平均需要6.9毫克铁。

妈妈可常给宝宝吃一些富含铁的食物。如牛肉、羊肉、猪肉、动物的内脏（肝、心、肾）、蛋黄、黑鲤鱼、虾、海带、紫菜、黑木耳、南瓜子、芝麻、黄豆、绿叶蔬菜（西蓝花、菠菜）、水果干（杏干、无花果干、葡萄干、梅干等）、谷类面包等。

另外，维生素C能促进铁吸收，因此，动、植物食品混合吃，可让铁的吸收率增加1倍。比如，宝宝吃饭后，让他喝杯稀释后的果汁（1份果汁兑10份水），或者给他吃一份含有新鲜水果和水果干的水果沙拉，可给宝宝补充充足的铁。

让宝宝尝试易致敏食物

宝宝已经满1岁，身体功能提高很多，消化能力增强，免疫力也有所提高，以前不敢吃的食物都可以尝试一下了。

宝宝可以尝试的食物

高致敏食物——如蛋清、花生酱、蜂蜜、鲜牛奶、鱼、虾、螃蟹等可以陆续添加。

难消化的食物——如大豆及大豆制品、牛蒡、藕粉等都可以食用一些了。

含铁量比较丰富的常见食物（毫克/100克食物）

食物	铁含量	食物	铁含量	食物	铁含量
大米	0.7	菠菜	2.9	瘦猪肉	3.0
小米	5.1	海带	4.7	猪肝	22.6
玉米面	3.2	芹菜（茎）	1.2	猪血	8.7
绿豆	6.5	油菜	1.2	瘦牛肉	2.8
红小豆	7.4	葡萄干	9.1	鸡肉	1.4
芝麻酱	58.0	红枣（干）	2.3	鸡血	25.0
海米	11.0	黑木耳	97.4	鸡蛋	2.3

1次添加1种

给宝宝添加易致敏食物一定要遵守添加辅食的原则，初次少量添加，没有不良反应再增多，1次只添加1种，如果过敏则需要过一段时间再尝试，等等。

宝宝早餐一定要吃好

宝宝的早餐不要像成人早餐一样简单，也许成人的早餐几片面包、一杯奶或者一碗粥、一个馒头就搞定了，但是给宝宝准备早餐不适合如此，最好丰富一些，因为宝宝的胃容量有限，但活动量又较大，同时还需要大量的营养促进生长，所以不能简单。

下面的一周早餐食谱搭配，妈妈可以参考一下。

周一：全麦面包、牛奶、蒸蛋羹、菠菜拌粉丝。

周二：椒盐花卷、烧肉、牛奶麦片粥、胡萝卜汁。

周三：奶黄包、煮鸡蛋、豆浆、海米油菜。

周四：蛋糕、盐水肝、酸奶、番

茄汁。

周五：豆沙包、荷包蛋、豆奶、黄瓜蘸酱。

周六：包子、牛肉青菜粥、苹果。

周日：馄饨、凉拌芹菜胡萝卜、牛奶、西柚汁。

妈妈可以参照这些食谱帮宝宝搭配早餐，关键是早餐中谷类、肉类、蔬菜最好都准备一些，这样才能供给宝宝充分的蛋白质、脂肪和碳水化合物，让宝宝在早餐时就摄入足够丰富的营养。

宝宝喝豆浆有讲究

知识导读： 除了牛奶，豆浆也是很好的同时能补充优质蛋白质和钙质的食物，如果购买添加钙质的豆浆，其中含有 200 ~ 400 毫克的钙，完全可以与牛奶中的 300 毫克的钙含量媲美。

豆浆不能代替牛奶

豆浆中不含有牛奶中所含的八种氨基酸，所以无法满足宝宝的营养需求，而豆浆中的植物雌激素含量较高，喝太多豆浆的宝宝在成年后患乳腺癌的风险要高于其他宝宝，性发育也容易出问题。因此，宝宝可以尝试喝一些豆浆，但豆浆不能完全代替奶类食品。

宝宝喝豆浆的注意事项

给宝宝喝豆浆有讲究，注意以下几点：

1. 一定要煮熟。煮沸 3 ~ 5 分钟然后饮用，饮用生豆浆容易发生恶心、呕吐、腹痛、腹泻等中毒症状。

2. 不要擅自加浓。如果是自己在家榨豆浆，不要随便增加浓度，反而应该适当稀释，每人份的量不要超过干黄豆 50 克的用量，以免过于浓稠，增加肾脏负担。

3. 不要空腹喝豆浆。空腹喝豆浆，豆浆里的蛋白质容易在体内转化为热量而被消耗掉，营养价值得不到充分利用。

4. 不要在豆浆里冲鸡蛋。蛋清会使豆浆中的胰蛋白酶失去营养价值。

5. 不要在豆浆里加红糖。红糖里的有机酸和豆浆中的蛋白质结合能形成沉淀物，不但失去原有的营养价值，还增加了消化负担。喝豆浆时，可以加白糖，但必须在离火后再加。

哪些食物有助于宝宝长高

注意均衡饮食、不挑食、按时吃饭，并适量多吃下面五种食物，对宝宝长高有促进作用。

黑大豆：大豆是公认的高蛋白食物，其中黑大豆的蛋白质含量更高，是有利于成长的好食品。做米饭时加一些，或者磨成豆浆喝都可以。

鸡蛋：鸡蛋是最容易购买到的高蛋白食物。很多宝宝都喜欢吃鸡蛋，特别是蛋清含有丰富的蛋白质，非常有利于宝宝的成长。有些妈妈担心蛋黄中含有的胆固醇对宝宝健康不利，但是处于成长期的宝宝不用担心胆固醇值，每天吃 1 ~ 2 个鸡蛋是比较合适的。

牛奶：牛奶中富含制造骨骼的营养物质——钙，而且容易被处于成长期的宝宝吸收。虽然喝牛奶不能保证宝宝一定会长高，但是身体缺乏钙质肯定是长不高的。所以多喝牛奶是不会有坏处的。每天喝 3 杯牛奶就可以摄取到成长期必需的钙质。

胡萝卜：胡萝卜富含维生素A，能帮助蛋白质合成。宝宝一般不喜欢吃整块的胡萝卜，所以可以做成不同的菜肴。比如，榨汁喝，如果宝宝不喜欢胡萝卜汁，可以跟苹果一起榨汁中和胡萝卜的味道。此外，做鸡肉、猪肉、牛肉时可以把胡萝卜切成细丝一起炒，这样不仅可以调味儿，营养也更丰富。

菠菜：菠菜中富含铁和钙。很多宝宝都不喜欢吃菠菜，所以不要做成凉拌菜，可以切成细丝炒饭，或者加在紫菜包饭里面。

➕ 专家这样说

妈妈不要盲目听信广告，给宝宝吃所谓的能促进长高的"生长激素"或"补品"，这类激素类药物对一般的矮个儿宝宝无效，而且还会给宝宝的身体带来不良反应。

断母乳指导

自然断母乳的方法

🔔 知识导读： 自然断母乳法最主要的特点就是循序渐进，逐渐拉长喂母乳间隔，减少喂母乳次数，坚持2~3个月以后，把剩下的唯一一顿断掉，断母乳就大功告成了。

具体可以这样做：如果宝宝现在每天要吃5次母乳，早起1次，上午1次，下午1次，傍晚1次，睡前1次，那么开始断母乳后，就可以尝试改为4次母乳，可先从上午的那次开始减少，上午的1次改为喂配方奶或者辅食。经过1~2周适应后，可再减去下午1次的母乳，之后再减去傍晚1次。

形成习惯的那顿母乳，如早上睡醒后、午睡前或晚上睡觉前必须吃的那一顿就比较难断，比较难用辅食或奶粉替代。在断这一顿母乳的时候，可以从改变宝宝的习惯开始，比如，早上妈妈早早起床，中午让别人带宝宝外出玩耍，让他不能在这个时间

吃到母乳，慢慢地宝宝就会忘记这个习惯。

减少宝宝对乳头的依恋

知识导读： 如果宝宝没有对乳头的依恋，到了断母乳期，宝宝会很自然地顺利断母乳（甚至是宝宝主动不吃了），不需要强制性地断母乳。

为了更顺利地断掉母乳，妈妈从现在开始就要注意减少宝宝对吸吮乳头的依恋倾向。如果妈妈乳汁不是很多，应该在早晨起来、晚睡前、半夜醒来时喂母乳。吃完饭菜或奶粉后，宝宝是不会饿的，即使宝宝有吃母乳的要求（妈妈抱着时，头往妈妈怀里钻，用手拽妈妈的衣服等）妈妈也不要让宝宝吸吮乳头，最好转移宝宝的注意力或将宝宝交给家里其他的看护人。

不要把乳头当宝宝安慰剂

从准备断母乳开始，妈妈就要减少宝宝对乳头的依恋，不是宝宝因为饿了要吃母乳，妈妈绝不能把乳头给宝宝当安慰剂，时不时地让宝宝吮吸。同时，在整个断母乳过程中，妈妈都要给予孩子足够的爱和安全感，从而减少宝宝对母亲和母乳的依赖。

打乱吃母乳规律有助于断母乳

宝宝吃母乳其实也是一种习惯行为，到了一定的时间就会自然而然想吃母乳。如果能把这种习惯打破，模糊他吃母乳的概念，让他在固定的时间吃不到固定的母乳，对顺利断母乳也是很有助益的。

首先，在准备断掉的那顿母乳前给宝宝吃些辅食或点心，不要让他因为饥饿而想起吃母乳这件事，坚持时间久了他就会忘掉这一习惯。

其次，宝宝一般在睡前，像午睡、晚睡前都习惯找妈妈，顺便吃母乳，吃着母乳入睡或者吃完母乳才能安心睡，很多妈妈也习惯在宝宝犯困烦躁的时候用母乳安慰。在断母乳的时候，这种习惯可以打破，在宝宝犯困的时候，把他交给爸爸或者其他的人，让宝宝跟别人玩，玩累了自然就睡了，慢慢地，宝宝就会模糊了睡前想要吃母乳这件事。

一直坚持下去，总是让宝宝不能定时地吃到母乳，他就会慢慢淡忘吃母乳的事，断母乳就更容易成功。

给宝宝断掉夜奶

进入断母乳准备期，妈妈最主要的一件事就是给宝宝断掉夜奶。

一般的宝宝在这个阶段只吃一次夜奶，直接断掉即可，吃两次的比较少，如果一夜要吃两次，那就先断一顿，过一段时间后再断另一顿。

断夜奶时，晚上最后一顿饭可以安排得晚一些，比如，晚上11点或12点吃最后一顿饭，夜间喂两次的改喂一次可能就够了，而夜间喂一次的可能就不用再喂了。另外，在最后一顿奶之前还可以喂些米粉，米粉比较扛饿，可能会让宝宝安睡一夜。

提醒妈妈，有时候宝宝夜间醒来不一定就是饿了，抱起来安慰一下或者给他喂点水，如果宝宝不闹了，那就可以让他继续睡了。如果宝宝自己已经不吃夜奶了，那就千万不要再把他叫起来喂了，他没醒说明他不饿。

专家这样说

断夜奶对宝宝的身体是有好处的。断了夜奶后，宝宝会逐渐习惯整夜睡觉，更有利于生长发育。如果继续吃夜奶，宝宝肥胖的可能性更大一些，而且容易生龋齿，所以在宝宝能接受的时候夜奶还是要断的。但是，如果宝宝就是不接受断夜奶，也不能让他扛着，还是要喂的，直到宝宝自己接受不吃夜奶才行。

断母乳阶段减少母婴接触的时间

知识导读： 我们不赞成采取母子长时间分离从而实现断母乳的做法，但是适当地、短暂地进行母子分离对断母乳是有利的，而且基本不会影响宝宝情绪和母子感情。

宝宝如果整天跟着妈妈，时不时就会想到吃奶的问题，所以在宝宝断母乳时妈妈需尽量少跟宝宝接触，以减少宝宝对妈妈的依赖，最好有爸爸以及其他家人积极参与到断母乳过程中来，让宝宝跟其他人建立起亲密关系，宝宝对妈妈的依赖就会少一些。

宝宝想吃母乳时妈妈避开

在通常喂母乳的时间段，妈妈避开，让宝宝在该吃母乳的时间吃不到母乳，从而促进断母乳顺利进行。宝宝吃母乳其实也是一种习惯，到了吃母乳时间不吃就像缺了什么一样不安，把这种习惯改掉，断母乳就能顺利些。所以，每到吃母乳的时间，妈妈可以暂时消失一段时间，让宝宝跟其他人相处，把这一顿母乳错过去，这样宝宝意识不到自己没吃母乳这个问题，吃母乳的习惯也就维持不下去了。

别让宝宝随意接触妈妈的乳房

在断母乳阶段，妈妈最好穿得"多点"，不要穿吊带、低胸类的衣服。别让宝宝轻易掀开衣服摸到乳房、吃到母乳。另外，可以在身上喷点香水，掩盖乳汁的味道。还有，别让宝宝看到电视里、画册里宝宝吃母乳的情景，以免勾起他吃母乳的念头。

总之，断母乳不宜粗暴，为了让宝宝在不知不觉中把母乳断掉，妈妈和家人要多做些努力和尝试。

传统的断母乳方法可以尝试吗

知识导读： 一般提倡妈妈采取自然方法（即逐渐减少宝宝吃母乳的次数）来实现断母乳，因为这样断母乳过程会比较平静，妈妈和宝宝都不会感觉痛苦。

传统上有很多断母乳法，比如，在乳头上涂抹辣椒、绑线、涂颜色、贴胶布等，还有让宝宝跟妈妈完全隔离，虽然也能断母乳，而且快速彻底，但不提倡。

传统断母乳法容易伤害宝宝感情

宝宝吃母乳不仅是满足身体需求，也是一种感情慰藉，突然断掉容易让他变得很没安全感，以为妈妈不要自己了，陷入深深的焦虑中，反应严重的宝宝会在断母乳的同时，连配方奶、辅食都一同断掉，不肯吃了，即使吃其他食物食欲也不太好，对身体造成极大的影响。有的宝宝还会通过吮手指、被角、妈妈的衣物等来获得安慰，形成癖好，严重影响心理健康。

传统断母乳法妈妈更痛苦

骤然断母乳对妈妈来说也比较痛苦。其实妈妈也需要时间来适应断母乳过程，如果骤然断母乳，妈妈的乳汁仍然分泌旺盛，妈妈被涨奶的痛苦困扰也是很严重的。如果还采用了隔离断母乳法，涨奶的同时，妈妈还特别思念宝宝，心理压力也很大。

所以，这些极端的断母乳法虽然见效快，但建议不要采用，最好用自然断母乳法。

日常护理与安全指导

延时洗澡提高免疫力

🔔 **知识导读：** 洗澡可以清洁皮肤，减少细菌滋生，而且能促进血液循环、消除疲劳、帮助睡眠，还有提高食欲的作用，是很经济有效的保健方式，所以宝宝应该勤洗澡。如果宝宝在洗澡的时候，有意识地延长洗澡时间，还可以提高宝宝的免疫力，助他远离感冒。

延时洗澡最好从夏天开始，冬天水温下降快，室温也较低，不要延时，以免宝宝着凉。

具体可以这样做：每次洗澡，在原本正常洗澡的时间上再延长5分钟，但是在这5分钟里不要再添加热水，让宝宝的身体逐渐适应正在下降的水温。宝宝的机体适应能力会在这个过程中得到提高，在天气忽冷忽热的时候，就不那么容易感冒了。

宝宝晚上不愿睡觉怎么办

🔔 **知识导读：** 有研究认为，孩子的生长激素白天分泌少，晚上入睡后1个小时左右增多，而且一般在晚上10点至凌晨1点为分泌的高峰期。宝宝入睡太晚，对他的生长发育是不利的。所以，父母还不能任由宝宝迟迟不睡觉。

宝宝不愿睡觉的常见理由

1.作为上班族，爸爸妈妈可能每天都要在六七点钟甚至更晚才能回到家里。宝宝好不容易把爸爸妈妈盼回家，可是不久就要睡觉了。他很可能会因此抗拒睡眠。

2.睡前仍在看喜欢的动画片或者玩游戏，宝宝就会很难从兴奋状态一下子过渡到睡眠状态。他需要一些时间让自己平静下来。

3.白天的小睡时间太长，晚上已经没有了疲劳感；或者午睡的时间太晚，离晚间睡眠时间相隔超不过4个小时，他可能一点睡意也没有。

3招把宝宝早点儿哄上床

1.把睡眠时间一点点地提前。当宝宝找各种借口推迟上床时间时，父母可以先做一些合理的让步：你可以多待1个小时（具体时间由你来定），但是必须在自己的房间里，可以看书，但不能看电视，到时间我就要关灯了。一定要说到做到，慢慢地，宝宝的睡觉时间就会逐渐提前。

2.不要用白天的小睡填补夜间睡眠的不足。午睡不要太晚，保证晚上入睡前有4个小时以上的清醒时间。即使睡得晚，早晨也要在规定的时间叫醒宝宝。开始时，他可能会因为没有睡足觉而疲倦或哭闹，但父母需要坚持，好让他的生物钟调整到最佳的睡眠状态。

3. 珍惜睡前故事时光。很多宝宝一直到 10 岁前，都希望在睡前与父母一起度过一段特殊的安逸时光，比如，一起聊天、读书，让你给他按摩后背，或者安安静静地和你待在一起。对宝宝来说，这些都是非常重要的睡前例行活动。父母不要觉得这是一种负担，也不要因为放心不下那些永远也做不完的家务活儿而匆匆地从宝宝的床边逃离。每天睡前充满爱意的例行活动，对宝宝的健康成长很重要。

小提示：给宝宝讲故事，时间最好不超过 15 分钟，也不要边讲边表演。

拿走对宝宝有危险的物品

这个年龄段的宝宝，有极强的好奇心，什么都想摸，什么都想动，如果父母总是说"这个不能动""那个不能碰"，就会遏制幼儿的好奇心和探索精神。

父母应该给宝宝创造一个适合这个年龄宝宝玩耍的空间；有危险的物品、不能让宝宝动的东西，一定要放在宝宝拿不到的地方，这样就减少了对宝宝说"不"的频率，减少对宝宝的限制。

用行动阻止宝宝触碰危险物品

如果宝宝拿了不该拿的东西，妈妈不要总是说"不要动"，而是应该用行动去阻止宝宝。这个年龄段的宝宝对妈妈说话的内容没有更深的理解，宝宝在意的不是妈妈说了什么，而是妈妈的态度和行动。如果妈妈在说"不能动"的同时，把宝宝抱开，或把不允许宝宝拿的东西拿走，宝宝就会知道妈妈的意思了。

当然，妈妈的命令和行动，对于这么小的宝宝来说并没有长期的作用，用不了多久，宝宝还是会去动那些东西。这是幼儿特有的好奇心使然，妈妈生气也没有用，妈妈需要做的是把不安全的东西都拿走，不能拿走的，要妥善处理，防止危险事情的发生。

制止等于提醒

这么大的宝宝还有一个显著的特点，就是你越不让他干的事情，他越要去干，对于危险的事情，在他没干之前，你若给予提醒，就相当于告诉他去做。所以，妈妈不要总是跟宝宝说"你不要动那个东西呀，那个东西危险""你不要爬到沙发上去呀"等。

自理能力训练

宝宝什么时候能控制大小便

有的宝宝1岁以后就能控制大小便了，有的宝宝先会控制小便，有的宝宝先会控制大便，有的宝宝到了2岁还不能控制大小便。

父母不要过于担心，也不要通过语言和行动让宝宝感到他是个笨孩子，是个没有用的孩子。不要给宝宝挫败感，更不需要采取激烈办法去训练他。有同样大孩子的妈妈们喜欢在一起交流经验，这不是件坏事，问题的关键是，不同孩子在控制尿便的能力方面存在着千差万别，别人的经验对你的宝宝不见得管用。

训练宝宝排大便

知识导读： 宝宝长到1岁以后，一般都能坐、站、行走、蹲、起了，这说明他们的肌肉、神经已有了一定的发育。从生理上看，他们开始能够控制便便的"存"与"放"；从心理上看，宝宝也能听懂大人的指示，了解去厕所是什么意思。因此，此时应该有意识地开始对宝宝进行上厕所的训练。

训练宝宝大便会比训练宝宝小便要容易，最主要的是妈妈要识别宝宝想要大便的信号，并慢慢教会宝宝表达想大便的意思，时间久了，宝宝便能准确控制大便了。

识别宝宝要大便的信号

家长要仔细观察，发现宝宝在游戏时突然不动了，或在活动中突然用手摸着腹部、出现哭闹等情况，就说明可能是有了便意。这时，家长可以把宝宝带到厕所，指着便盆问他："是不是要拉臭臭呀？"如果宝宝点头，家长便可以教孩子脱下裤子，蹲下，自己解决。

排泄用语

宝宝需要学会用语言或手势告诉父母他们要大小便。宝宝怎样表达都可以，如上厕所、大便、小便、解手、拉屎、尿尿，使用哪个词都可以，只要父母能明白宝宝的意思就行。

注意事项

1. 不要让宝宝在排便时干其他事情，如不要让宝宝边解大便边玩玩具，不要让宝宝大便时看书，不要在宝宝大便时讲故事等，让宝宝专心排便。

2. 如果宝宝顺利完成排便，要给他鼓励和称赞；如果宝宝一时没控制住，弄脏裤子，家长也不要大声责备，以免让他们产生挫折感。

训练宝宝排小便

知识导读：要想让宝宝懂得自己控制尿尿，必须等到脑、神经、肌肉都完全发育后才可以，而且，每个宝宝的能力也不尽相同。一般情况是，宝宝在15个月前是控制不住尿的，即使有了尿意懂得告诉妈妈，但完全有可能不能忍到

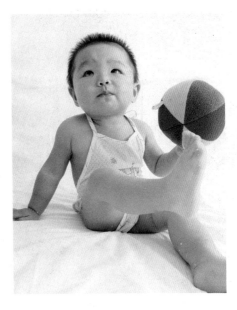

妈妈拿来便盆就已经尿在裤子上了。

当宝宝12个月大时，已经能够听懂妈妈对他的要求了，所以从这时起，可以对他进行排尿的训练了。

宝宝12个月

发育特征：宝宝在短时间内还不能自己控制排尿，但他通常在吃过东西后就要尿尿，可以让宝宝先熟悉便盆。

对妈妈的建议：

1. 可以让宝宝在尿盆上坐上一阵子，但不要指望他一定能尿。

2. 不要让宝宝坐得太久，这样宝宝会觉得这件事很讨厌。

3. 宝宝坐便盆时，妈妈要鼓励他排尿，如果宝宝真的尿在便盆里了，妈妈一定要及时称赞他。

4. 若宝宝刚一离开便盆就尿出来，妈妈也不要责骂他，一定要有耐心。

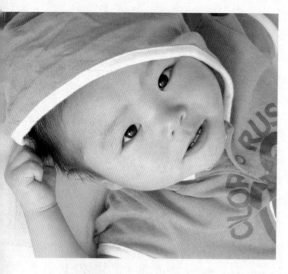

宝宝 15 个月

发育特征：宝宝开始有尿急的感觉，但仍不能控制住，很快就尿出来了。

对妈妈的建议：

1. 不时地问宝宝要不要尿尿，如果宝宝说"不"，通常是他不想。

2. 当宝宝向妈妈表示要尿尿时，说明已经很急了，很可能不能忍耐多久就尿裤子了。

3. 当妈妈认为宝宝应该尿尿时，而宝宝却通常会说"不"，不一会儿可能又会尿裤子，这时妈妈不要生气。

宝宝 18 个月

发育特征：宝宝控制排尿的神经及膀胱已经基本发育完成。

对妈妈的建议：

1. 宝宝可以向妈妈发布更多的排尿信息了，但还会出现失误。

2. 妈妈可以带宝宝去厕所一起小便，宝宝都喜欢模仿大人。

宝宝 21 个月

发育特征：这个时候的宝宝排尿次数增多，但发生"意外"的机会也增多。

对妈妈的建议：

对宝宝增多的"意外"应该感到自然，当意外尿在裤子里时，赶快给他换裤子，而不是责骂，并告诉他下次一定注意。

宝宝 2 岁

发育特征：宝宝已经懂得使用便盆排尿了，而且为此感到骄傲，他会要求妈妈离开他，独自一人排尿。

对妈妈的建议：

如果宝宝提出要上厕所，妈妈可以带宝宝去厕所，帮助宝宝坐好，自己则在不远处观察宝宝即可。

宝宝 2 岁半

发育特征：宝宝已能控制排尿，白天不会尿在裤子里。

对妈妈的建议：

1. 睡前 2 个小时尽量不要给宝宝喝水，临睡前带他上厕所。

2. 放个便盆在床旁，以便宝宝需要时使用。

3. 在宝宝的床单下铺一张塑料布，以防宝宝尿床尿湿褥子。在宝宝 3 岁左右，培养他一夜不尿或少尿床。

宝宝尿湿裤子不要打骂

宝宝大小便的意识增强了，有时能够告诉父母他的需求，或者在父母的提醒下主动去蹲便盆，但并不是次次都能如此，总有一些事故大小便，甚至有的宝宝在 1 岁之前就已经知道自己上厕所，但到了这个时候反而不能了，有时候会弄脏衣服和床铺。

很多家长苛求宝宝，一旦提醒宝宝时不尿，而后自己又尿了，就会责怪宝宝，甚至用呵斥打骂的方法来要求宝宝尿尿，但宝宝却实在无能为力，因为他也不想这样。婴儿的尿道括约肌、肛门括约肌，要在 3 岁左右才完全发育成熟。这是人控制便尿的生理基础。在此之前，宝宝是没有能力完全控制排便排尿的。

家长在发现孩子尿湿裤子后，不要立即给他换，因为这很容易给宝宝一种误导，以为解决排便的办法就是这样。应该把宝宝带到便盆前，指着便盆告诉他要怎样解决。然后再帮宝宝换掉裤子。

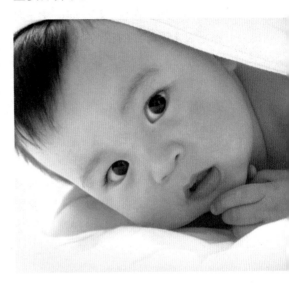

习惯和性格培养

培养宝宝物归原处的好习惯

知识导读： 宝宝很容易受环境的影响，妈妈如果把家里的东西摆放得井井有条，宝宝也会习惯于干净整洁的环境，不随便乱扔东西；反之，父母整天乱扔东西，宝宝自然也就学会了。

用完物品后再把它们放回原处，是一个非常值得提倡和引起重视的好习惯。但是，宝宝因为年龄小，自制能力差，也比较缺乏物归原处的意识，经常会出现用完东西后随手乱扔、需要时又找不到的情况。为了使宝宝的生活变得轻松和有条理起来，妈妈最好尽早培养宝宝用完物品后把物品放回原处的好习惯。

给宝宝属于他的空间

培养了宝宝物归原处的意识，妈妈还要帮宝宝规划一下自己的收纳空间，让宝宝知道什么东西该放在什么地方。比如，妈妈可以把放玩具的箱子涂上不同的颜色，让宝宝根据颜色的提示，把玩具摆放在应有的位置；还可以在鞋柜上贴两个可爱的小脚丫，提醒宝宝这是放鞋子的地方。妈妈还可以给宝宝准备一个分层、分格子的小书架，在每一层、每一格上都贴上表示所要放的东西的画片，使宝宝收拾好自己的东西后，能够按照画片的指引，把它们放到各自的地方，方便宝宝下一次取用。

和宝宝一起收拾

刚开始，宝宝肯定不知道怎么收拾，也没有这种意识。所以，父母必须指导宝宝，先做示范，可以和宝宝一起收拾；每次宝宝把玩具收拾完毕了，父母要及时表扬和鼓励他，如"今天，你把玩具收拾得很干净"等，表扬要具体到宝宝所做的事，通过不断地强化，能帮他逐渐养成自己收拾玩具的习惯。

让宝宝自己去做

等到宝宝慢慢知道玩完玩具要收拾之后，妈妈可以放手让宝宝自己收拾，跟宝宝说，那些玩具都是属于宝宝的东西，所以宝宝要自己将它们放到指定的位置。如妈妈可让宝宝学会把自己脱下来的衣服放进衣柜里，把自己不穿的鞋子放在鞋架上。等宝宝对这一切熟悉起来后，妈妈再教宝宝把漱口杯放在平时的地点，把垃圾筒放在门后，把用过的毛巾挂在挂钩上，等等。收拾完后要表扬宝宝。

提醒一点，如果宝宝哪天太累，或有了其他兴趣而没有主动收拾玩具，父母千万别批评，不妨问："你以前都做得非常好，今天怎么没收拾呀？"让宝宝自己去发现，并提醒宝宝：做事要有始有终。这时，妈妈再和宝宝一起去做。

多逗宝宝笑，让宝宝从小乐观开朗

知识导读： 笑是宝宝愉快情绪的表现，让宝宝经常展开笑容，将使宝宝更容易开放心理空间，接受、容纳更多的外界信息，并且乐意接近他人，有利于培养宝宝良好的情绪情感。所以，父母学会逗笑宝宝，对宝宝特别有益。

如何逗笑宝宝

1. 多向宝宝微笑，或给予新奇的玩具、画片等激发其天真快乐的反应，让宝宝早笑、多笑。

2.用手帕盖住宝宝的脸，几秒钟后，迅速扯下手帕，同时，发出"喵"的叫声，宝宝的眼睛会一亮，接下来就是咯咯直笑。

3.妈妈可以动一动脑筋，在实践中摸索出更多让宝宝咯咯笑的办法。

逗笑要适度

虽然多笑对宝宝很有利，但大笑有伤害，有损身体健康，容易发生意外，所以，大人在逗宝宝笑时，一定要把握分寸和尺度。

此外，不是任何时候都可以逗宝宝发笑的，如进食时逗笑容易导致食物误入气管引发呛咳甚至窒息，晚上睡前逗笑可能诱发宝宝失眠或者夜哭。

给宝宝一个快乐的家庭氛围

知识导读： 孩子的五官长相多是遗传造成的，并不是谁带娃就像谁。但面部表情、肢体语言及思维方式会与带娃的人如法炮制。要想孩子从小就爱笑乐观，家人首先要做个好榜样，多给孩子一些微笑，多给孩子一些积极向上的正能量。

孩子是天生的观察家，他会从大人的一举一动，甚至一个表情中明白很多事情。大人不快乐时，他也跟着不快乐；大人生气时，他会不知所措；大人伤心时，他也会难过。

家长不要总是摆着一副全世界都"对不起你"的表情，不要总想着不好的一面，更不要为了一点小事就郁

郁寡欢，让孩子整天生活在压抑，甚至充满"火药味"的家庭氛围中。

和谐快乐的家庭氛围，对于孩子养成乐观的个性是很重要的。如果家庭成员之间经常吵架，孩子在这种氛围中只会感到惊恐和不安。所以，爸爸妈妈应该为孩子创设一个轻松、愉快、平等的家庭氛围，使孩子获得充分的安全感和信任感，快乐地成长。

宝宝爱哭，妈妈不要发脾气

有的宝宝特别爱哭，如果正好赶上妈妈手里有别的事情，宝宝一哭，妈妈心里就烦，于是就冲着宝宝大发

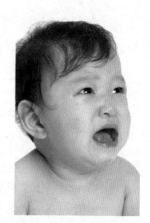

脾气。这种做法是非常不好的。如果是与宝宝接触最亲密的人，尤其是妈妈的情绪不稳定，如生气、沮丧、忧郁和焦虑等，往往容易"传染"给宝宝，从而使宝宝经常处于情绪紧张状态，更容易哭闹。所以，希望所有看护宝宝的人，尤其是妈妈，爱护宝宝，不要把不良的情绪"接种"给还不懂事的小宝宝，影响宝宝一生的心理发育。

孩子爱哭是正常的

其实，在我们的文化环境里，"哭"从来就是不被接纳的，从小我们得到的教育是："你要坚强！""爱哭不是好孩子！""哭一点用都没有！"因此，无数父母常常不能理解孩子在会讲话、会表达之后，为什么还那么爱哭。可事实上，如一句俗话所说"六月的天，娃娃的脸"，这说明娃娃的特质就是阴晴不定，高兴了笑，不高兴了哭，哭泣对孩子来说是再正常不过的一种情绪表达方式，是一种本能的反应。

及时回应宝宝的哭

正确的做法是在孩子哭泣的时候，家长先检查一下看是不是有什么身体伤害，如果没有的话，那么蹲下来拥抱孩子，用温柔的目光注视他，静静地陪伴他、倾听他，等孩子情绪变好、不哭的时候，告诉孩子："宝贝，哭没有用，遇到什么困难，一定要学会用语言表达出来，这样爸爸妈妈才可以理解你并帮助你。"

千万不要在孩子大哭的时候跟他讲大道理，或者勒令他停止哭泣。因为在孩子哭的时候他是什么也听不进去的，在他平静的时候跟他沟通，会让他更容易接受。家长尤其需要注意的是，不要被孩子的哭泣弄得暴躁，大发脾气，因为孩子总是从父母身上习得处事方式。如果父母总是以暴躁的脾气面对孩子的任性哭闹，孩子也会"学习"用暴躁的脾气面对他所不想面对的事情。

健康与急救

宝宝前囟什么时候闭合

知识导读： 正常情况下，宝宝头顶的囟门（前囟）一般在 12 ～ 18 个月闭合，囟门的闭合是反映大脑发育情况的窗口，如果宝宝的囟门在 6 个月之前闭合，说明宝宝可能小头畸形或脑发育不全，在 18 个月后仍未闭合，可能是疾病所引起的，父母需重视。

一般宝宝的囟门会在 18 个月前闭合，如果宝宝到了 18 个月大时，囟门还是没有闭合，妈妈就应该请医生帮宝宝仔细检查一下，以便找出病因及时治疗。最常见的原因是维生素 D 缺乏引起的佝偻病（俗称软骨病）。这时，建议父母请儿科医生检查一下，看看有无其他佝偻病的迹象，如头部呈四方形、双肋串珠状突起、腿脚呈"O"形或"X"形、手腕或脚踝肿起等。佝偻病宝宝还常常伴有烦躁、易怒、睡不安稳、出汗多等表现，学坐、站立和走路等动作也会迟一些。

单纯佝偻病引起的囟门迟闭，在治好佝偻病后不影响智力。若囟门迟闭是由于脑积水引起的话，智力大多会明显低下。脑积水除囟门大外，还会有大头、颅缝分离、头皮静脉曲张、双眼珠下沉和智力低下等表现。另外，甲状腺功能低下、侏儒症等疾病，囟门闭合也会延迟。

宝宝若还在吮吸手指需纠正

知识导读： 宝宝从两三个月开始吃拳头，后来又吃大拇指，这都是正常的，但是到了吃辅食之后，宝宝的吮吸欲望降低，而且手部动作发育很好，可以拿着玩具玩，就不会再经常性地吃手、吮吸手指了，除了出牙的时候，为缓解不适而吮指，其他时候很少。

幼儿吮吸手指多是缺乏安全感

如果宝宝已经一岁多但仍时不时吮吸手指，可能是他情绪上出现了问题，如感到恐惧、害怕、紧张等，这时吮指，可以让他感到安慰，从而缓解情绪上的不安。因此，父母要仔细

找原因了，看到底是什么原因导致了他的不安，一般都是父母对他比较疏忽，没有给予充分的情感安慰，或者是宝宝突然失去了很亲近的人，换了新环境等感到不适而引起的。

幼儿吮吸行为要尽早纠正

吮指如果形成癖好，就很难戒掉了，手指常常浸泡在唾液里，容易红肿、脱皮，时间长了连指甲都会脱落，而且长时间吮吸手指，会造成牙齿咬合不正的问题。长期吮指的宝宝还容易变得内向，影响正常的人际交往，因此宝宝的吮指行为还是要尽早纠正，在2岁左右最好杜绝这种现象。

纠正吮指好方法

1. 在宝宝醒着的时候，总让他的手指有事做，如摇小拨浪鼓、小摇铃。另外，抱他起来走动，在他刚要把手伸到嘴里时，把他的手指拿出来，逗引他看垂挂的玩具、听你唱歌等，转移他的注意力。

2. 在手指上涂上"有异味的东西"，如黄连、一点点咸味、一点点辣味，对刚形成吮指习惯的小宝宝很有用。

3. 不要批评，这样做会使他更加喜欢吮指以寻找安全感。

4. 孩子大一点了，可以带他看牙医，让牙科医生对他说不能吮指的话（事先和牙科医生说好）。

5. 对在睡前要吮手指的宝宝，可以在睡前给他讲故事，和他一起看图画书，甚至推迟一点睡觉，他累了，就不吮指也可以睡着了。

宝宝头部撞伤怎么处理

知识导读： 宝宝走路总是跌跌撞撞的，特别容易撞到头，当宝宝撞到头时，不要搓揉被撞部位，因为这样会让血液不容易凝固，反而使血肿更严重。你可以轻轻揉一下撞到的部位，以安抚宝宝，接着再进行一连串的后续处理动作。

宝宝头部撞伤后的处理

首先应检查一下伤口，看看伤口有没有流血，假如有流血，应用多层无菌纱布压迫出血点或压住伤口周围的皮肤，均可止血，并及时送医院就诊。如果没有流血，只是有些红肿，可用冰敷（24个小时内）的方法消肿。切记不要使用万金油、风油精等搓揉肿起来的部位，以免使血管破裂的情形恶化，而让出血状况更严重。

冰敷的方法是将碎冰装入塑料袋中，密封装好。然后用毛巾将塑料袋包起，敷在肿块处。不要将冰块直接敷在皮肤上。

处理后让宝宝多休息，一般来说，如果宝宝的意识清楚、语言表达顺畅、无其他异常，表示此创伤并未对他造成太大的伤害，家长可以不必太担心，只要多观察他后续有无其他变化即可。有异样时立刻就医，若是三天内并无异样，则发生变化的机会就很低。

出现以下情况应立即就医

头面部受伤的宝宝，一般都应去医院检查。如果在家休息，在受伤后2~3个小时至1日出现下列症状时，就应该马上送医院。

1. 平时很调皮的宝宝撞到头部后，变得很温顺，而且感觉很疲乏。

2. 全身或局部抽筋。

3. 头痛程度越来越严重。

4. 无法叫醒，或意识不清。

5. 极度的哭闹或躁动不安。

6. 一边或两边肢体呈现无力状态。

7. 无法正常走路、爬行或说话。

出现上述症状，说明宝宝有颅内出血的危险，应立即送往医院救治。

宝宝烫伤如何急救

知识导读： 烫伤或烧伤简单地说，可以分为三个程度：轻度、中度和重度。

1. 烫伤处皮肤仅有发红是轻度，可以不去医院，自行简单处理，一周左右愈合。

2. 烫伤处皮肤上面有水疱，有一些皮肤的破溃，这是二度，也叫中度的烫伤。

3. 烫伤处皮肤发黑，皮肤局部碳化，是重度的烫伤。

中、重度的烫伤，都要到医院，由专业的烧伤科医生来处理。

无论是哪种程度的烫伤，在护理的时候都要注意不要摩擦伤口，以免擦破，引起感染溃烂。

轻度烫伤

如果烫伤较轻微，仅是皮肤表面烫伤，皮肤红肿刺痛，可以用冷水先冲洗烫伤部位20分钟左右，使皮肤冷却，防止形成水疱。如果水疱已经形成，不能弄破，也不要涂抹药物，可在上面覆盖一块清洁的纱布预防感染。

中度烫伤

如果烫伤较重，皮肤不仅红肿，还起了水疱，皮肤破裂溃烂，并且有渗血、渗液等情况，要经医生看过，将患处浸入冰水中进行冷却，20~30分钟后即可舒缓疼痛，并预防深层组织受到破坏。

重度烫伤

如果皮肤已经被烫得变干硬、变白甚至呈现黑色，烫伤程度就很严重了，要十分小心地去除衣物，可以用剪刀把衣服剪开，慢慢取下，不要碰到皮肤，然后用冷水浸泡伤口或者用毛巾冷敷，并送医院治疗。

在玩耍中开发宝宝能力

翻书玩玩吧

知识导读：让宝宝练习翻书，可以锻炼宝宝手指小肌肉动作的灵活性，促进宝宝空间知觉的发展。

画面简洁、形象逼真有趣、色彩鲜明调和的图画书能引起宝宝极大的兴趣，通过边翻边认，边认边讲，宝宝能从中认识很多事物，获得简单的知识，提高语言及认识能力。

这样教宝宝翻书

妈妈可以找一本宝宝平时喜欢看的图画书，为了防止宝宝撕坏，最好是纸张比较好的或是用塑料装帧的。妈妈一边把易懂的画面情节讲给他听，一边手把手地教他翻书，等宝宝掌握翻书动作后可让其找书中他喜欢的特定图案，如小狗、小汽车、小花猫等。

宝宝还不会一页一页翻

这个年龄的宝宝刚学翻书时，由于手指小肌肉不够发达，不会一页一页翻书，可能一翻就是几页，对此妈妈应了解这个年龄阶段宝宝发展的特点，不要操之过急。只要宝宝翻找，不管他找得对与否，妈妈都应赞扬和鼓励他。

学说话，从宝宝感兴趣的东西入手

知识导读：调查显示，半数以上的宝宝会先说"妈妈"，大约15%的宝宝先叫"爸爸"，此外"车、奶奶、球、汪汪"等也是许多宝宝最先说出的词。妈妈可以从这些词教起。

学语言不是枯燥的模仿，以单调模式教宝宝是不容易奏效的，而且常常遭到宝宝的拒绝。因为有些语言，特别是那些较难理解或较难发音的词语，宝宝一时半会儿是讲不出来的，如果妈妈硬逼着宝宝"鹦鹉学舌"，只会使宝宝感到紧张和痛苦，失去学语言的兴趣。正是因为这个道理，妈妈先要发现宝宝对什么最感兴趣，如宝宝喜欢看电视，那么在播放少儿歌唱时，让宝宝坐在旁边看，妈妈一边做指导，告诉宝宝小朋友在唱什么，一边学着唱给宝宝听。

对于比较腼腆和内向的宝宝，妈妈应巧用心思，耐心引导宝宝开口。当妈妈发现宝宝喜欢动物玩具时，就给宝宝买来各种动物毛绒玩具，和宝宝一起做游戏，如动物音乐会、大象拔河、龟兔赛跑、小马过河等。妈妈不停地说"兔子跑、小马跑、宝宝跑不跑"，当宝宝反复听"跑"后，就慢慢会开口说"跑"字了。

把小熊找出来

🔔**知识导读：** 与人类智慧最密切相关的两个动作是舌头和手的动作，触觉训练主要是让宝宝经过手对物体的感觉来认识物体的性质。这种触觉刺激的认知必定会让宝宝体验到不用双眼认识物体的喜悦。

把小熊找出来

妈妈准备一个小箱子或布袋子，把不同质地的两个玩具，一个硬一个软，或一个光滑一个粗糙，如毛毛熊和塑料汽车，放入箱子或袋子中，让宝宝把手伸进去，然后告诉他："把小熊拿出来。"别让宝宝看到箱子里的物体，看他是否能仅凭手感把指定的玩具拿出来。当宝宝做对了，要夸奖宝宝，并总结一下两个玩具的不同触感："宝宝是怎么判断出来的，是不是这个毛毛熊绵软，小汽车很硬，还凉凉的呀。"随着宝宝长大，形容这些玩具触感的词可以不断增加。

用兴趣提高宝宝的记忆

🔔**知识导读：** 一岁多的宝宝有了明显的记忆力，能认识自己的玩具、衣物，指出自己身体的器官，如头、眼、鼻或口，还能找到成人说的东西，如妈妈问："电视在哪里？"宝宝会用目光寻找和用手指，这就说明他有了记忆能力。

此时宝宝记忆时间短

这时期宝宝的记忆保持时间很短，只有几天，不强化的话时间一长就会忘记。记忆还是不随意的，也就是无意识的，他们只对一些形象具体、鲜明、感兴趣的东西容易记住，记忆还很不准确。

记得自己感兴趣的东西

记忆和兴趣有很大的关系，宝宝对有兴趣的事物就容易记住，没有兴趣的事物他会视而不见，因此妈妈在培养宝宝的记忆力时，要根据宝宝的年龄、心理特点，给他提供感兴趣的东西，通过语言、玩具、画册等形式让宝宝记住一些东西，再通过多次的重复来增强宝宝的记忆力。

例如，如果宝宝喜欢看动物或水果的图册，妈妈可以用实物或图片让宝宝看一看、想一想"西瓜是哪一个""草莓是哪一个"等。

把手伸进瓶口

如果妈妈把一个装有小花球、瓶口比较小的瓶子给宝宝玩的时候，宝宝会把手指从瓶口伸进去，试图把瓶子中的东西拿出来。可是因为瓶口太小了，无论怎么努力，也取不出瓶子里的小花球。妈妈可以观察宝宝的表现：把瓶子丢到一边不再理会？开始大声叫？开始哭？抱着瓶子摇晃？翻来翻去地看瓶子？这些表现都有可能出现，宝宝的表现很正常。如果宝宝把瓶口朝下，希望小花球从瓶口中出来，宝宝有这样的表现，真是令人震惊。

当宝宝遇到这样的困难时，妈妈要及时帮助宝宝。妈妈可演示给宝宝看：将瓶子倒过来，小球就出来了。然后再把小球放到瓶子中去，再倒出来，反复做几次，然后再让宝宝做。

起初，宝宝可能仍然试图把手伸进瓶子里取出小花球，这并不表示宝宝笨拙。宝宝是在考验自己的手的能力：我的小手已经很灵巧了，怎么就拿不出瓶子中的小球呢？如果宝宝很快就模仿妈妈的做法，说明宝宝的模仿能力很强。如果你多次示范，宝宝仍然坚持将小手伸进瓶子里拿小球，就不要再让宝宝按照你的示范做了，可给宝宝一个大瓶口的瓶子，把东西放进去，让宝宝实现自己的愿望。

这样做是为了给宝宝自信。再过几天，甚至可能就是当天，宝宝可能会把瓶子倒过来，让东西从瓶口出来了。

宝宝 1 岁 3 个月了

满 1 岁 3 个月宝宝的体格标准

满 15 个月宝宝的体格标准如下：

体格指标	男宝宝	女宝宝
体重（平均）	10.68 千克	10.02 千克
身长（平均）	79.8 厘米	78.5 厘米
头围（平均）	47.0 厘米	45.8 厘米

满 1 岁 3 个月宝宝具备的能力

大动作能力——会走了

多数宝宝在满 1 周岁的时候能独立走几步，而到了 1 岁 3 个月的时候，则可以走得比较稳当，已经不容易摔倒了，喜欢推着童车到处走，而且能顺利借助较矮的工具向高处爬，如借着小凳子、矮桌子等爬到桌子上，能够独自爬上六七级台阶，有大人拉着的时候还能再向上走几级台阶。

精细动作能力——食指能力增强

宝宝在这个阶段对自己的食指能力非常着迷，看到小孔、小洞就会把食指插进去探索一番。

宝宝对拿着蜡笔涂涂画画已经很自如，不过握笔姿势还不正确，总是满把抓。

认知能力——认识身体部位

这个阶段的宝宝，认知能力进一步提高，会逐渐说出和指出身体部位的名称，并明白身体各部分的功能。

另外，对各种物品之间的关系有了更进一步的理解，会从盒子中取出积木，从瓶子中取出小球，拿开杯子拿到杯垫等。

满1岁3个月的宝宝能够连续翻书两次，他已经知道书可以连续翻下去。

人际交往能力——对小朋友感兴趣

这个时候的宝宝，对小朋友很感兴趣，但是不会跟小朋友玩，即使到了小朋友比较多的地方，也是自己玩自己的。看到小朋友的玩具会去争夺，或别人拿他玩具的时候会保护，不过，如果认真向宝宝要求，他也会把自己的玩具交出来。

语言能力——运用语言有目的

宝宝运用语言也是有意识、有目的的，比如，看到妈妈会叫"妈妈"，跟妈妈打招呼，饿了会喊"妈妈"，然后提出要求，要排便了会叫"妈妈"并指指便盆等，每一句"妈妈"都是有其实际意义的。宝宝运用语言的能力现在正经历着逐渐从单词向句子过渡的阶段，过一段时间可能就能够说一句短小的话，如"宝宝饿"。

不过也有的宝宝现在可能还没有开口，只要他能听懂大部分话就说明智力没问题，不必担心，只要多加锻炼就可以了。

1岁3个月~1岁半

本阶段重点问题：
若是计划生二胎

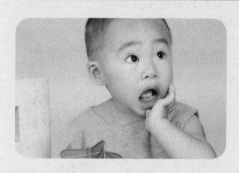

❖ 两个孩子相差几岁比较合适

很多妈妈选择在大宝1~2岁的时候怀孕，两个宝宝之间的年龄差为2~3岁。下面我们分析一下不同年龄差对宝宝和父母的影响。想生二胎的爸妈可以权衡下，如果想生二宝，到底年龄差多少对你们来说更合适。

差1岁

爸妈不用担心孩子的关系问题和大宝的情绪问题，经济上可以当双胞胎来养，相对轻松。但是两个宝宝差1岁对妈妈的体力是个很大的挑战，而且，以后两个孩子基本上所有的大事都是同步，中考、高考甚至出国，这样来说，短时间爸妈的压力会很大。

差2岁

2岁年龄差，孩子关系很好磨合。

但大宝萌发意识期，妈妈需要疏导其情绪。且大宝2岁时正好是好动的阶段，容易伤到二宝。

差3岁

这是一个让妈妈比较轻松的年龄差，大宝有哥哥或姐姐的意识，知道照顾弟弟妹妹，很有爱。不过孩子长大后，中考和高考时间重合，爸妈经济、思想都有压力。

差4岁

大宝不用手把手照顾了，照顾二宝的时间就充沛了，比较省心，而且不会影响到妈妈工作过渡和晋升。但二宝的花费需要从头再来一遍。

❖ 生二胎要跟"老大"沟通

一般来说，当听说父母要再生一

个小宝宝时，孩子的表现并不尽相同。有些孩子会很期待小弟弟、小妹妹的到来，也有些孩子会出现抵触的情绪，一说到小弟弟（妹妹）就发怒，说一些"我不要小弟弟（妹妹）""家里的好吃的都是我的""我要掐死他"之类的话。等到新生儿真正到来时，他们因为不愿看到这个新成员，甚至会做出一些过激的行为等。

孩子之所以会出现这种抵触情绪，是因为其内心安全感减弱，担心家庭系统变化，影响到自身独一无二的地位。一般来说，与父母之间安全依恋关系比较稳定的孩子，产生焦虑的程度相对较弱，而与父母依恋关系差的孩子，焦虑心理会更强一些。

生老二不一定会给老大带来伤害，两个孩子相互陪伴、分享，其实是提前适应社会化，好处有不少，但是对一些已经懂事的老大来说，要想让其接受老二，首先要在准备生二胎之前，和老大平等地交流沟通，引起其对弟弟（妹妹）的好奇心，消除其不安全感。告诉他，当弟弟（妹妹）出生后，你就是家里的大哥（大姐）了，世界都会变得不一样，让孩子对弟弟（妹妹）产生憧憬。

等老二出生以后，爸妈就要经常和老大保持交流了。弟弟（妹妹）不会走路讲话，是这么弱小，我们怎么帮他呢？你这么小的时候，就是爸爸妈妈帮助你的……找到一种适合老大年龄的表达方式，跟他一起陪伴老二

的成长。如果老大年龄大点，可以讲讲，你做哥哥（姐姐）的好处。

❖ 老二出生了，父母要多留意老大的情绪

很多家长在小宝宝出生后忙于照顾，很容易忽略老大的感受。尽管有很多孩子表面看上去很懂事，还会帮大人一起照顾小宝宝，但其实，孩子就是孩子，孩子的心灵有时非常敏感又脆弱，他们都需要妈妈的拥抱和一个爱的承诺。父母千万不要在老二出生后，就忽略了老大。给老二喂奶时，也把老大搂过来，不要让老大有差距感，进而觉得父母有偏向。当老大产生排斥情绪时，要表示理解，并主动跟他解释：妈妈并不是只喜欢弟弟（妹妹），妈妈对弟弟（妹妹）有时候照顾得多一些，是因为弟弟（妹妹）还小，就像你很小的时候，妈妈也这样照顾你一样；当老大还不能完全接受时，应适当接受他的坏脾气，绝对不能因为老大"吃醋"发脾气而训斥他。

相反地，妈妈应该多花点时间陪陪老大，不要让他认为有了弟弟（妹妹）爸爸妈妈就不爱他了，让他在心里感觉到父母是爱他的，有了弟弟（妹妹）会有人和他一块儿玩，他比别的孩子还幸福。

❖ 两个孩子闹矛盾，爸妈怎么处理最妥当

孩子闹矛盾不是坏事，能在冲突

中学习人际交往的方式，其实是好事。这时父母如果出面干涉，无原则偏帮老二，老大肯定不舒服，等父母走开，老大会欺负老二。这都是父母处理方式不当造成的。

孩子的特点是任何事情都会当成游戏，讲的道理他们不一定理解，尤其是年龄小的孩子。他们告状你就处理，很可能是他们认为好玩，你不如不处理，让他们自己解决，实在太闹，就把他们分开。分开是最好的惩罚，逐渐让他们了解，要想一起玩，就不要争吵。

另外，孩子有冲突一定有原因，很可能是这件事在他们这个年纪解决不了。父母应该尝试启发孩子们，有

没有更好的解决方案：比如，一样东西两人怎么分，一人一半，还是两人抽签或者轮流，学会把矛盾解决掉，让孩子在矛盾中学习解决问题的能力。妈妈可先示范如何玩玩具，再让他们玩，一个人玩的，就轮流。两个人可以玩的，就一起玩。

另外，如果生活中老大确实有做得不妥的地方，父母应该单独与孩子交流，尽量不要当着老二的面训斥老大；有些父母总是拿两个孩子进行比较，"你不乖，还是弟弟听话""你看姐姐就比你懂事"，这样的话尽量不要说；或是认为老谦让弟弟（妹妹）是理所当然的，这也会导致同胞间矛盾的激化。

❖ 这些话最好别对孩子说

父母有时候可能无心偏袒哪个宝宝，但容易在不经意间伤害孩子的感情，尤其是伤害老大的感情，让老大觉得自己是多余的，或是为了照顾弟弟（妹妹）而存在的。因此，父母要注意，以下这些话最好别对孩子说：

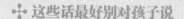

"你们两个，哪个乖就爱哪个。"

"谁乖就爱谁"会向孩子灌输"爱是有条件的"的错误观念。长辈这样的心态，会在不知不觉间加剧孩子们的竞争，为了争取长辈的爱，遮掩自己的真性情，以各种方法来取悦长辈。一些自信不足的孩子往往会认为长辈的爱不可靠，愈加自卑。

"弟弟（妹妹）一个人呢，快去陪他（她）玩玩。"

这种命令式的吩咐，只会令孩子反感。即使孩子陪弟弟（妹妹）一起玩，也未必出自真心。相反，年长的孩子会觉得父母只顾及小孩子的感受，却不理会自己，让大孩子感觉失落，这样无形中还可能加深兄弟姐妹间的隔阂。建议父母可以鼓励老大多跟弟弟（妹妹）玩，告诉他：两个人玩比一个人玩有意思多了，而且弟弟（妹妹）什么都不懂，你是哥哥（姐姐）懂得更多，可以做弟弟（妹妹）的老师。这样老大可能更容易接受，也更愿意带着弟弟（妹妹）一起玩。

"你是哥哥（姐姐），你要让着妹妹（弟弟）啦。"

老大抢老二东西时，家长会批评老大；可老二抢老大东西时，很多家长还是会批评老大，认为老大要让着老二。结果是老大就会很委屈；而老二呢，也会变得骄纵。

当孩子们之间没办法分享一个玩具时，就采取谁先拿到谁就先玩的做法，另一个人等待，慢慢地老大也不觉得委屈了，老二也不觉得哥哥什么都要让着他了，他们两个玩得很开心，父母也省了很多的事，孩子之间的事就让他们自己解决。

营养与饮食指导

让宝宝定点进餐

不管是和爸爸妈妈一起吃饭，还是宝宝单独吃饭，都要让宝宝有一个属于他自己的固定的用餐地点，而且要让宝宝在吃完自己的饭菜后才能离开座位，这样坚持要求，持之以恒，宝宝就会形成吃饭时间一到就去找餐椅的意识和习惯，而不致养成走到哪儿吃到哪儿的不良习惯。

吃饭的时候父母最好给宝宝一个属于他自己的位置，自己的餐具。餐具的选择要安全，最好选择塑料餐具，让宝宝坐好后进餐，妈妈最好将宝宝的餐位放在最靠内侧的位置不方便宝宝进出。

专家这样说

如果宝宝吃到一半就开始玩，也可能表示他不想吃了，吃饱了，所以就开始玩，此时应让宝宝离开餐桌，避免宝宝养成在餐桌边玩耍的习惯。

创造安静的用餐氛围

知识导读： 吃饭时是全家人坐在一起，大家都要专心吃饭，不要做别的事情，如看电视、谈事情等。父母是孩子最好的老师，言传身教和以身作则非常重要。请家长牢记，只要开始尝试，就必须坚持原则不能改变。

有的家长为了让不听话的宝宝吃饭，就打开电视机，趁宝宝盯着节目时，把饭塞到宝宝的嘴里，认为这种办法可以让宝宝多吃一些。其实这样的做法是错误的，开电视、玩游戏、人多吵闹，都不利于宝宝将注意力集中在食物上，更不利于喂养者和宝宝之间的交流，还会降低宝宝对食物的味觉敏感性和饥饱能力的控制性。

妈妈应该想办法让宝宝专心吃饭，每次用餐应选择一个安静、舒适、没有什么干扰因素的地方。妈妈最好专门为宝宝准备一把餐椅，一到吃饭的时候就让宝宝坐在上面，使宝宝产生"我要吃饭了"的心理暗示，提前进入吃饭状态。宝宝吃饭的时候，妈妈最好把电视关掉，并将宝宝视线范围内所有能影响宝宝吃饭的东西拿掉。

控制宝宝的进餐时间

有的妈妈可能担心自己的宝宝吃不饱，总是想方设法让宝宝多吃一些，甚至一顿饭要喂上 1 ~ 2 个小时的时间，以让宝宝摄取更多的营养。其实，这样会让宝宝养成吃饭慢、边吃边玩等不好的饮食习惯。

妈妈可把宝宝的进餐时间限定在 20 ~ 30 分钟，如果是吃得慢的宝宝，可适当延长进餐时间，最主要的是，妈妈需明白如果宝宝想吃，大部分宝宝都应该在前 20 分钟就吃完面前的食物了，过了这段时间宝宝就不会再

吃更多。因此妈妈最好不要拖延一顿饭的时间，使劲儿劝宝宝再多吃一些，而是等下次加餐或吃饭时间再给宝宝准备一些有营养的食物。

宝宝不爱吃饭的原因

宝宝不爱吃饭，妈妈很担心。但是，也许宝宝不爱吃饭正是由于妈妈自己的错误喂养导致的。妈妈应该尽量避免以下做法，以免造成宝宝不爱吃饭的后果。

进餐程序不规律

有的妈妈怕宝宝饿着，喜欢在快吃饭或刚刚吃完饭的时候给宝宝吃零食。这样会破坏宝宝的食欲，降低宝宝吃饭的兴趣。如果宝宝正餐没有吃饱，也不要在饭后很快就给他零食吃。妈妈可给宝宝制定一个规律、固定的进餐程序，等到下一次加餐或者正餐时再给他吃东西，宝宝有些饥饿会激发其吃饭的兴趣。

饭前给宝宝喝太多水

饭前喝太多水会破坏宝宝的胃口，妈妈切忌在吃饭前的 1 小时内给宝宝喝太多牛奶、鲜榨蔬果汁或含糖饮料。如果宝宝口渴，只给他喝点温开水就好，也可以让宝宝在饭前喝点汤，促进胃液的分泌。

给宝宝吃太多甜食

食欲不振的孩子，大多数很少喝白开水，他们只喝各种饮料，如橘子汁、糖水、蜂蜜水等。这样就使大量的糖分摄入体内，使糖浓度升高，血糖达到一定的水平，会兴奋饱食中枢，抑制摄食中枢，因此，这些孩子难有饥饿感，也就没有进食的欲望了。

此外，随着天气变热，各种冷饮陆续上市，常喝冷饮同样会造成孩子缺乏饥饿感。一是冷饮中含糖量颇高，使孩子甜食过量；二是孩子的胃肠道功能还比较弱，常喝冷饮会造成胃肠道功能紊乱，孩子食欲自然就下降了。

逼迫宝宝吃

有时候宝宝因为长牙、生病、缺锌、食量小等原因食欲较差，妈妈不能一味地强迫宝宝多吃，这样会让宝宝对吃饭更加反感。妈妈应该先排查宝宝不吃饭的原因，如宝宝在长牙、生病期间食欲不好，这是很正常的，待宝宝牙齿长出，疾病痊愈，自然就会吃了，妈妈无须太担心。如果没有其他客观原因，宝宝只是主观的不想吃饭，妈妈也不能强迫宝宝吃，而是应该将饭菜做得色、香、味俱全，以满足宝宝的口味，然后引导宝宝吃。

专家这样说

如果宝宝就一顿饭不吃，妈妈不必太担心，积极准备下一餐即可。但如果宝宝长期吃得少，并且体重偏低，或者妈妈怀疑宝宝不吃饭是由于某些身体原因导致的，可以去咨询一下医生，寻求医生的帮助。一般孩子缺锌时，也会有食欲差的表现。

怎样让宝宝乖乖吃饭

喂养孩子是一个技术活，很多家长在宝宝吃饭的时候就头疼，又是哄又是骗、恩威并施，可是宝宝还是不怎么买账，说不吃就不吃。要想宝宝乖乖吃饭，就必须有一些好方法。

尽早让宝宝学会自己吃饭

培养孩子自己吃饭比喂饭更辛苦，不但要费尽耐心手把手教孩子用勺、筷子，要收拾孩子洒在外面的食物、洗衣服，更让很多人不能接受的是——吃一顿饭花了三顿饭的时间。于是父母都宁愿喂饭也不愿让宝宝自己吃饭，也因此错过了好时机，宝宝便习惯了家人喂饭，不喂就不吃。

不少吃饭坐不住的孩子都是由父母喂饭的，所以孩子1岁后，父母就要让他学会用勺子自己吃饭，若他能自行吃光，就会有成功感，慢慢就能增加他对吃饭的兴趣。虽然开始会弄得满桌饭粒，脸上、身上一塌糊涂，但是这是必须有的一个开始。

不追着宝宝喂饭

家长千万不要捧着饭碗追着孩子喂饭，更不要一顿饭吃一两个小时，对于孩子来说，吃饭时间越长，胃口越差。有时孩子实在不愿意吃，就不要强迫，饿一顿没有关系的。但是在两餐之间尽量让宝宝少吃零食，因为零食吃多了，自然会影响下一餐的食欲。只要家长积极培养孩子规律饮食，孩子不爱吃饭的习惯是可以慢慢调整过来的。

了解宝宝进餐的心理特点

宝宝都有自己的吃饭喜好，妈妈要把握宝宝进餐的心理特点，让宝宝对吃饭更有兴趣。

好奇心强——宝宝喜欢吃花样多变和色彩鲜明的食物。

味觉灵敏——宝宝对食物的滋味和冷热很敏感。大人认为较热的食物，宝宝会认为是烫的，不愿尝试。所以，给宝宝准备的饭菜不要太热。

喜欢吃刀工规则的食物——宝宝对某些不常接触或形状奇特的食物，如木耳、紫菜、海带等常持怀疑态度，不愿轻易尝试，妈妈可将这些食物包入饺子中，宝宝自然会吃的。

不喜欢吃装得过满的饭——宝宝喜欢一次次自己去添饭，并自豪地说：我吃了两三碗。

喜欢用手抓东西吃——宝宝还不会用勺子又想自己动手，所以就喜欢用手拿食物吃，这时妈妈可以帮宝宝把手洗净，允许宝宝自己用手抓东西吃，待宝宝会使用勺子后就自然不会用手抓了。

多表扬宝宝

当孩子能够很安稳坐住吃饭时，不要忘了表扬他。或是饭后爸爸妈妈可以陪他玩一会儿作为奖赏，让他产生关于吃饭的快乐记忆，以后对吃饭就不会排斥了。爸爸妈妈平时也要有意识地多给孩子灌输"好好吃饭，长得更快，变得更聪明"之类的观点。

不要过度关注宝宝吃饭

知识导读： 宝宝吃饭的时候，如果父母特别关注，会让宝宝产生逆反情绪，以致食物中枢难以形成兴奋灶，出现对吃饭不感兴趣的情形。

现在的宝宝吃饭已经形成了一定的规律，而且他自己知道饥饱，饿了就会要吃的，没有必要总是盯着。

父母要注意避免几种做法：

1. 不要老是问宝宝吃什么，想吃什么就准备什么。过度满足宝宝的欲望，也会让宝宝对吃饭不感兴趣，即使吃到自己喜欢的食物也没有多少惊喜，一旦是自己不喜欢吃的食物就更排斥。

2. 不要千般哄劝宝宝吃饭。为了让宝宝吃饭，允诺宝宝吃饭后可以怎么怎么样，满足他的不合理要求。这样做几次后，宝宝就会了解到父母特别希望自己多吃饭，一有不顺心，就会以不吃饭相要挟，也总是让父母感觉宝宝食欲不好。

3. 不要总是盯着宝宝的吃饭问题。在饭桌上显示出过度的关注，这会让宝宝有压力，并产生逆反心理，产生厌食的情绪。

父母偏食会影响宝宝

宝宝的行为很多都是照搬父母的，偏食也不例外，父母如果偏食，

某类食物从不在餐桌上出现，或者出现也不吃，宝宝长大后自然不会对这种食物感兴趣，因此预防宝宝偏食要从父母做起。

首先，父母不要在餐桌上谈论哪种食物不好吃。宝宝现在已经具备初步的理解力、记忆力，关键是模仿力非常好，父母说不好吃的食物，他也会固执地认为不好吃，从而造成偏食。

其次，父母不要偏食，不要在餐桌上挑挑拣拣，尽量所有的食物都吃一些，并表现出很好吃、很享受的样子。宝宝会被父母的样子吸引，愿意尝试一下并接受它们。

总之，不要一方面自己挑挑拣拣，另一方面要求宝宝不偏食，这样做的效果是不会好的。

日常护理与安全指导

如何去掉宝宝手上的倒刺

🔔 **知识导读：** 倒刺在医学上称为逆剥。在正常情况下，指甲周围与皮肤是紧密相连的，没有一丝空隙，形成一道天然屏障，但有时我们会看到指端表面近指甲根部的皮肤会裂开，形成翘起的三角形肉刺，这就是"倒刺"。

宝宝容易长倒刺的原因

1. 营养缺乏。如果宝宝日常饮食中缺少维生素 C 或其他微量元素，也可能会通过皮肤表现出来。

2. 皮肤干燥。呵护不得当，导致宝宝手部皮肤干燥，指甲下面的皮肤得不到油脂的滋润，很容易长出倒刺。

3. 贪玩好动。小家伙越来越活泼好动，经常用手抓玩具、啃咬指甲，或者小手与其他物体过多摩擦，使得他们娇嫩的皮肤长出倒刺。

去除宝宝倒刺的方法

倒刺实际上是一种浅表的皮肤损伤，并不是大问题。但宝宝会出于好奇或觉得难受碍事，用手去撕，这样反而会造成倒刺根部皮肤真层暴露，引起继发细菌感染。所以，妈妈发现宝宝长了倒刺应及时去除。

去除方法：先用温水浸泡有倒刺的手，等指甲及周围的皮肤变得柔软后，再用小剪刀将其剪掉，然后用含维生素 E 的营养油按摩指甲四周及指关节。也可以在去除倒刺之后，把宝宝的手在加了果汁（如柠檬、苹果、西柚）的温水中浸泡 10 ~ 15 分钟，让宝宝的皮肤更加水嫩！

橄榄油可防倒刺

橄榄油有防止倒刺生成的功效，把宝宝的小手洗干净，将橄榄油涂在小手上，并进行按摩，既营养皮肤，又可以防止倒刺的生成。

培养宝宝安全意识

宝宝活动的范围逐渐扩大，父母不能总跟在身边，也不能事事代劳，所以要适当给宝宝灌输一些安全意识，尽可能减少危险。现在的宝宝虽然听不懂这些，但是听多了，会增加回避危险的主动性。

日常生活安全

1. 将安全意识培养渗透到日常生活中，让宝宝在大脑里形成印象，比如，当宝宝走到茶几拐角的时候，就给他指指拐角，再指指他的头，告诉他"疼"，看到暖水瓶告诉他"烫"，同时做出被烫到的痛苦样子，几次以后，宝宝看到茶几拐角或暖水瓶就会想起"疼"和痛苦的样子，从而远离。这样做比单纯要他远离暖水瓶和茶几拐角要有效得多。

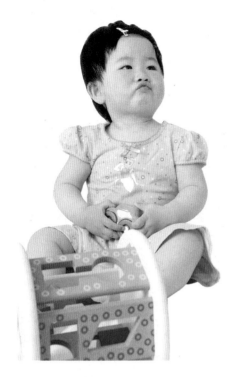

2.培养宝宝良好习惯，好习惯可以帮宝宝减少危险，比如，提醒宝宝吃饭、喝水前要先吹吹，小口尝试一下，可以避免烫伤。

3.给危险物品贴上危险标示，让宝宝认识，比如，在电源旁、暖水瓶旁、栏杆旁等，贴上禁止的标示，最好在旁边再贴一个宝宝因此受伤的图片，宝宝更容易理解。

交通安全

父母要从宝宝能听懂话时就告诉宝宝避开车辆、行人靠右等交通安全知识，告诉宝宝在人多的地方一定要牵着妈妈的手，尤其是过马路时妈妈一定要牵着宝宝的手，以防宝宝随意乱跑。过马路时一定要等绿灯亮了才走，哪怕远远看去没有车辆经过。

预防走失

在宝宝刚学会说话时，就要教宝宝背熟一些简单资料，如家庭住址、父母名字及电话、父母工作单位等。一般来说，3岁左右的宝宝已完全可以记住上述内容。如果外出时与大人走散，就去找警察叔叔说这些内容，请警察叔叔帮助回家。并可在宝宝口袋或书包中装上写有这些资料的纸条，以备在发生意外而昏迷、神志不清的情况下使用。

父母还要教导宝宝不要和陌生人接近，不接受陌生人给的东西，并养成习惯。

在这些地方要抱着宝宝

为了保证宝宝外出安全，妈妈在下面这些地方要抱着宝宝。

自动门：电梯门的感应器都在1米以上，还有那种旋转的安全门，宝宝们很喜欢在这些地方转来转去，容易被夹了小手或撞倒。

公共电梯：公共电梯人多拥挤，孩子个子小，容易被撞到。

超市、餐厅：超市、餐厅人较多，加上花花绿绿的商品，宝宝容易分神走失。所以最安全的方式是把宝宝安置在购物车或餐椅里，如果宝宝一定要在饭前饭后活动一会儿，那就大家轮流照看宝宝或抱宝宝走走看看，以防被侍者撞倒或在超市里被商品砸到。

动物园：动物园人山人海，宝宝很容易跑丢了。而且周围都是大同小异的宝宝，全扎着脑袋看动物时从后面不容易分辨自己的宝宝。所以父母还是多抱着宝宝，既走不丢，还可以使宝宝的视野更开阔。

专家这样说

宝宝动作不熟练、反应迟钝是容易受伤的一个主要因素，平时少跑动的宝宝相对来讲更容易受伤，因此应该让宝宝多动，多做一些运动，增强身体灵活性。

培养宝宝安全意识的游戏

没有什么能比游戏更让宝宝感兴趣，更能学到东西，因此培养宝宝的安全意识也可以放到游戏中去。

讲故事

讲一些有关某些宝宝发生危险的救护故事，比如，讲小妹妹跑得太快摔伤了要打针，讲小姐姐到处乱跑找不到爸爸妈妈了等，然后告诫宝宝不能这么做，否则也要打针、找不到父母等。

角色扮演

跟宝宝玩一些警察指挥交通、消防员救火等游戏，让宝宝明白一些交通规则，明白不能玩火等道理，以及发生了危险该怎么办的自救知识。当宝宝长大一些，可以和宝宝对调一下角色玩游戏，让那些危险和危害的知识从他的嘴里说出来，能加强他的认知。

另外，平时纪录片里或者周边生活中有宝宝发生危险的实例，也可以跟宝宝说说或让他看看，让他打心底里认为"太可怕了，我可不能这样"的想法，从而远离危险。

宝宝走路八字脚，如何纠正

知识导读： 八字脚是一种下肢的骨骼畸形，分为"内八字脚"（即"O"形腿）和"外八字脚"（即"X"形腿）两种。它会影响人的外观形象，且成年后难以矫正。所以要预防宝宝形成八字脚，父母一旦发现宝宝学步时成八字脚，就要马上矫正。

造成八字脚的原因有几种，首先，比较常见的是婴儿过早地独自站立和学走，因为宝宝足部骨骼尚不能支撑身体的全部重量，从而导致婴儿站立时双足呈外撇或内对的不正确的姿势。

其次，如果宝宝学走路时，父母给宝宝穿硬底的皮鞋，宝宝脚踝带动皮鞋困难，就会步态扭曲，形成八字脚。有些父母给宝宝买大号的鞋或者

未能及时更换过小的鞋，这也会让宝宝步态不当。

最后，宝宝如果严重缺钙，会造成骨质不够结实，在站立时需要负重，致使髋关节向外分开，形成外八字脚。

矫正宝宝八字脚的方法

发现宝宝出现八字脚应马上矫正，方法是让宝宝沿着一条宽 7 ~ 8 厘米的直线行走。父母用双手扶住宝宝双腋下，注意让宝宝的膝盖面向前方，一脚离开地面时另一脚持重点落在脚趾上，迈步时两膝有轻微碰擦。每天坚持练习两次，就能较快矫正。

还需要补习爬吗

🔔**知识导读：** 宝宝即使会走了，如果现在还喜欢爬行，妈妈可以提供机会让宝宝练习。爬是孩子运动发育过程中不可缺少的一个环节，对身体成长和智力发育都很有好处！

孩子爬行的好处很多，在爬行的过程中孩子需要抬头、挺胸、四肢并进，这样能充分地锻炼小孩子的颈部、四肢等肌肉；爬行时，他们要靠胳膊及手腕的力量支撑起整个上身，能锻炼胳膊和手腕骨骼、肌肉力量，而且由于手、脚、眼共同协作，对四肢、躯干和眼、脑以及神经的协调及智力开发等都有很重要的作用。如果孩子没有爬过，那么他的身体协调性、平衡性等方面比起爬过的孩子可能会差一些。所以，孩子爬行是非常有必要的，当然会走路的孩子也需要爬啊！

自理能力训练

让宝宝自己吃饭

🔔**知识导读：** 宝宝从完全由妈妈喂食到自己独立进餐，是一个逐渐发展、缓慢进步的过程，从 10 个月开始训练，若学得快，到 2 岁就可以完成，学得慢，则需要到 3 岁才可以完成。

宝宝学吃饭的过程

宝宝学习吃饭的过程大体上会经过 3 个阶段：

萌芽期：10 个月的宝宝对餐具产生了浓厚的兴趣，而自我意识、独立意识也已萌芽，是独立进餐能力的萌芽期。

黄金期：12 ~ 18 个月的宝宝手眼协调能力迅速发展，只要父母稍做教导，宝宝就能取得很大进步，拿着餐具把食物送到自己嘴里。

巩固期：2 ~ 3 岁的宝宝基本上已经能够自己吃饭了，只是有时候不愿意自己吃饭，更喜欢妈妈喂饭的感觉，需要设法让他喜欢并接受自己吃饭的方式。

放手让宝宝去尝试

宝宝多大的时候能够自己吃饭，很大程度上取决于大人。只有自己放开了手，宝宝才有机会去学习。开始的时候，宝宝可能吃得很慢，也可能一边用勺子吃，一边用手抓，还可能弄得桌子上、衣服上、地上到处都是饭菜，还有的宝宝是边吃饭边玩饭的，这都是非常正常的，是宝宝由不会到会的一个必经过程。这时候妈妈不要急于去责怪宝宝，更不要因为怕脏、怕烦而不让宝宝练习，否则就会打击宝宝独立吃饭的积极性，也会使宝宝错过练习自己吃饭的大好时机。

教宝宝自己洗手

知识导读： 手接触外界环境的机会最多，也最容易沾上各种病原菌，尤其是手闲不住的孩子，哪儿都想摸一摸。如果再用这双小脏手抓食物、揉眼睛、摸鼻子，病菌就会趁机进入宝宝体内，引起各种疾病。因此，教会宝宝正确洗手很有必要。

让宝宝洗手，宝宝是会很感兴趣的，因为宝宝们都天生爱玩水。当然，刚开始学自己洗手时，会弄湿衣服袖子，这不要紧，不要责骂宝宝，要更加耐心地教宝宝怎样正确洗手，怎样把手洗干净。

教宝宝洗手的方法

教宝宝洗手的时候，可以配合语

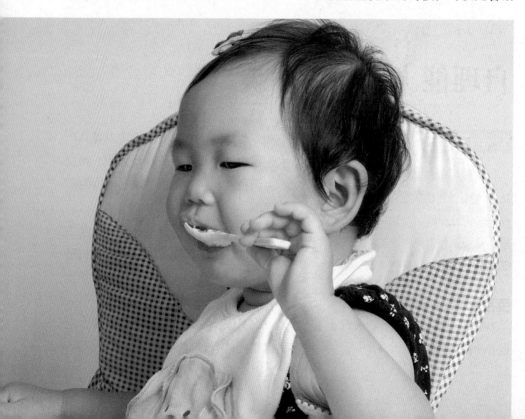

言训练，比如，一边教宝宝洗手，一边说："一二三、搓手心，三二一、搓手背"，让宝宝把洗手当作游戏，很高兴地学会自己洗手的动作。

正确洗手的步骤

1. 用温水彻底打湿双手。

2. 在手掌上涂上肥皂或倒入一定量的洗手液。

3. 两手掌相对揉搓数秒钟，产生丰富的泡沫，然后彻底搓洗双手至少10～15秒钟。

4. 特别注意手背、手指间、指甲缝等部位，也别忘了手腕部。

5. 在流动的水下冲洗双手，直到把所有的肥皂或洗手液残留物都彻底冲洗干净。

6. 用纸巾或毛巾擦干双手，或者用热风机吹干双手。

怎样才算洗干净了

很多时候人们洗手只是蜻蜓点水，蘸点儿水，涂上肥皂，马上就冲掉，整个过程3～5秒钟就完事，甚至用手在水里蘸一下就算洗过了，这样洗手很不到位。要把手洗干净，除了要将肉眼可见的污渍洗掉外，每次洗手需要双手涂满肥皂反复揉搓10秒钟以上，然后再用流动水冲洗干净。

习惯和性格培养

教宝宝养成讲卫生的好习惯

知识导读： 讲卫生的好习惯一旦养成，将会使宝宝的一生受益。生活中大部分疾病，都与个人卫生习惯密切关联。宝宝饭前便后洗手，早晚刷牙，不捡地上的东西吃等，这些事情看似小事，却直接影响着宝宝的生活质量。同时，宝宝养成良好的生活卫生习惯，也能促进社会卫生面貌、道德风尚的改进。

讲卫生包括以下几个方面

个人卫生——妈妈要教会宝宝基本的自理能力，让宝宝定时洗脸、洗头、洗手、刷牙、洗澡、换衣、剪指甲，保持身体及服装的整洁。宝宝不依赖妈妈，就能养成保持个人清洁的好习惯。

饮食卫生——饭前便后要洗手，不用手抓食菜肴，生吃瓜果要洗净等，这些都属于良好的卫生饮食习惯，能够有效防止宝宝的"病从口入"。

公共卫生——不乱扔果皮，不随地吐痰、大小便，就是保持公共环境卫生。

家居卫生——在家里妈妈也要教宝宝不要将垃圾随地乱扔，自己玩了的玩具以及自己的个人物品使用后要收拾干净。

家长要以身作则

在教育宝宝讲卫生时,家长要以身作则,如饭前便后及时洗手等,让宝宝看到后也受到感染,慢慢地养成了勤洗手的好习惯。

此外,宝宝讲卫生的好习惯,多是从妈妈这里学得的。妈妈能为宝宝提供一个整洁、干净的家居环境,就是在熏陶宝宝的卫生习惯。

不厌其烦地叮嘱

有些家长不注重宝宝的卫生教育,说几次就忘了,这样很难让宝宝养成讲卫生的好习惯,所以应该不厌其烦地叮嘱宝宝注意卫生,这样才能让宝宝养成好习惯。比如,每次都提醒宝宝将垃圾扔进垃圾桶里面。

多给宝宝说说不讲卫生的坏处

一些宝宝不知道不讲卫生的坏处,不引起重视,家长可以通过故事让宝宝知道讲卫生的重要性。这样能比较有效地促使宝宝去讲卫生。

宝宝爱抢别人东西怎么办

知识导读: 1岁多的宝宝,正处于分不清楚"你的""我的"的童稚阶段。因此,看到喜欢的东西就会拿走、感兴趣的东西就据为己有,这些是很正常的。

要想让宝宝不抢别人的东西,关键是要让宝宝懂得:自己的东西自己要做主、别人的东西应该由别人来做主。这是宝宝学会与人相处的很重要的一步。学习这个抽象的概念比学习苹果、香蕉等有具体形象的东西困难很多。因此,父母对于宝宝抢别人东西的这种行为首先要给予理解,然后有耐心地引导。

不断强调"你的""他的"

宝宝正处于你我不分阶段,妈妈要不断地跟宝宝强调哪些东西是宝宝的,哪些东西是别人的,自己的东西可以自己支配,但别人的东西是属于别人的,别人也有权不给你。

给宝宝自主权

宝宝首先要学会支配自己的东西,由自己支配,自己有权做主是否借出。爸爸妈妈可以在家里预先与宝宝做互借东西的游戏,刚开始时爸爸妈妈可以多做做示范:通常情况下都借出,偶尔不同意并解释是因为自己特别喜欢的缘故,另一方也要表现出理解和接纳的态度,现场表示放弃。之后就可以和宝宝做这个游戏了,宝宝通常情况下也是会借出的,如果宝宝不同意,我们会发现大多是宝宝特别喜欢的缘故。

让宝宝自己去借

想获得别人的东西时学会事前征得别人的同意,别人的东西,由别人支配,获取前须征得别人的同意。细心观察宝宝在群体中的活动,当发现宝宝有动手抢别人东西的欲望时,要及时告诉他拿别人的东西要征得别人的同意。就像自己对自己的东西有权做主一样。比如，宝宝的父母就可以在发现宝宝想抢别人玩具前及时跟他讲："宝宝，我知道你喜欢这个玩具。但这是别人的，我们问问她可不可以借给咱们玩儿一下。"

告诉宝宝别人为什么不给他玩具

告诉宝宝别的小朋友为什么不给他玩具，让宝宝在即使没有得到也会在理解的基础上获得心理平衡，转而去寻找别的感兴趣的事与物。

宝宝哭闹时的处理方法

如果宝宝抢他人玩具而没有成功时，他可能会大哭，这时，妈妈只能表示同情，安静地注视他，让他哭吧。他哭着哭着常常会忘记自己为什么感到痛苦，你还得提醒他"这是××的，你确实得取得他的同意才能要"，慢慢地物权观念就建立起来了。当然他有权不让小朋友玩自己的玩具，你不要强求他，否则他对物权没有安全感，而延迟分享进程。

妈妈不可因为宝宝抢别人的玩具，

就马上给宝宝买一个一模一样的，长此以往，会使宝宝产生虚荣心与好胜心，产生别人有的自己都要有的心理。

宝宝不愿叫人怎么办

为了把宝宝培养成有礼貌的宝宝，很多家长会在宝宝刚会说话的时候，就让宝宝叫人，但是，大多数时候宝宝出于自我保护的本能可能是不会叫人的（尤其对方是男性的情况），大人发出叫爷爷之类的指令之后，他们很可能会把头扭到一边，家长不断命令的时候宝宝甚至会号啕大哭，弄得大人十分尴尬。

父母做好榜样

要想让宝宝懂礼貌，不需要强行要求宝宝叫人。正确的做法是，家长看到亲戚或朋友的时候，自己主动打招呼，让宝宝耳濡目染，了解问候是人与人之间交往的方式，宝宝自然就会开始模仿，到时候稍加引导就可以了。

不可逼宝宝叫人

当宝宝不愿意开口叫人，父母不要表现得过于急切，甚至威逼利诱，这样更容易造成宝宝的逆反心理。有的父母往往会这样说："叫了阿姨才有巧克力吃""宝宝越来越不乖，都不肯叫人，妈妈不喜欢你了"，诸如此类的说法都会给宝宝一种逼迫他的感觉，往往适得其反，宝宝通常会用一声不吭作为回应。

健康与急救

宝宝皮肤擦伤如何处理

宝宝擦伤的处理方法：

1. 轻微的表皮擦伤，只要用酒精或碘伏涂一下，就可以起到预防感染的作用。

2. 伤口相对较深，需用干净的水清洗伤口（如果伤口里有泥沙，一定要清洗干净，否则会残留在皮肤中）。

3. 必要时涂上抗菌软膏（连续使用抗生素药膏2～3天，直到擦伤处出现红黑色或黑色硬痂为止）。

4. 如有需要，可贴上创可贴（但包扎时间不宜过长，最好不要超过2天）。

注意：这样的处理只适合比较轻微的擦伤。较深、较大的伤口或面部伤口，应去医院处理，必要时予以缝合，以免留下过大瘢痕。

宝宝手指被夹伤怎么处理

知识导读： 宝宝不小心夹伤手指后可能会出血肿胀，严重的可引起断指、指甲脱落等。因此，父母在看护时一定要多加留意，预防此类状况的发生。

宝宝手指被夹伤的处理方法

一旦宝宝的小手被挤伤了，父母千万不要用手去揉搓或用热毛巾敷在宝宝的损伤部，应立即进行冷敷。早期可先用冷水或冰袋（把冰块放在塑料袋内）进行冷敷。若局部有血肿形成（常见有指甲下血肿形成），可先冷敷2天后，改为热敷以促进皮下淤血的吸收。如手指挤压后伤口浅小，可用凉开水清洁、酒精消毒后再用创可贴包一下。

除了冷敷和包扎外，父母一定要注意对宝宝破损的皮肤进行消毒。如果受伤部位耷拉着向下，容易造成充血，会让宝宝更疼痛。用三角巾等将胳膊吊在脖子上，会让宝宝感觉舒服些。

哪些情况需要就医

1. 如果有严重的皮肤破裂伤，应尽快用清洁纱布包扎后，前往医院治疗。

2. 如果出现皮肤发紫或肿胀时，有可能是手指发生了骨折，应及时去医院进行诊治。

3. 如果指甲脱落，不可在家处理，应包扎后及时送往医院请医生处理、缝合，自行处理可能会导致将来宝宝手指甲变形。

4. 宝宝不能自己诉说症状，所以很难判断受伤的程度。如果宝宝不停地哭闹，说明疼痛剧烈，如肿胀严重，可能是骨折，这时不要活动宝宝受伤的部位，应立即带他去医院就诊。

在玩耍中开发宝宝能力

不要过于约束宝宝

幼儿对未发生的、看不到的危险是没有恐惧的。恐惧感更多的是来源于过去的经验。过去的经验储存在大脑中，成为一种符号，当宝宝再次遇到类似的危险时，储存在大脑中的那种符号就被调动起来，刺激神经中枢，得出"此事危险"的结论。潜意识帮助人们改变自己的行为或方向，避开危险、寻求安全是人类保护自己的护身符。幼儿没有危险的经历，当遇到危险时，没有信息传达给潜意识，潜意识也不能动员起来帮助"主人"。所以，宝宝不能很好地保护自己，没有经验告诉宝宝可能会发生危险，宝宝也想象不到可能有危险发生。

宝宝对发生在眼前的危险产生畏惧，再遇到类似的危险，宝宝可能会有意识规避，但一岁多的宝宝，一次不强烈的刺激可能不足以让宝宝产生这样的"经验"，即使产生了，也是短暂的，过一段时间，甚至几天就忘记了。

不仅是亲历的危险才会让宝宝产生恐惧，父母告诉的、老师教的，通过电视、电脑、图书等看到的，也会让宝宝获取危险的"经验"。

但是，做起事情来顾虑多了，闯劲也弱了，创造性也消退了。宝宝就是在天不怕地不怕的冒险精神鼓舞下，了解大自然、了解未知世界的。爸爸妈妈不要过度约束宝宝，制约宝宝的发展。

给一岁多的孩子讲故事

给儿童讲故事应有明显的年龄阶段性，一岁孩子的故事肯定不同于两岁孩子。有些家长说给孩子讲故事，孩子不爱听，一起来看看要怎样给孩子讲故事吧。

要有耐心

这个年龄阶段的宝宝已经表现出喜欢听大人讲故事，不过，宝宝注意力仅能保持很短的时间，很容易受外界环境的干扰，宝宝的兴趣常随着眼前的需要而发生转移。所以父母不要因此就断定宝宝不喜欢听故事，而失去讲故事的耐心。

不断重复

宝宝每听到"讲故事"三个字，就会显得很开心，因为他对此有记忆。宝宝喜欢听你重复讲解他熟悉的故事。故事不必多，同一个故事，同样的主人公，你用同样的语调，他会感

到特别的亲切。这是与他的记忆力和理解力的发展水平相一致的，随着这样反复地练习，他的记忆力和理解力也就渐渐地得到了提高。

选择合适的故事

故事情节要简短，故事书的图画要大，色彩对比鲜明，形象人物突出，每页一两句话就够了。或者妈妈也可以从生活出发自编故事。

讲故事要声情并茂

在给宝宝讲故事的时候，妈妈不能单纯地讲，要拿着小动物玩具之类的"道具"或是图画书，指点着故事中主人公的形象给宝宝看，这样能使宝宝听得更明白，注意力也容易集中。

此外，妈妈讲故事时要注意声情并茂，有能力的家长可以学着模仿故事人物的配音，这样更能吸引孩子。

故事要有拓展性

同一个故事，一岁的时候只讲个梗概、轮廓，等他的理解力深一点，就可以讲得更具体点。

草地玩耍，挖沙

知识导读：多带宝宝到户外锻炼，充分利用自然界的空气、阳光和水，对宝宝进行体能锻炼，不仅可以促进新陈代谢，而且可增加机体对外界环境的适应能力。

对宝宝来说，外界的一切事物都是新鲜有趣的，即使什么游戏也不做，

只是在户外走走，宝宝也能得到极大的满足。来到户外后，父母要少抱宝宝，在没有危险的情况下尽量让宝宝自己走，这样做一是可以激发宝宝亲近大自然的本能，二是可以锻炼宝宝的独立行走能力。父母要随时向宝宝讲解看到及听到的一切，告诉宝宝那是什么、有什么用，培养宝宝的观察能力和思维能力。

在草地上玩

平坦柔软的草地是宝宝玩耍和学走的最佳场地。可以给宝宝一些玩具，如小皮球，让宝宝踢来踢去，开阔的环境更利于宝宝释放天性。或者仅仅是让宝宝在草地上翻滚、乱爬、踉踉跄跄地走，宝宝也会很兴奋，让宝宝尽情地享受大自然吧！

玩沙土

相信几乎所有的人小时候都会对沙子、泥土感兴趣，那么也不要剥夺宝宝的这种权利，给宝宝一只小桶、一把小铲子，让宝宝自由发挥。不过要注意沙土里是否有树枝、铁丝等硬物，避免划伤宝宝；不要让宝宝在玩沙土的过程中吃手，回家后立刻将宝宝的双手洗干净，以免沙土中的病菌进入宝宝体内，导致疾病。

穿珠子比赛

知识导读： 宝宝运动能力的发育遵循这样的顺序：先是能做抬头、翻身、起坐等躯体大动作（称为"粗大动作"），

后来才是手指的抓、捏等"精细动作"。这说明后者的难度更大。不仅如此，后者还有更重要的意义：如果说粗大运动锻炼的是宝宝的体魄，那精细运动则会在手、眼、脑协同作战的过程中，对宝宝智力的发展产生重要作用。

教宝宝穿珠子是手、眼、脑协调训练的好方法，并能够提高宝宝精细动作的能力。

穿珠子比赛

妈妈准备几份珠子，几根绳。先教宝宝穿珠子，然后妈妈可以和宝宝进行比赛，"比比谁穿得快！"先告诉宝宝："你的小手真能干，妈妈和你比赛吧！"并把他需要使用的道具递到他的手里，妈妈可以给宝宝再做一次示范。示范之后，等待宝宝，启发他按步骤顺利完成，然后鼓励宝宝再穿第二个、第三个，宝宝比妈妈穿得多了就及时肯定成绩，给予表扬。

玩具并非越贵越好

对于这么大的宝宝来说，对玩具的兴趣不取决于玩具价格的高低。几百元的玩具和一分钱不值的小木棍没有什么差别。相比较而言，宝宝更喜欢日常用品，而不是漂亮的玩具。一个小饭勺、一个小饭盒、一个空瓶子、一只小牙刷、一根小棍子、一棵小草、一个小纸杯等，都能引起宝宝极大的兴趣。

不要买太贵的玩具

这么大的宝宝不可能长时间玩一种玩具，当玩够一种玩具后，就会毫不犹豫地把它扔掉，换另一种。任何一种玩具对这么大的宝宝来说都差不多。所以，家长在购买玩具时，不需要买太贵重的，再珍贵的玩具，宝宝都会很快失去兴趣。

日常用品皆是玩具

父母不要只给宝宝玩商场里购买的玩具，家里的一些日用品，只要是安全的，都可以拿给宝宝玩。这样不但能引起宝宝的兴趣，还能让宝宝通过玩，认识日常用品，学习到一些日常用品的使用方法，对开发宝宝的动手能力和想象力都有帮助。如果宝宝看到过父母刷牙，当他拿到牙刷时，也会学着父母的样子刷牙；如果宝宝看过父母用梳子梳头，当他拿到梳子时，也会学着父母的样子梳头。

宝宝喜欢父母怎么对他说话

知识导读：宝宝对语言的理解能力已经比较强了，父母不用担心宝宝听不懂大人的话，无须有意用"儿语"说话，父母应该让宝宝接受准确的语言表达。

一般来说，宝宝喜欢父母这样跟自己说话：

1. 一字一句，语音清晰地和宝宝说话。

2. 更喜欢听妈妈说话，因为妈妈音调高，语句显得清晰，爸爸和宝宝说话时，要尽量提高音调。

3. 喜欢爸爸妈妈说话重复几遍，因为内容陌生，多次重复可以帮助宝宝尽快熟悉语言并学会运用。

4. 希望爸爸妈妈用简短的话语和他说话。

5. 把句子简单化，尽可能多用名词。

6. 最好用一般陈述句和肯定句。

7. 不喜欢父母枯燥地教他说话，喜欢结合当时的情景。

宝宝1岁半了

满1岁半宝宝的体格标准

满1岁半宝宝的体格标准如下：

体格指标	男宝宝	女宝宝
体重（平均）	11.29千克	10.65千克
身长（平均）	82.70厘米	81.50厘米
头围（平均）	47.60厘米	46.40厘米

满1岁半宝宝具备的能力

大动作能力——可以上台阶了

到1岁半时，宝宝可以抱着球或拉着玩具自如行走，扶着栏杆可以自己两步一个台阶地上楼梯，不过下楼梯对宝宝来说还有些困难，需要倒过来爬着下，如果大人拉着他一只手，倒也可以两步一个台阶地走下来。另外，此时的宝宝都会自己爬上沙发或椅子，并转过身来坐好，也能转过身去，从沙发或椅子上爬下来。

精细动作能力——会画直线

宝宝手的动作非常灵活，不但可以轻松地拿着蜡笔乱涂，还能控制涂画的速度，不过仍然不能模仿画出形状，只是一些线条。翻书的时候，不再一翻一沓，每次翻2~3页，在书中看到自己喜欢、熟悉的图片会指出来哈哈大笑。另外，他现在能够把瓶盖打开又盖上，不过还不能拧紧瓶盖。

认知能力——知道动物名称

宝宝现在自我意识提高，知道了自己的名字，认识了自己的床和衣物，并会保护自己的物品。认知范围也逐渐扩大，能说出亲近的人的称呼，能够从图片上认出几种简单的动物并说出它们的名字。

人际交往能力——渴望独立，又害怕独立

此时的宝宝很喜欢自己玩耍，有时候不愿意大人参与，总是把大人赶开，但是又不能完全放下对大人的依赖，必须得大人跟他一起玩，甚至同一个游戏一会儿让大人跟他玩，一会儿又嫌弃大人，让大人都不知所措。也有的宝宝，人多的时候可以自己玩，人少的时候必须别人陪着玩。总之，此时的宝宝显示出既渴望独立，又害怕独立的状态。

语言能力——会说些短句

宝宝这时候可以说很多话了，大多是短句，不过发音不太准确，可能只有父母听得懂。在宝宝发音不好的时候，不要嘲笑，以免打击了宝宝的说话积极性。另外，听故事的时候，宝宝能回答简单的问题，要注意多向宝宝提问，促进宝宝的思维能力和语言能力发展。

1岁半~2岁

本阶段重点问题：
宝宝还不会说话怎么办

家长：宝宝还不会说话怎么办？

我家宝宝1岁8个月了，至今还不愿意开口说话正常吗？不知道是什么原因啊？我们心里非常着急，不知道该怎么做才能使他早些说话？

问题解决 如果宝宝能听懂大人说话，无其他智力发育异常，家长则无须太担心，可通过训练提高其语言能力。

❖ 多交流与重复

这个年龄的宝宝基本都能听懂大人的话了，有的宝宝已经会说话了，妈妈应加强与宝宝的对话练习，增加宝宝学习说话的机会。如果妈妈经常与宝宝对话，甚至让宝宝参与到成人的谈话中，让宝宝更多地听父母说话，即使宝宝现在还不会说话，也能增加宝宝说话的欲望，以及增加宝宝对词汇的理解和掌握。另外，跟宝宝说话要注意以下几点：

1. 父母应该尽可能地用最简单的语句和宝宝说话，力求简短，表达准确，在宝宝语言能力增强后再逐步增长句子，如从"去动物园"到"妈妈带宝宝去动物园看动物"，更方便宝宝理解。

2. 在说话时，妈妈一定要面对面，尽可能靠近宝宝，让他看清你的表情和口型，学习正确的发音方法。

3. 妈妈要注意自己的表情，夸张一点，丰富一点，有明显的声音起伏，声调比较高，语速放慢一些。

4. 跟宝宝说话时不要用无主题仅是侃侃而谈的方法，说太多无意义的话对宝宝学说话没有什么帮助。跟宝宝说话宜用动听的语言，或用读诗词、唱歌的方法，说话宜温文尔雅，有活力且欢乐，用易懂的语言，且可以不断重复。

这样做，将引起宝宝关注并想跟着说。

❖ 给宝宝说话的机会

当宝宝已经明白大人的话但还不会从口中说出时，若宝宝指着水瓶，你可能会马上明白这是宝宝想喝水了，于是给宝宝水喝。这种满足宝宝要求的方法会使宝宝的语言发展缓慢，因为他不用说话，大人就能明白他的想法，并达到他的要求，那么他就失去了说话的机会，也没有了说话的欲望。当宝宝想喝水时，你可以给他一个空水瓶，他拿着空水瓶，想要得到水时，会努力地挤出一个字："水"，虽然只说出了一个字，你也应该鼓励他，再慢慢让他说出更多的话。

❖ 有耐心，不比较

父母教宝宝说话时要有耐心，学会控制自己的情绪，宝宝会感受到父母的焦虑，更不可斥责和嘲笑宝宝，让宝宝产生消极的心理暗示，他会"懂得"自己不正常，不利于宝宝建立自信心。

另外，父母要根据宝宝目前的发育水平循序渐进地教宝宝说话，切勿急功近利适得其反，如：别人家两岁的孩子都能说整句话了，而自己的孩子还只会说爸爸妈妈等称呼，父母不要总是拿其比较，且急于教宝宝说句子，这样宝宝肯定是学不会的，必须"单字—词语—短句—长句"慢慢来。

营养与饮食指导

有意给宝宝吃点辣

🔔**知识导读：** 现代科学研究的许多资料表明，幼儿可以适量吃辣，因为辣味食品有健胃、助消化的功能，能增强胃肠蠕动，促进消化液分泌，使食欲改善，而且还有健脑作用。

有的宝宝小时候没习惯吃辣的，长大后只要饭菜有一点点辣便不想尝试，这样会使宝宝形成挑食的习惯。建议父母在宝宝一岁多的时候有意给宝宝吃点辣，而不是总告诉宝宝"这个辣，不能吃"，这样会渐渐在宝宝心里形成对辣味的恐惧，产生厌食情绪。父母可以从微辣开始让宝宝尝试，让宝宝习惯淡淡的辣味。

当然，辣味食物不仅指辣椒，咖喱、葱、姜、蒜等都是辣味食物。当宝宝不愿吃饭的时候，可以加一些咖喱在里面，咖喱鲜艳的颜色不仅能吸引宝宝的注意，它淡淡的辣味更能刺激味蕾、肠胃，促进消化。也可以在给宝宝的肉末中炒入少许的生姜末，开胃健脾。而大葱含有维生素C、维生素B以及黏液汁等，与鱼肉一起做菜，除它本身的营养价值外，还具有调味解腥、增进食欲、开胃消食和抑制细菌生长的作用。

宝宝吃得少可能是缺锌吗

🔔**知识导读：** 锌对味觉有很重要的作用，首先唾液中的味觉素成分之一就是锌，缺锌会影响食欲，还会影响味蕾的功能，因为锌缺乏会导致黏膜增生和角化不全，致使大量脱落的上皮细胞堵塞味蕾小孔，食物难以接触到味蕾，因此味觉就变得不敏感。

缺锌是导致食欲下降的一个主要的原因，但并不能说宝宝吃得少就一定缺锌。妈妈可以在排除其他可能后，带宝宝到医院检查确定是否缺锌，另外也可以用肉眼观察宝宝的舌头，缺锌的宝宝舌面上的一颗颗小小的突起也即舌乳头多呈扁平状或萎缩状，而正常宝宝的舌乳头都较饱满。另外，缺锌还会导致宝宝地图舌，地图舌比较好发现。不过不论如何，补锌都要咨询医生意见，不要擅自决定。

缺锌的常见症状

缺锌的症状较多，也很常见，如挑食厌食、虚汗盗汗、反复感冒、头发稀黄、多动、注意力不集中、记忆力差、反应迟钝、个子矮小、视力下降、消化功能差、口腔溃疡、皮炎、顽固性湿疹、伤口不易愈合、地图舌、指甲白斑等。

如果宝宝有以上症状，且已经断奶又不喝配方奶，要查查宝宝是否缺锌。锌大多存在于牛奶和肉类食物中，宝宝断奶后不喝牛奶，加上咀嚼能力有限，不能进食较多的肉类食物，所以容易缺锌。

哪些食物中含锌丰富

锌的来源广泛，普遍存于各种食物中，但动、植物性食物之间，锌的含量和吸收利用率有很大差别。动物性食物含锌丰富且吸收率高。据报道，每千克食物含锌量，如牡蛎、鲱鱼都在100毫克以上，肉类、肝脏、蛋类则在20～50毫克。

植物性食品中含锌较少。每千克植物性食品中大约含锌10毫克。各种植物性食物中含锌量比较高的有豆类、花生、小米、萝卜、大白菜等。

妈妈在平时的饮食中多给宝宝吃含锌丰富的食物，以防宝宝缺锌。如

专家这样说

我国预防医学科学院营养与食品卫生研究所编著的"食物成分表"已列出我国部分食物的锌含量，每千克含锌在30毫克以上的食物有大白菜、黄豆、白萝卜；含锌在10～30毫克的有稻米（糙）、小麦、小麦面、小米、玉米、玉米面、高粱面、扁豆、马铃薯、胡萝卜、紫皮萝卜、芜菁、萝卜缨、南瓜、茄子。

可多食鱼、牡蛎、瘦猪肉、牛肉、羊肉、动物肝肾、蛋类、可可、奶制品、干酪、花生、芝麻、大豆制品、核桃、糙米、粗面粉等。

锌缺乏的宝宝需要在医生的指导下补充锌剂

知识导读： 人体对锌的需要量是很少的，小儿每天需锌量仅为：6个月以下1.5毫克，6～12个月8毫克，1～4岁12毫克，4～7岁13.5毫克，13岁以上才为15毫克。

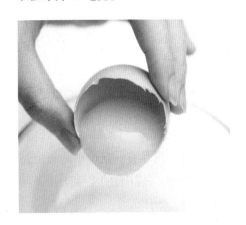

对于缺锌严重的宝宝，除了饮食补充，还需要进行锌制剂治疗。但在药物治疗过程中，一定要在医生的指导和监测下进行，症状消失后则不需再继续用药，避免摄入过量。当锌摄入量超过治疗量的 5 ~ 10 倍时，便可引发消化道刺激症状，如腹痛、呕吐等，还会导致贫血。另外，锌制剂使用一个月后，症状仍不见改善，应赶快停止用药，详细做其他检查来确定原因。

补锌要补多久才有效果

给宝宝补锌须经过医院检查，确诊为明显缺锌的宝宝，方可在医生指导下给予硫酸锌糖浆或葡萄糖酸锌等制剂。一般用药时间不可超过 2 ~ 4 个月，复查正常后应及时停药。其实，缺锌不严重的宝宝补几天就会有成效，一般补两周左右，宝宝食欲好转后可停药，采取食补，如多吃动物肝脏、瘦肉、蛋黄和鱼类等富含锌的食物。

如果要服用补锌产品，则要注意两个方面：一是不能与牛奶同服；二是不能空腹服用，应该在饭后 1 ~ 2 个小时服用。

宝宝吃得多长不胖是为什么

宝宝吃得多，摄入的营养素多，就会长胖，这是有一定道理的，但是现实生活中，往往有的宝宝吃得多却总长不胖，为什么呢？

1. 宝宝消化功能差。宝宝对食物的消化、吸收差，吃得多，排得也多，食物的营养素没有被人体充分吸收、利用，这样宝宝就长不胖。所以，妈妈要让宝宝养成定时、定量的饮食习惯。

2. 食物质量差。如果宝宝所食用的食物其主要营养素（蛋白质、脂肪等）含量低，长期吃这类食物，就算吃得再多，宝宝体重也不会增加。宝宝的食物应该以丰富、均衡为原则，要保证宝宝每天所需营养素的量。

3. 摄入的营养素跟不上运动量的需要。1 岁多的宝宝活动量加大，在饮食方面要求也更高，如果每天所摄取的营养素跟不上宝宝运动量的需要的话，宝宝就长不胖。

4. 消化道有寄生虫。如蛔虫、钩

虫等摄取和消耗了营养物质，这样宝宝就不能长胖。

5.疾病。不可忽视的一点，就是当宝宝患有某种内分泌疾病的时候，他也可能表现为吃得多而体重下降，体质虚弱，此时应该带宝宝去医院做全面体检，查出原因，及时治疗。

日常护理与安全指导

睡眠差是不是肝火旺

有的妈妈认为宝宝睡眠差可能是肝火旺的原因，于是会经常给宝宝喝凉茶，以降肝火。这样做是不对的。

睡眠不安有一些原因，最常见的原因是非疾病性的。纠正方法是：当宝宝在半夜哭闹时，不要立即去哄，等待一会儿，开始真正哭闹了再去哄，逐渐延长哄宝宝的间隔时间，宝宝哭闹的时间就会慢慢缩短。哄宝宝时要轻声轻拍，保持平静，尽量不要抱起宝宝，更不要抱着宝宝满屋走、大幅度颠宝宝，也尽量不要开灯，把地灯或台灯打开就可以了。

肝火旺应该由正规中医师诊断，施以中药调理。不提倡随意给宝宝喝凉茶。

宝宝快两岁了还要哄睡怎么办

🔔📖**知识导读：**婴幼儿普遍有"闹觉"现象。从医学上讲，黑夜降临，宝宝比白天更需要安全感，需要在非常温暖、安全的气氛中入睡。

大龄宝宝入睡仍需要哄

如果认为宝宝1岁多了，晚上的入睡也相对容易了，那可就错了。这个时期的宝宝越发喜欢对妈妈撒娇。可以说，这个时候的宝宝几乎没有在妈妈给他换上睡衣、盖上被子后就安安静静入睡的。他们普遍会闹着要妈妈陪在身边睡，或吮吸妈妈的乳头，或摸着妈妈的头发、耳朵等才能入睡。或在妈妈讲故事、摇篮曲中入睡。入睡前，会走的宝宝会主动找妈妈，往妈妈怀里靠；有些宝宝还会伴随哼哼、烦躁、哭闹现象。如果宝宝生病、不舒服、委屈、受责骂、找不到妈妈、环境不舒服等，都会使闹觉加重。

尊重宝宝的精神需要

尽管这个时候宝宝已经能独立玩

要了，但在宝宝的内心深处，仍然有一种对妈妈割舍不断的依恋。这种依恋常表现为把妈妈拉到自己的身边。妈妈如果拒绝宝宝的这种依恋，强行要求宝宝自己去睡，宝宝不但不会听话，还会产生仇恨心理，导致宝宝性格上的叛逆与霸道，这对宝宝的生长发育是不利的。因此，入睡前，宝宝想让妈妈在身边的话，妈妈就应该高兴地满足宝宝，尊重宝宝的情感世界和精神需要，让宝宝安心、快速地进入梦乡。

指甲为什么有白点

知识导读： 从临床上看，指甲上有白点或白斑可能有3种原因，一是经常有肚子痛症状，可能有蛔虫。二是消化功能不好。三是体内缺乏某种微量元素。

现在的宝宝出现蛔虫的可能性比较小，那么指甲上有白点，最大的可能就是缺乏微量元素。所以应注意从食物中补充微量元素，若饮食搭配合理，很快就会发现指甲上的白点不见了。

补钙——多吃贝壳类、黄豆、牛乳、坚果、海带、牛肉等。

补锌——多吃牡蛎、猪肝、鱼类、鸡蛋、板栗、核桃、红枣、黄鳝、海参、酵母锌等。

另外，晒太阳可以有效地帮助钙吸收，最好每日户外活动两个小时，既可以增强体质，又可以起到预防佝偻病的作用。

当然，也可以给孩子服用一些营养补充药物，不过要注意适量。

宝宝为什么总是小病不断

知识导读： 妈妈不要因为宝宝爱生病而太过担心，只要护理得当，一般的小病小痛，宝宝都能坚强地挺过去。而且，在不断生病的过程中，宝宝的免疫系统会不断完善，这种爱生病的状态过两三年就会得到改善。

很多宝宝一岁之后就开始爱生病了，咳嗽、头痛、感冒、发烧总是接踵而至，隔三岔五就来一场，这主要是因为宝宝断奶导致的免疫力下降引起的，即使没有断奶的宝宝，母乳的营养也已远远不足以支撑宝宝身长发育的需求。

提高宝宝抵抗力的方法

宝宝免疫力关系到多个方面，营养、锻炼、生活规律等都有影响，总体上来说宝宝只要吃好、睡好、玩好就不会有什么问题。

1. 不要让宝宝经常在家待着，多带宝宝外出散步，呼吸新鲜空气，也接触别的人、别的小朋友，可以刺激他的免疫反应，增强其免疫系统能力。

2. 经常抚触，宝宝的体质、中枢神经系统功能和免疫功能都会得到锻炼。

3. 合理搭配饮食，基本做到营养平衡。另外，还要多喝水，水可以保护黏膜、加快代谢、提高身体功能。

4. 如果宝宝稍有不适，不要急着吃药，给宝宝的免疫系统一定的锻炼，有助于提高免疫力。没有感染的情况下，不要使用抗生素。

5. 让宝宝保持规律的作息习惯，保证充足的睡眠。充足的睡眠可以帮助宝宝恢复体力，体力好免疫力就好。此时的宝宝每天应该睡够 12 ~ 14 个小时。

6. 勤给宝宝换衣服、勤洗手，但家里不必过于干净。免疫力是通过和病菌的遭遇才形成的，过于干净的环境让宝宝接触不到适量的细菌，免疫力就会低下，因此家里不要天天消毒。

7. 检查宝宝是否缺少营养素，缺钙、缺锌、缺铁都可能导致宝宝免疫力低下，爱生病。

8. 最好的提高免疫力的方法是接种疫苗，父母要记得给宝宝按时接种。

免疫增强剂不能随便用

有的宝宝经常感冒，妈妈以为宝宝是免疫力低下，为了提高宝宝的免疫力，就会选择给宝宝使用免疫增强剂。这样可能反倒害了宝宝。

免疫增强剂不能随便给儿童使用。如果不能确定为免疫功能低下，绝对不能使用。如果宝宝存在轻度过敏，再使用免疫增强剂（匹多莫德、胸腺肽等），就会放大到严重过敏。这类情况在临床中时有见到。免疫功能低下者会反复出现严重的细菌感染，如细菌感染性肺炎等。

自理能力训练

鼓励宝宝整理好自己的玩具

🔔 **知识导读：** 训练宝宝收拾自己的玩具，实际上是在帮宝宝养成做事有始有终、爱整洁的好习惯，绝不是一蹴而就的事情。所以，如果宝宝一时学不好，也不要责怪宝宝，多引导宝宝就会了。

宝宝到了 2 周岁后，学着收拾自己玩过的玩具、自己整理房间，就应该成为宝宝日常生活的一部分了。开始的时候宝宝可能干得不是特别好，没关系，只要宝宝肯动手，并能够长期坚持下去，久而久之，养成归纳整理和爱整洁的好习惯，自然就能干得好了。

从宝宝感兴趣的事情入手

在教宝宝整理玩具的过程中，妈妈要从宝宝最感兴趣的事情入手，逐步把宝宝的兴趣引导到收拾玩具上来，使宝宝觉得收拾玩具是一件很有趣的事情，从而认真、投入地去做。

比如，妈妈可以在宝宝的房间里辟出一块靠墙的地方，放上玩具箱、玩具筐或玩具柜，当作玩具的"家"，在宝宝玩够一件玩具的时候，就和宝宝做"送玩具回家"的游戏。在宝宝玩娃娃的时候，妈妈可以对宝宝说："看，布娃娃已经困得睁不开眼睛了，赶紧送它回家睡觉吧！"在宝宝玩小火车或小汽车的时候，妈妈可以说："哎呀，小汽车没电了，宝宝把它送回家充电吧！"宝宝玩积木的时候，妈妈则可以说："小积木想家了，宝宝把它们送回家看看好吗？"这些拟人化的语言能够让宝宝把玩具当成和自己一样的生命来珍惜，从而很高兴地执行"送玩具回家"的光荣"任务"。

教宝宝进行分类和检查

妈妈在教宝宝整理自己的物品时要教宝宝进行分类，告诉宝宝：宝宝的鞋子放到宝宝放鞋子的地方；大的玩具应该放在箱子里；小的玩具可以放到抽屉里或架子上；带盒子的玩具要先装进盒子里，然后再放在靠墙的空地上。这样不仅能使宝宝的房间显得更加整洁，对培养宝宝的条理性也很有帮助。

收拾积木、拼图、英语字母板、数字模型等成套玩具时，应当教宝宝学会检查，一定要把一套玩具的所有"零件"都收齐了，再放回原来的地方，使宝宝明白粗心大意、丢三落四是很不好的行为，应该尽量避免。

习惯和性格培养

让宝宝习惯在卫生间排便

可能有的妈妈会认为，只要宝宝能够控制大小便，把尿便排在便盆中，是否上卫生间大小便并不重要，甚至有的妈妈带宝宝在户外活动的时候，让宝宝随意在户外大小便。其实，宝宝能够上卫生间大小便，对宝宝的发展有着深远的意义。让宝宝上卫生间大小便，会使宝宝认识到把尿便排在卫生间的马桶中，是一种正确的行为。这样可以让宝宝认识到秩序的重要性，使宝宝以后知道规范自己的行为，这就为宝宝长大后严格遵守社会公德，打下了牢固的心理基础。

但是，不要让此年龄段的宝宝一个人待在卫生间，以免宝宝发生意外。

教宝宝学会等待和遵守秩序

面前的食物还没吃完，宝宝便迫不及待地嚷着要吃另外的食物；在游乐场看到好玩的滑梯，无视前面正在排队的小朋友，自己硬要抢先上去玩；遇到要求没有被及时满足的时候，他立即发脾气，甚至情绪失控……因为宝宝还没有学会等待和遵守秩序。妈妈要从小培养宝宝，让宝

宝学会遵守社会规范，让宝宝学会忍耐和坚持，学会等待。

"吃苹果"的等待

当宝宝提出想去楼下玩时，妈妈可以拿出一个苹果说："请等一下，等妈妈吃完半个苹果再下去玩。"然后邀请宝宝也吃一小片苹果，同时对宝宝亲切地说话，说说即将下楼见到哪些小朋友或是小动物等宝宝感兴趣的话题，会使宝宝感受到等待中的小小乐趣。

多带宝宝玩"体验生活"

妈妈可常带宝宝逛超市、去游乐场、排队买票、排队付钱、排队玩耍等，在等待的过程中，教会宝宝遵守社会秩序，让宝宝知道排队和等待，是一般的礼仪，是文明的社会现象。从小就要让宝宝学会文明礼让，不要抢先，要按着次序做事，否则就会乱成一团。要知道，虽然宝宝还小，但对宝宝讲清道理，宝宝就会逐渐变得懂事，学会等待。

在等待的过程中，宝宝也会体验到美好的感觉，当愿望得到满足时，他也会感到无比幸福，而且对得到的礼物也会倍加珍惜。如果宝宝想要什么，父母就马上满足他，所有的东西，都这么轻而易举地得到，宝宝才不会珍惜，也感受不到幸福，反而会觉得这是应该的。

培养宝宝的独立性

知识导读：两岁左右是孩子独立性发展最快的关键期，这一时期孩子出现了最初的自我概念，开始出现"我要""我会""我自己来"等自我独立性意向。可能明明自己做不好，却不让别人帮忙。不了解孩子的父母也许会说："这孩子变得不听话了！"其实这是幼儿成长过程中必不可少的一步，也是孩子可喜的进步。

给孩子学会独立的机会

1～3岁的孩子对大人所做的事

都很感兴趣，加上孩子天生喜欢模仿，所以当他看见大人在干什么他也学着干什么，如大人在叠衣服，他也要来帮忙；大人在扫地，他也抢着要扫；吃饭时也想要自己吃、走楼梯时不用大人扶……这些都是孩子独立意识开始发展的表现。此时孩子的可塑性最强，最容易接受教育，是培养孩子独立性的最佳时期。虽然孩子做得不好，会把刚装好的垃圾倒得满地都是，会把饭菜满桌撒，会把干净的衣服丢进水里。但也请家长允许孩子这样"帮忙"。如果此时家长觉得孩子还太小，什么都做不来，反倒给大人添了许多麻烦，便制止孩子做，那么渐渐地就会让孩子形成依赖性，从而错过了培养孩子独立性的最佳时期，一旦孩子形成依赖性就很难改正了。

理解宝宝独立又依赖的心理

宝宝独立意识逐渐增强，而独立能力并不高，所以对父母还有很深的依赖，这种既想独立又不敢独立的心理状态让宝宝也很矛盾，有时候表现出来的态度让父母也难以捉摸，比如，父母跟他玩游戏，玩着玩着他就发火了，不让父母插手，但当父母真的退出了，他又发火了，要求父母跟他玩，往往让父母不知所措，几个回合下来，父母也会不耐烦。如果这时候父母控制不好情绪，就又会爆发一场冲突。

当宝宝出现这种状态的时候，父母一定要给予理解，保持冷静，并耐心劝导宝宝冷静，或者建议宝宝玩一下别的游戏，暂时放下眼前的烦恼。

独立不是强行让孩子与家长分离

常常听到一些家长说我也很努力培养孩子的独立性，但是没办法，孩子还是老喜欢黏人。其实，黏人并不是不够独立的代名词，而是对父母情感需求的一种表现。

根据科学的育儿理论，只要孩子的依赖心理得到完全的满足，他有了充分的安全感，就会主动走向独立。这是一个很简单的道理：一个吃饱饭的孩子，是不会继续喊饿的，而是会把注意力从食物上移开，转向其他更有趣的事情。然而如果我们不肯满足他的口腹之欲，把他对饱的呼唤视为无理取闹，不给他吃饱就打发他离开，那么孩子肯定会赖在饭桌上不肯走。有的家长为了让孩子更早独立，会在孩子最需要父母的时候将孩子送去幼儿园或送至老人那里抚养，看到孩子

专家这样说

独立性不单单指孩子某一个时间段能独自待着，而是指遇事有主见，有成就动机，不依赖他人就能独立处理事情，积极主动地完成各项实际工作的心理品质，它伴随勇敢、自信、认真、专注、责任感和不怕困难的精神。

不到两岁可以适应幼儿园的生活，才三岁就能自己睡觉，心里甚是安慰，觉得自己的决定达到了预期的效果。其实，家长若仔细观察就会发现，孩子一旦再回到父母身边，会比其他一直生活在父母身边的孩子更黏父母，不想自己待着，这正是孩子缺乏安全感的表现。之前所表现出来的能适应幼儿园，能自己睡觉等独立行为，其实是父母"逼"出来的：你不给我饭吃，甚至连饭桌都搬走了，我就只能饿着去干别的事情了，一旦让我再看到饭，我就绝不松手，一定要一次吃个够。

健康与急救

宝宝经常扁桃体发炎怎么回事

知识导读：扁桃体是喉咙后部两侧下垂的两个杏仁状淋巴结。虽然扁桃体有过滤咽部细菌的功能，但是当病毒或细菌非常强大时，也会造成宝宝扁桃体肿大，即扁桃体发炎。

扁桃体发炎的症状

扁桃体炎发病较急，主要症状有畏寒、发热、全身不适、扁桃体红肿、吞咽困难且疼痛等。有的宝宝经常反复出现扁桃体发炎，一年 4 ~ 5 次，甚至一月一次。只要一遇天气变化或劳累，宝宝的扁桃体就发炎，形成恶性循环。

宝宝反复患扁桃体炎要注意预防

宝宝经常扁桃体发炎多是因为抵抗力低下的原因，所以预防扁桃体炎没有什么特效方法，关键是让宝宝锻炼身体，增强体质，注意穿衣冷暖，避免受凉。

当宝宝因其他疾病引起发热时，要注意多给宝宝喝些温水，多吃水果、蔬菜和蛋白质低的食物。宝宝房间的空气要保持清新，经常开窗通风，室内湿度保持在 60 % 左右。同时，增加宝宝休息时间，保证充足的睡眠。

宝宝被鱼刺卡住了怎么办

宝宝被鱼刺卡住了喉咙，妈妈最常用的老方法就是让宝宝立即猛吞几口饭或馒头，试图让宝宝把鱼刺吞下去，可是往往达不到效果，还加深了宝宝的痛苦。因为咽喉与水管不同，它是柔软的肌性管道。本来鱼刺扎在喉咙的表浅黏膜上，强力吞咽饭团或馒头，会使鱼刺扎得更深，并引起局部黏膜肿胀、出血或合并感染。所以当宝宝被鱼刺卡喉的时候，千万不可以鲁莽。

鱼刺卡喉的正常处理方法

鱼刺比较小，扎入比较浅的话，可以让宝宝做呕吐或咳嗽的动作，或用力做几次"哈、哈"的发音动作（注意咳吐时不要咽口水），利用气管冲出来的气流将鱼刺带出。

如果还是无效，就让宝宝张大嘴巴，用手电筒向里照着，将宝宝舌头压住，让宝宝一直不停地发"啊"的声音。如果看见鱼刺在扁桃体上或舌根表面，可用手扶住宝宝的头，用一把干净的小镊子（可以用酒精棉球擦拭消毒）轻轻地把鱼刺夹出来。如果宝宝卡鱼刺的部位比较深，用镊子不容易夹出来，或根本看不到鱼刺，应尽快带宝宝去医院，请医生处理。

在玩耍中开发宝宝能力

帮家人拉推物品

知识导读： 喜欢运动的宝宝，睁开眼后就一刻不停歇。妈妈总怕累着宝宝，可宝宝似乎精力超好。妈妈不必担心，宝宝累了会停下来歇息的，就像渴了要喝水，饿了要吃饭一样。

大多数宝宝这么大的时候开始对推拉物体感兴趣，尤其喜欢推拉带有轮子的小车。妈妈可在带宝宝外出购物时，让宝宝推拉装物品的小车，宝宝通过推拉小车，体验到成功的喜悦。在宝宝看来，他有能力完成一件事，这是他最值得自豪的。

此外，这个年龄段的宝宝运动能力和平衡能力进一步提高，胆量也增大了，宝宝推着小车不光往前走，还能连贯后退好几步，当宝宝向后退的时候，妈妈要保护好宝宝。因为宝宝不会像成人那样，向后退的时候，总是不自觉地回头看。宝宝没有这种恐惧和担忧，会一直向后退，并不顾及后方是否安全。

帮妈妈择菜、端凉水杯

🔔**知识导读：** 将近 2 岁的宝宝很喜欢跟在妈妈屁股后面，妈妈干什么，他干什么，妈妈可以利用这一点，让他参与做家务，这会大大提高他生活自理的能力和兴趣。

宝宝参与劳动的时候，妈妈会觉得宝宝碍手碍脚，耽误自己干活的效率，其实这是因为妈妈没有合理给宝宝派活，宝宝只好跟着妈妈忙导致的。妈妈这时候可以和宝宝分工，把自己正在做的工作分一部分给他，让他独自完成，比如，妈妈做饭时候，可以让宝宝帮忙择菜；爸爸下班回家了，让宝宝帮助端杯凉水给爸爸喝。即使宝宝做得不够好，妈妈也要给宝宝以鼓励和感谢。

从生活中掌握空间概念

🔔**知识导读：** 2 岁的宝宝，应当逐渐发展空间知觉能力。一般来说，宝宝都是先学会分辨上下、然后分辨前后，最后才能懂得左右。

让宝宝掌握空间概念，既抽象，又困难，如果仅仅是空洞地给宝宝讲上下、前后、左右的概念，宝宝会很难理解。只有结合平素生活中的实际，反复训练，宝宝才能逐步形成意识、掌握概念。

怎样让宝宝明白上下、前后、左右

为了发展宝宝的空间知觉能力，要有意识地训练宝宝。平时，就有意识地给宝宝发出指令："把桌子底下的玩具捡起来。""把床上的毛巾递给妈妈。"这样让宝宝理解上和下的概念。

和宝宝一起玩游戏时，可以对宝宝说："后面有人追来了，我们快往前面跑吧！""宝宝在前面跑，爸爸在后面追。"使宝宝理解前与后的概念。

戴手套的时候，一边给宝宝戴，一边说："先戴上左手，现在，戴好了左手，宝宝把右手伸出来，咱们再戴右手吧！"以此类推，给宝宝穿袜子、穿鞋时，也可以一边穿一边问："先穿左脚呢，还是先穿右脚？"在日常生活中反复训练，加上宝宝自身肢体方位的参与，有利于宝宝很快地记住左和右的概念。

剥糖纸、拆包装

当家里有一些需要动手拆卸的东西时，可以多让宝宝试一试，像剥糖

纸、拆包装这样的机会就很好，不仅可以锻炼宝宝的手部运动技巧，还能让宝宝体会到自己动手的乐趣。

剥糖纸

妈妈可以用一个有趣的小故事引导宝宝进入正题，比如："有一天，小鸭子买了好多糖果回来，它听说糖果很好吃，但是糖果都被包起来了，小鸭子为难了，该怎样吃到糖果呢？宝宝来帮帮小鸭子好不好？"然后让宝宝自己探索一下，糖纸怎么剥，如果宝宝觉得难，妈妈可以示范一下，如果宝宝剥开了，一定要给予表扬，并鼓励他用多种方法试一试。

宝宝剥开糖果后，妈妈可以请宝宝吃一颗糖，比如："小鸭子非常感谢宝宝帮它剥了这么多糖果，它想请宝宝吃一颗糖，宝宝挑一颗尝尝看。"

问问宝宝糖果的味道，自己剥的糖好不好吃等，强化宝宝自己动手的成就感。

拆包装

有时候家里会收到一些礼物，大人也会送给宝宝礼物，这时候不妨让宝宝来拆，拆开包装看看里面是什么，这种事情会让宝宝非常好奇，他会积极地想办法去拆开包装，即使是很复杂的也不会轻易泄气。

宝宝两岁了

满两岁宝宝的体格标准

满两岁宝宝的体格标准如下:

体格指标	男宝宝	女宝宝
体重(平均)	12.54 千克	11.92 千克
身长(平均)	88.50 厘米	87.20 厘米
头围(平均)	48.40 厘米	47.30 厘米

满两岁宝宝具备的能力

大动作能力——学会跑

现在的宝宝走的姿势标准、协调、好看,并且逐渐学会跑了,只是刚开始跑的时候自己停不下来,有人在前面接住了就停下来,如果没有人接着就会摔倒,这种情况需要几个月才能改善,自己学会停止。

精细动作能力——双手更灵活

宝宝的双手更灵活,在大人的带领、示范下,能玩比较复杂的游戏,像折纸、堆积木、捏橡皮泥、串珠子等,还能画简单图形,也能拧开螺丝口的瓶盖打开瓶子,还能再拧上去。另外,大多数宝宝这时候已经很明显地偏向于使用某一只手,可以明确判断出是不是左撇子。

认知能力——理解抽象的概念

宝宝此时理解了很多抽象的概念,如今天和明天、快和慢、远和近等。对图形、事物的属性等认知更进一步,能够玩拼图,把匹配的图形拼起来,还能把具有同样性质的东西归为一类,把玩具和玩具收拾在一起,餐具和餐具归拢在一处等。

人际交往能力——既独立又黏人

宝宝这时可以独立玩耍,不喜欢别人参与,但是希望有熟悉的人陪在身边。宝宝玩得正起劲的时候,如果熟悉的人走开了,宝宝就会很恐慌,会立刻停止游戏去寻找。

语言能力——喜欢说话

宝宝现在很喜欢说话,大多数宝宝现在能够用 3 ~ 5 个字的短句表达自己的需求,但更多时候是一个人嘟嘟囔囔地自言自语,或者跟娃娃说,妈妈也听不懂。

两岁～两岁半

本阶段重点问题：
宝宝脾气大，爱哭闹怎么办

家长：宝宝脾气大，爱哭闹怎么办？

女儿现在 2 周岁了，之前女儿是个爱笑、开朗的孩子，可是最近不知道怎么了，变得很爱哭闹，而且最近脾气也很大，不如意就哭闹，真不知道该怎么做才合适。

问题解决 现在小家伙有自我意识了，非常会利用自己的"小脾气"来影响大人的决定。稍不如意就号啕大哭，并以此来"要挟"家人满足他的种种无理需求，譬如该睡觉了偏不睡觉，或者不让他拿什么危险的东西，他偏要拿，妈妈责怪他了，他会"生气"，甚至会用手抓妈妈的脸或头发，以此发泄自己的不满。遇到这种情况，很多父母都束手无策，不知道该拿他怎么办？但又不能听之任之。

✦ 冷静面对宝宝的坏情绪

很多妈妈面对宝宝发脾气，哭泣不止的时候不能冷静地面对，通常会用强势的方式压抑住宝宝的这种情绪爆发的行为。其实，这对宝宝的自我情绪管理是不利的。

父母要想冷静面对宝宝的坏情绪，首先要认可宝宝的情绪。试想，当成人处在生理低谷期的时候，尚且会莫名其妙地大发脾气，或者变得异常忧郁，无法控制自己的情绪，何况年幼的宝宝呢？他也有情绪低谷期，加上本来自控能力就比较差，因此，他的这种反应就会更加强烈些。尤其是对于较小的宝宝，情绪表达能力有限，动作比语言发展快，当他出现坏情绪时，不能很好地处理，便会耍脾气，其实宝宝都是在表达对外在环境的感受，也就是在告诉爸爸妈妈"我有话要说"。所以，爸妈反而要在这时候多给予宝宝关心。

❖ 父母要学会同理宝宝的感受

父母在要求宝宝"不可以坏脾气"之前，应该先为宝宝的情绪找到出口，譬如给他一个宽厚的拥抱平复情绪，然后试着同理他的感受："我知道你想和妈妈待在一起。"或"你是喜欢跟妈妈待在一起，是吗？"而不要马上就叫他："不准哭""必须去"。宝宝有情绪，应先让他情绪安稳；而当宝宝有被了解的感觉，情绪也容易被安抚下来。

❖ 转移注意力

有时候宝宝只是在某一件事情上执拗，妈妈不能也跟宝宝犟，这样碰上脾气倔的宝宝，只会让他哭闹得更厉害。最好的办法是转移注意力，如果宝宝非要某一样东西，妈妈又没办法满足他时，可以用另一种东西来吸引宝宝的注意力，这样宝宝会很快忘记他之前想要的东西，也就平复了情绪。

❖ 不要过度顺从宝宝

随着年龄的增长，宝宝也在慢慢形成自己的个性，有的宝宝比较倔强，是可以理解的，但正因为这个时期是形成宝宝个性的关键时期，所以更加不能助长宝宝任性的习惯。过度地顺从宝宝，会使宝宝脾气越变越坏，影响宝宝性格的发展。

当宝宝发脾气时，妈妈首先要了解宝宝发脾气的原因，如果是因为身体不适的原因，可以在事后再跟他讲道理。但如果是无缘无故地发脾气，耍赖皮，使性子，爸爸妈妈就不能迁就了。当他哭闹的时候，家里的人都不要理他，慢慢地他会觉得这样的方式已经不管用了，自然就不再哭闹了，然后每次等他不哭时再和他讲道理，必须每次都这样，他会改的。一开始会很困难，但以后会有意想不到的顺利，关键是父母必须坚定立场。

营养与饮食指导

2 岁后宝宝还需要喝配方奶吗

🔔 **知识导读：**如果宝宝仍然像原来那样，每天都能喝一定量的配方奶，并不感到厌烦，那就给宝宝这么喝下去好了，可以一直喝到 7 周岁。

建议妈妈每天给宝宝喝 300 毫升左右的配方奶，不喜欢喝配方奶的也可以喝 125 ~ 250 毫升的酸奶或吃一两片奶酪代替部分配方奶。要根据宝宝的喜好，为宝宝选择不同的奶制品。

如果宝宝只是愿意喝酸奶，就是不愿喝配方奶，暂时先让宝宝喝酸奶也无妨，过一段时间再尝试着让宝宝喝配方奶。

如果宝宝什么样的奶都不喜欢喝的话，建议试一试羊奶。

给宝宝喝配方奶最好

建议 7 岁以前的宝宝都喝配方奶，其他奶制品，如酸奶、豆奶也应该让宝宝经常喝些。虽然从营养价值来看，配方奶较高，但正因为各种奶制品的营养成分不同，其保健功效也会有侧重，比如，牛奶是补充钙质的良好奶源，酸奶则有助于肠道内物质的消化吸收、增强机体免疫力；豆奶中所含的微量成分异黄酮对人体还具有防癌、防止骨质疏松等保健作用。

需要注意的是，不要给宝宝喝太多乳制饮料。

适合宝宝吃的零食

🔔 **知识导读：**零食是指正餐以外的一切小吃，是宝宝喜欢吃的小食品。宝宝吃零食能增加生活的乐趣，也是生理需要。

父母给宝宝选择零食要有计划、有控制，一次不要买太多堆在家里任宝宝食用，也不能完全依着宝宝，宝宝喜欢吃什么就买什么。选购零食时还要注意清洁卫生、新鲜，查看是否已过保质期等。

适合宝宝吃的零食

奶制品：如酸奶、纯牛奶、奶酪等。早上、睡前可选择牛奶；下午加餐可选择酸奶、奶酪。

粗粮：过于精细的食物易导致宝宝体内缺乏维生素 B_1 和赖氨酸，使

胃肠蠕动减慢、腹胀、消化液分泌减少，食欲降低。因此日常饮食要注意粗细粮的搭配。2 岁宝宝平常可以吃些玉米、红薯等粗粮做的零食。但是妈妈要注意，2 岁宝宝吃的粗粮应细做，宝宝才能消化、吸收。

水果：最好在两餐中间吃适量水果，能助消化，补充维生素和无机盐。2 岁的宝宝可以吃的水果有苹果、桃子、柑橘、香蕉、西瓜等；不过食用时注意适量，2 岁宝宝每天适宜摄入的水果量是苹果、桃、柑橘为 75 克；香蕉为 50 克；西瓜为 200 克。

山楂类：2 岁的宝宝可以适量吃些山楂类食物，如山楂片、果丹皮等，有开胃、助消化、提高食欲等作用，尤其是适宜食肉过多的宝宝食用。不过记得食用要适量。

安排宝宝吃零食的时间和量

知识导读： 科学地给宝宝吃零食是有益的。因为零食能更好地满足身体对多种维生素和矿物质的需要。在三餐之间加吃零食的宝宝，比只吃三餐的同龄宝宝更容易获得营养平衡。

如果宝宝没有吃零食的要求，那家长也不必强迫宝宝一定要吃零食。有时宝宝肚子有些饥饿感会对吃下一餐更有好处。

安排合适的时间

零食宜安排在饭前 2 个小时吃，一般可在上午九十点和下午三四点安排宝宝吃零食。其他时间妈妈可以安排丰富的游戏活动，吸引宝宝的注意力，让他暂时放弃吃零食。睡前不宜吃零食，尤其是甜食，不然易患龋齿。如果从吃晚饭到上床睡觉之间的时间相隔太长，这中间也可以再给一次零食。这样做不但不会影响宝宝正餐的食欲，也避免了宝宝忽饱忽饿。

控制宝宝的零食量

1 ~ 3 岁宝宝胃的容量在 200 毫升左右，妈妈给宝宝的零食量应控制在几十毫升内，以不影响宝宝正常食欲为原则。如果量太多，宝宝的胃就会填得太满，影响下一餐的进食。有时，一两瓣橘子就是一餐零食，一个冰激凌球、几片苹果、半个煮鸡蛋、少半罐的酸奶也完全可以作为宝宝适当的零食量。

 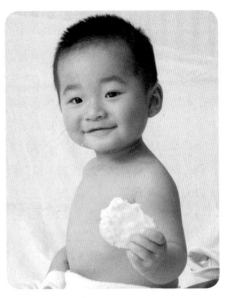

不要拿零食哄宝宝

有的家长在宝宝闹时就拿零食哄他，也爱拿零食逗宝宝开心或安慰受了委屈的宝宝。与其这样培养宝宝依赖零食的习惯，不如在宝宝不开心时抱抱他、摸摸他的头，在他感到烦闷时拿个玩具给他解解闷。

不能给宝宝吃的"垃圾"食品

🔔 **知识导读：**所谓"垃圾"食品，即指"空热量食品"（含有高热量，却少有其他营养素的食品）。

吃"垃圾"食品的危害

"垃圾"食品大部分是含有高糖分、色素、香料的甜食类。宝宝吃多了，血糖会很快上升，影响食欲及正餐的摄取，久而久之，爱吃零食的宝宝会变得瘦弱、脸色苍白、肠胃不好，对健康的影响很大；而且，宝宝一旦吃了零食又吃正餐，很容易发胖。

十大"垃圾"食品

世界卫生组织公布的十大"垃圾"食品包括：油炸类食品、腌制类食品、加工类肉食品（肉干、肉松、香肠、火腿等）、饼干类食品（不包括低温烘烤和全麦饼干）、汽水可乐类饮料、方便类食品（主要指方便面和膨化食品）、罐头类食品（包括鱼肉类和水果类）、话梅蜜饯果脯类食品、冷冻甜品类食品（冰激凌、冰棒、雪糕等）、烧烤类食品。

妈妈可以对照一下宝宝每天吃的食物，有多少属于"垃圾"食品。当然要绝对一点"垃圾"食品都不吃似乎是不可能做到的事情。但是，妈妈为了宝宝的生长发育和健康一定要尽量让宝宝少吃。

宝宝可以吃巧克力吗

🔔 **知识导读：** 巧克力是以可可制品（可可脂、可可液块或可可粉）、白砂糖和/或甜味剂为主要原料，添加或不添加乳制品、食品添加剂，经特定工艺制成的固体食品。巧克力中含有少量的可可碱，能缓解情绪低落，使人兴奋。巧克力中可可粉含量越高，其中所含多酚类物质越多，此类物质具有抗氧化作用，有益于心脑血管健康，帮助延缓衰老。

虽然适量食用巧克力对人体有好处，但8岁以下儿童不建议吃巧克力，巧克力蛋白质含量低，饱和脂肪含量高，能量高，多吃影响正常食欲，造成蛋白质、无机盐及维生素等人体必需物质的缺乏，对健康不利。若在睡前吃巧克力，因为巧克力中含有使神经系统兴奋的可可碱，会使儿童不易入睡和哭闹不安。

日常护理与安全指导

宝宝牙齿有问题要及时看牙医

🔔 **知识导读：** 牙医建议：父母在宝宝满一周岁的时候，就应该带他去做一次口腔检查。如果父母能确保宝宝每天都保持口腔清洁的话，可以等宝宝三周岁时再去看牙医。

在下列意外情况发生时，父母必须毫不犹豫地带宝宝去看医生。

1. 当宝宝诉说牙疼时。

2. 宝宝的牙齿对冷热食物或饮料有不适的感觉。

3. 牙齿掉了一小块，或者因为跌倒牙齿受损了。

"乳牙坏了不要紧，反正最终还是要掉的"，这种说法对吗？

这是一个误区。健康的乳牙可以保证恒牙的正常发育和引导恒牙正常萌出。乳牙如发育不正常或患龋齿（蛀牙）的话，会直接影响到恒牙的发育，如乳牙龋齿特别严重的话，会影响到乳牙牙根根尖部位，甚至下方恒牙的牙胚。因此父母不能掉以轻心，一旦发现龋齿要及时请医生治疗、填补。

要不要让宝宝独睡

🔔 **知识导读：** 1岁以后的幼儿不但有独立的愿望，同时也产生更大的依赖性。当妈妈在身边时，宝宝能够安心地玩耍，做他想的事情，当妈妈不在身边时，他就不能继续他的探索和玩耍，而是到处找妈妈，眼中还会露出不安的神情。

有的人提倡宝宝独睡，甚至刚刚出生的新生儿就开始独睡。即使不独自在一个房间，也要让宝宝独自睡在自己的小床上。在人们看来，越早让宝宝独处，宝宝越能更早地独立。

现在人们已经改变了看法。尤其是在大力提倡母乳喂养、0岁教育的情况下，妈妈和宝宝同睡，对促进婴幼儿心理发育有着不可估量的意义。人们慢慢认识到过早让母子分离，剥夺孩子与母亲接触的权利，特别是肌肤的接触，会极大地影响宝宝的发育，无论是身体上的，还是心理上的。

独睡并不等于独立

研究表明，从刚刚出生就独睡的宝宝，并不比与妈妈同睡的宝宝有更强的独立性，可能还会使宝宝失去爱心，觉得孤独。培养孩子的自立性，并不在于过早让宝宝独睡。其实，幼儿与父母睡在一起并不是什么坏事，尤其是不应让晚上哭夜的宝宝独睡。如果宝宝还不能独睡，妈妈再陪宝宝一段时间不是坏事，等到宝宝能够独睡的时候，他自然就不再需要妈妈了。

培养宝宝喜欢自己睡觉

如果妈妈觉得自己的宝宝依赖性并不强，夜里睡觉也从不醒来，且能够接受独立睡觉，妈妈可以培养宝宝独睡，但要采取妥当的方法，让宝宝喜欢自己睡觉。

跟宝宝一起布置房间

妈妈可以带宝宝一起布置宝宝的房间，一定要按照宝宝的喜好来布置，大房间并不适合宝宝住，小一点，可以使宝宝增加安全感。不能让宝宝在漆黑一片的房间睡觉，安装一个3~6瓦的地灯，不影响宝宝睡眠，又能使夜间醒来的宝宝看到室内的东西。

然后妈妈可以让宝宝选一个布娃娃或一个小枕头，给它起个名字，让宝宝哄着布娃娃睡觉。

睡前给宝宝讲故事

妈妈每晚睡前都要给宝宝讲故事，直到安抚宝宝入睡后方可离开。

答应宝宝在父母房间睡，等到宝宝睡着再把宝宝抱回他自己的房间，不是好方法，这样会让宝宝有不放心的感觉，有可能导致宝宝入睡困难，或在睡眠中因噩梦惊醒，还有可能让宝宝对父母产生不信任感。

尊重宝宝的选择

如果宝宝总是在半夜三更跑到父母房间，说明宝宝还不能接受独睡，妈妈应尊重宝宝的选择，继续让宝宝和父母睡在一起，过一段时间再考虑让宝宝独睡的问题。

另外，深更半夜发现宝宝来到父母房间，或站在那里看着你们，或索性上了床睡在妈妈身边，无论宝宝怎样表现，这时的父母都不应大惊小怪，也不能批评宝宝，应把宝宝搂到你的怀里，继续睡觉。

 专家这样说

两岁的宝宝不同意独睡是很正常的，如果因为恐惧而不敢独睡，让宝宝回到父母房间是正确的选择。

自理能力训练

教宝宝穿脱鞋袜

知识导读：宝宝 2 岁多时，大都已经能够控制自己身体的平衡，手和脚的动作也很灵活，完全可以训练他们自己穿脱鞋袜了。

很多父母不让自己的宝宝动手穿鞋袜，认为这是件很困难的事。其实，教宝宝穿鞋袜并不复杂，只要多给宝宝做示范动作，让他模仿就可以了。只是宝宝的接受能力还很有限，父母要有十足的耐心和细心。

选择带粘扣的鞋子

带粘扣的鞋子比较容易穿脱，是宝宝学习穿鞋的首选。穿鞋前，要先告诉宝宝怎样区分左右脚：让宝宝把两只鞋子紧挨放在自己的正前方，鞋的头部朝前，如果看到两只鞋的中间有一个小洞，就说明左右脚的顺序是对的；如果中间没有小洞，就说明放反了。

教宝宝学穿鞋的方法

刚开始，父母可以帮助宝宝把鞋大致穿上，只让他把脚后跟穿进去。如果宝宝能完成得很好，下次大人可以帮他穿一半，余下的部分让宝宝自己穿。逐渐增加宝宝自己穿的部分，最后全部让宝宝自己穿。

宝宝学会穿鞋不是一蹴而就的，可能需要一段时间的训练。要多给宝宝机会，容许他穿得不太好、穿反了或者穿歪了。看到宝宝一点点进步就表扬他，让他有成就感，有了兴趣的宝宝，自然就慢慢学会了。

教宝宝脱鞋的方法

教宝宝脱鞋要容易些，让宝宝坐在那里，用手将左右鞋子上的粘扣打开。先将一只脚抬起来，双手放在鞋跟用力地向下脱，把脚丫从鞋子里抽出来，将鞋子放到一旁。然后如法炮制，把另一只脚上的鞋子脱下来，再把脱下的鞋子摆放整齐即可。脱鞋步骤比较简单，但也需要父母监督，要让宝宝养成良好的习惯，不能将脱下的鞋子随意乱扔，要放到指定的地方并摆放整齐。

教宝宝穿脱袜子

教宝宝学穿脱袜子时，应先学会脱后再学穿，因为脱往往比穿要简单，这会让宝宝有信心。脱袜子时，让宝宝双手抓住袜筒处，用力向下一脱，袜子就脱掉了。这样训练几次，宝宝很快就掌握了脱袜子的要领。学穿袜子时，妈妈可先将袜子卷至一半，仅剩下袜子脚指头的部分，然后让宝宝自己将袜子套在脚上，再由宝宝将袜子拉上。宝宝一般都会用力扯上去，小小地炫耀一下。

教会宝宝穿脱裤子

穿脱裤子也是宝宝必须学会的上厕所技能。为了便于穿脱，宝宝学上厕所的阶段应该给宝宝穿带有松紧带的裤子，以免宝宝穿脱不及，解到裤

子里。

　　脱裤子相对来说比较容易，宝宝很容易学会，需要着重练习的是上完厕所后穿裤子。因为宝宝穿裤子的时候往往只知道把裤子提上去，却不知道该提到什么位置，更不知道提好后还要把衣服整理一下。所以，在宝宝提完裤子后，妈妈最好检查一下宝宝穿裤子的情况：如果提得不到位，就要帮宝宝提好；没有整理的，要帮宝宝把衣服弄平，塞到裤子里。这时候要多给宝宝讲一讲穿脱裤子的程序和每一步动作的原因，并让宝宝多练习，宝宝很快就会学会穿脱裤子。

➕ 专家这样说

　　如果宝宝的手能伸到屁股后，妈妈也可以教宝宝擦屁股，但开始还是需要妈妈帮忙，直到宝宝能自己擦干净为止。

习惯和性格培养

教宝宝养成见人打招呼的习惯

知识导读：孔子曾经说过："不学礼，无以立。"文明礼貌不但是一个人道德和素质的体现，更是形成和谐愉快的生活氛围、给自己和他人带来快乐的法宝。

　　孩子不是天生不懂礼貌的，而是需要父母经过后天的教育和强化逐渐形成的。只要妈妈在生活中不断强化宝宝见人打招呼的行为，时间一长，宝宝就会养成好习惯。

教宝宝主动与熟人打招呼

　　打招呼的宝宝讨人喜欢，比如带

宝宝去室外活动，看到叔叔阿姨、爸爸妈妈或是其他小朋友，要主动问好。

有些宝宝比较胆小、害羞，经常不敢或不愿意向别人打招呼。这时候妈妈不要当着别人的面责备宝宝，也不要勉强宝宝开口叫人。过后，再给宝宝讲一讲应该和熟人打招呼的道理，使宝宝慢慢地接受。妈妈可以对宝宝说："刚刚见到的李阿姨是妈妈很亲的人，如果宝宝能对李阿姨说一声'阿姨好'，她一定会很喜欢你的。"

给宝宝树立懂礼貌的榜样

宝宝是在模仿中学习的。如果妈妈在平时的生活中能够做到尊重别人、礼貌待人、热情待客、经常使用礼貌用语和周围的人打招呼，宝宝也会不自觉地受到妈妈的感染，逐渐学会使用礼貌用语和别人说话，并慢慢地懂得尊重别人。相反，如果妈妈从来不主动与人打招呼，宝宝也会学着妈妈的样子，看到了熟悉的人也从不打招呼。

宝宝很霸道怎么办

现在许多家长对宝宝是有求必应、百依百顺，这样容易使宝宝潜意识中慢慢形成一种"众人为我"的心理优势，往往只注重自己的需要，很少主动满足他人的需要，因此宝宝大都不喜欢谦让，甚至有些霸道。

冷处理，不予理睬

如果宝宝对不是自己的东西也要霸占，妈妈首先要跟他讲道理，让他明白这种东西不是属于他一个人的，更不能自己一个人霸占。如果宝宝仍然不能接受，父母可以采取冷处理，不予理睬的方法。可以把宝宝放在一个安静的无人区域中，但要在父母视线范围内，不理宝宝任何的哭闹行为，在不会使宝宝太难堪的情形下，坚决

采取这个行动。在宝宝情绪渐渐稳定后，尝试与宝宝沟通，并且讲述不可以霸道的理由，让孩子慢慢了解自己的行为是不恰当的，切忌用"以暴治暴"或"一味忍让"的方式来对待宝宝。

建立沟通顺畅的家庭氛围

看电视时，宝宝往往喜欢霸占电视，这时父母应和宝宝商定，轮流看自己想看的节目，而不是一味地迁就宝宝，要给宝宝建立一个民主的家庭氛围。这样做，能让宝宝意识到其他人的存在，淡化宝宝"众人为我"的心理。

日常生活多强化

在日常生活中，多多培养宝宝的谦让行为。如让宝宝把蛋糕先送给爷爷奶奶吃；家里有小朋友来玩时，提醒宝宝把自己的玩具分享给小朋友玩；公交车上别人给宝宝让座时，让宝宝观察一下，周围还有没有比他更需要坐的人……

让宝宝学会交往，学会分享

给宝宝创造交往的机会，多和同伴一起玩耍，在这个过程中慢慢学会分享，而不要一直在家里称王称霸。可以试着让宝宝做一回小哥哥或小姐姐，鼓励他们照顾小弟弟和小妹妹。经历了学会对他人照顾的过程，宝宝肯定会逐渐不再霸道了。

多鼓励，多表扬

当宝宝有谦让行为时，父母应及时给予鼓励："宝宝真懂事，学会照顾别人了！""做得真棒，真是我们的好宝宝！"通过父母的言语强化，宝宝会逐渐懂得怎样做是对的，怎样做是不受人欢迎的。

适当给宝宝劣性刺激

🔔 **知识导读：**劣性刺激是一种很有效的教育方式，可以锻炼宝宝的心理承受能力以及耐力、独立生活的能力、面对困难的勇气等，让宝宝更皮实。

劣性刺激就是不要太保护宝宝，让他适当受一些磨难，比如，冬天不要早早穿上厚衣服，夏天不必稍微热点就开空调，太挑食可以适当饿饿他，适当让他干点儿活，劳累一下，摔跤后让他自己爬起来，让他一个人关灯睡觉，做错事恰当批评，玩游戏让他输几局，等等。

总之不要什么都顺着宝宝、无限度地满足他，否则会让宝宝的兴奋感一直处于饱和的状态，失去追求的动力。

宝宝不合群怎么办

🔔 **知识导读：**大量调查表明，合群的孩子在知识范围、语言表达能力、人际交往能力等方面均明显优于性格孤僻、不爱交往的儿童。

宝宝不合群是家长很不愿意看见的一种现象。作为家长，平时要观察宝宝和其他小朋友的相处，一旦发现宝宝不合群，那么家长就需要正确引导了！

心理发展的特定阶段

3 岁以前的宝宝处于游戏的观察者与分享行为的萌芽阶段。儿童心理

学研究表明，3 岁以前的宝宝大多还是喜欢自己一个人玩，在有别的孩子在一旁玩的时候，他们更多的是观察者，而不是参与者；而宝宝不愿意把玩具给其他孩子玩的表现在 3 岁以前是很正常的，这个时候宝宝自发的分享行为还没有发展起来，需要妈妈多多培养。所以，妈妈不能简单地把宝宝的行为归结为"不合群"。

多带宝宝出去玩

宝宝不合群多半是与除父母以外的人相处少的原因，不知道如何与其他小朋友相处；还有的宝宝是因为刚

开始与别的小朋友相处时发生了矛盾，而觉得自己一个人玩更好。不管是前者还是后者，家长都要多带宝宝出去玩，与其他的小朋友接触，即使只是站在旁边看别的小朋友玩，也比关在家里要好。家长要注意的是，不要逼迫宝宝和其他小朋友玩，而是应该鼓励、引导，如拿一个足球，让宝宝和其他小朋友一起玩，你踢过来，他踢过去，慢慢地，宝宝找到和其他小朋友玩耍的乐趣后，便会主动融入集体中去了。

多邀请其他小朋友来家里玩

家长要鼓励宝宝欢迎主动上门来玩的小朋友，并为孩子们提供游戏的场所和他们感兴趣的玩具，还应不厌其烦地、热情地鼓励孩子并和他们一起玩。

不要怕宝宝吃亏

从小生活在同龄人的群体中，孩子们会逐步学会怎么生活，怎么相处，怎么玩耍。有许多家长生怕自己的孩子会在集体生活中"吃亏"，便要求孩子自顾自，不要与其他小朋友来往，这样做表面上似乎是爱孩子，实际上，会使孩子无法得到群体生活的锻炼，势必会影响孩子的健康成长。

健康与急救

宝宝一天到晚动不停是否有多动症

很多父母反映自己的宝宝很好动，总怀疑宝宝是"多动症"，看着宝宝总是坐不住，静不下心来，心里很担忧。

区别好动和多动症

妈妈可以通过以下几个方面判断宝宝只是好动而非多动症。

一是有无目的性。好动宝宝的活动是有目的的、有序的；多动症宝宝的活动是无目的的、杂乱的。

二是有无离奇性。好动宝宝即使特别淘气，他的好动也并不离奇，能为人们所理解；多动症儿童的多动，则离奇得让人难于理解。

三是有无选择性。这一条最关键。宝宝的"好动"常常在活动内容和场合上具有选择性，比如，在学习活动上表现为"好动"，而在看电视或做游戏等宝宝自己感兴趣的活动上，则能专心致志；多动症宝宝的"多动"在活动内容和场合上是没有选择性的，不论什么场合什么活动都不能使其安静下来全神贯注，都会表现出多动、注意力不集中等症状。

四是有无自控性。好动的宝宝在严肃的、陌生的环境中，有自我控制能力，能遵守纪律不再胡乱吵闹，而多动症宝宝则没有自我控制能力，即使在一些陌生和严肃的场合也会随意乱动、吵闹。

如果经过一段时间的观察发现宝宝确实有多动症的症状，就要及时送宝宝去医院诊治。

宝宝还不会说话是不是自闭症

知识导读： 自闭症是一个医学名词，又称孤独症，被归类为一种由于神经系统失调导致的发育障碍，其病症包括不正常的社交能力、沟通能力、兴趣和行为模式。

如果宝宝只是不会说话或者是不爱说话，没有其他问题，就肯定不是自闭症。自闭症是根据自闭症行为检查表评估出来的。

儿童自闭症测试

1. 对声音和语言感到迟钝。

2. 与其他儿童交往感到困难。

3. 厌恶学习。

4. 对各种危险，如玩火、登高、在街上乱跑缺乏应有的认识。

5. 已养成的习惯坚决不改变。

6. 不爱说话，有时宁愿用手势表示意愿，也不用语言表达。

7. 常常无缘无故地微笑。

8. 不是像一般的幼儿那样弓着身

子睡觉，而是僵硬地伸直腿脚睡。

9. 精力异常充沛，有时可半夜醒来，一直玩到早晨仍不疲倦。

10. 不愿和任何人的目光接触。

11. 对某件事物可能产生特殊的爱好和依恋，抓住不放。

12. 喜欢旋转圆形物体，而且可以长时间做出同样动作。

13. 重复、持续地玩一些单调的游戏，如撕纸、摇铁筒中的石块等。

14. 怪僻孤独，不合群。

每个题目答"是"算 1 分，累计分数达 8 分以上者，说明孩子有孤独症的倾向。

在玩耍中开发宝宝能力

玩沙子

几乎每个宝宝都喜欢沙子，而且沙子有多种玩法，玩沙子可以充分开发宝宝的想象力，所以不妨给宝宝买一套玩沙子的工具，穿上不担心弄脏的衣服，带到户外，让他尽情亲近沙土。

这样跟宝宝玩沙子

玩沙子最简单的就是用铲子将沙子铲到小桶里，宝宝很快就会觉得没意思，但如果大人一起玩就不一样了，大人可以提前把一些玩具藏在沙子里，跟宝宝玩寻宝游戏，或者把一些数字模型、字母模型等埋入沙子里，寻出来之后给模型排队，另外也可以用木棍、手指等在沙上写字、作画，然后互相猜猜画的是什么，也可以用动物模具在沙上倒模做出各种造型，还可以把沙子弄湿，堆起小山，在小山的底部掏出山洞，以手指、笔等穿过山洞，编出探险故事，等等。

传悄悄话

知识导读：悄悄话因为是耳语，对宝宝很有吸引力，另外他已经能够听懂很多话并复述，传悄悄话可以很好地锻炼宝宝的语言能力和集中注意力的能力。

传悄悄话的玩法

在有包括宝宝 3 个人在场的情况下，就可以玩这个游戏。先由妈妈跟宝宝说一句悄悄话，然后让宝宝传给爸爸，由爸爸大声说出宝宝传过来的悄悄话内容，妈妈检验宝宝是否传对了，慢慢地也可以由宝宝发起传话内容，由妈妈传给爸爸，然后让宝宝检验传的是否正确。传对了就鼓励宝宝。

传悄悄话时要注意所传内容要简短，不要超出宝宝的能力之外，否则他无法获得成就感也没有兴趣再玩下去。

玩提高注意力的游戏

这个阶段妈妈可能发现宝宝玩什么都是3分钟热度，过一会儿就丢开手了，这主要是宝宝的注意力不集中造成的，可以多跟宝宝玩一些增强注意力的游戏，以下几种游戏可以参考。

1. 找出扑克。把3张不同的扑克排列好，让宝宝记住其中一张，然后翻过去，妈妈随意更换3张牌的位置，停下来后，让宝宝指出他记住的那一张。

2. 圈字游戏。多写出一些数字，数字可以重复，然后让宝宝把同一个数字都找出来，用笔圈住。

3. 摸纽扣。找一堆两个眼和四个眼的扣子，让宝宝蒙上眼睛，用手摸扣子，找出两个眼的或四个眼的扣子。

4. 做反动作。跟宝宝说明规则，妈妈说一个动作，宝宝做出相反的动作，比如，妈妈说向前走一步，宝宝就向后退一步。

这些游戏都是需要宝宝精神高度集中，思维保持在活跃的状态才能玩好，对注意力培养非常有效，做什么事都3分钟热度的宝宝可以多做这样的游戏。

想一想，什么东西弯弯

知识导读： 爱因斯坦有句名言："想象力比知识更重要，因为知识是有限的，而想象概括着世界上的进步，推动着进步，并且是知识进化的源泉。"

通常这个时候宝宝可以把一件事情引申到其他地方，和其他相关的事情串联起来，比如，在图片上见过月亮，每到晚上看到天上的月亮就会大叫："看，月亮出来了"；如果你告诉他月亮是弯弯的，他可能还会告诉你眉毛也是弯弯的；你再问他："还有什么东西是弯弯的"，他甚至会出乎你意料地说出："茄子弯弯的。"这一系列的表现说明，宝宝思维已经从二维成长到了三维阶段，而且已经建立了"联想"机制。可别小看宝宝的这微不足道的能力，在每个宝宝的成长过程中，这些都是值得赞叹、值得为之动容的跨越。

这样做提高宝宝想象力

当宝宝向你提出问题时：让宝宝自己想象，然后回答。

当宝宝愿意让你向他提问时：结

合宝宝实际水平提出问题。

当宝宝组合复杂玩具不成功时：提示某个步骤，让宝宝自己完成。

当宝宝对学习最感兴趣时：突然中断，让宝宝提出要求再接着教。

当宝宝对身边的物品发生兴趣时：告诉相应的名称，过段时间再提问。

当教宝宝数数时：找出相同的物品对照，比如，1是棍子。

当宝宝画画时：问他画的是什么。

宝宝两岁半了

满两岁半宝宝的体格标准

满两岁半宝宝的体格标准如下：

体格指标	男宝宝	女宝宝
体重（平均）	13.64 千克	13.05 千克
身长（平均）	93.30 厘米	92.10 厘米
头围（平均）	49.10 厘米	48.00 厘米

满两岁半宝宝具备的能力

大动作能力——走得稳，跑得快

宝宝在满2岁后，大动作能力发展很快，走得平稳，跑得快，能够徒手上下2～3级楼梯，独脚站立1～2秒，从有意识地双脚起跳但无法离开面到学会跳离地面，并学会双脚跳远，从最后一级楼梯上跳下，几乎可以完成所有大动作。

精细动作能力——会旋转手腕的动作

宝宝的手指越来越灵活，旋转手腕的动作也会学会，另外动作准确性非常高，速度也快，能够在30秒内将10粒小豆子捡到小瓶中，还能够用积木搭桥，能够用正确的姿势握笔画出直线以及图形，会一页一页地翻书，并学会折纸，很轻松地将纸折出边角。

认知能力——理解很多抽象概念

2岁半的宝宝能快速地指出自己和别人的五官和身体各部位，也了解了一些抽象的概念，如时间概念，知道早、晚，知道白天、黑夜，理解了"一样多"和"相等"的概念，能够点数1~6，并指认三角形、圆形和正方形，能够根据事物的属性做简单分类。

人际交往能力——学会与人合作

宝宝在这个时期更愿意和别人交往，会正确地使用礼貌语言"谢谢""叔叔好""阿姨好""再见"等。

这个时期的宝宝开始能够与小朋友交往和合作游戏，在交往中，宝宝会逐渐学会遵守规则、服从命令、表达愿望，并学会与人分享玩具、共享食物等，并想办法处理冲突，控制自己行为和情绪的能力会逐渐提高。

语言能力——能做自我介绍了

在这个时候，宝宝能说出自己的姓名、性别和年龄，并能介绍父母的姓名，看图片时，能说出图片上的内容，能听懂故事，并掌握故事中的简单词汇，复述故事中的主要内容。

两岁半～三岁

本阶段重点问题：
宝宝爱打人怎么办

家长：宝宝爱打人怎么办？

宝宝两岁半，最近动不动就打人：打爸爸、打妈妈、打奶奶。到外面去了也喜欢打别的小朋友。耐心说服、严厉教育都没效果，反而更频繁。放任不管又担心会越来越严重。

幼儿期的宝宝模仿能力很强，又缺乏分辨能力，例如打人，很多宝宝会以为这是一种玩耍的行为，建议父母平时一定要树立良好的榜样，在宝宝面前不要随口说"打人"的字眼；宝宝表现不好时也不要急躁着动手动脚；不要给宝宝看带有暴力倾向的读物；更不要给宝宝玩打打杀杀的游戏。

如果宝宝已经出现了打人的行为，父母可以这样做：

1. 宝宝打人时可以先冷处理。父母要让宝宝知道宝宝的这种行为并不会引起家人的注意力，不要显得惊讶、搞笑，否则宝宝会变本加厉，他会更开心，因为他把这种行为当作游戏，且能引起别人的关注。

2. 偶尔也可采取奖惩的手段。如当宝宝打人时告诉宝宝不再给他买玩具，如果宝宝能做到一周不打人就会给他奖励，且父母要说到做到。

3. 也可采用体验式教育手段。宝宝打你时，你也打下宝宝，要有痛感，大人表情要严肃，创造不愉快的氛围，然后问宝宝的感受，问他还要不要被打，为什么？最后以此延伸教育宝宝的不良行为，让宝宝自行纠正，下次在大人预知宝宝要打人时，提醒他上次被人打的痛感。

有些宝宝跟他说打人不对，他也明白并认可，但还是反反复复出现这样的行为，这样的情况大多是因为宝宝精力充沛，用喊打喊杀才能满足心理需求，不妨多给这类宝宝创造户外运动机会和游戏，让其消耗过剩的休力，转移注意力。

❖ 父母不恰当的处理态度

第一次发现宝宝出现打人行为时，如果父母处理不当，很有可能就会强化宝宝的这种行为。比如，当宝宝打人时，因为宝宝年龄小，大人往往觉得十分有趣，从而会大声哄笑，甚至认为这是宝宝智力发育的表现，而鼓励宝宝再来一个。殊不知，父母的这种反应会给宝宝一种误导，他会觉得这种行为是好的，是值得常做的，无形中强化了宝宝的攻击行为。

营养与饮食指导

两岁多的宝宝每天能吃多少

知识导读： 宝宝吃多少才合适呢？不同的宝宝食量各不相同，总体来说，宝宝吃到大人普通食量的一半就已经足够了。

体重轻的宝宝，可以在食谱中多安排一些高热量的食物，如花卷、包子、馒头片等，配上西红柿鸡蛋汤、酸菜汤或虾皮紫菜汤等，既开胃又有营养，有利于宝宝体重的增加。

已经超重的宝宝，食谱中要减少吃高热量食物的次数，多安排一些粥、汤面、菠菜等占体积的食物。包饺子和包馅饼时要多放蔬菜少放肉，减少脂肪的摄入量，而且要皮薄馅大，减少碳水化合物的摄入量。对吃得太多的宝宝要适当限量。

超重的宝宝要减少甜食，尽量不吃巧克力，不喝碳酸饮料，冰激凌也要少吃。食谱中下午3点钟的小点心要减少，并让他逐渐养成正常进食的规律和习惯。

用饥饿法治疗宝宝厌食

🔔 **知识导读：**治疗宝宝厌食，最好的方法就是"饥饿疗法"：等到宝宝真正饿时才喂他。

由于宝宝对吃饭兴致不高，开始实施饥饿疗法时，宝宝即使已经饿了，也不会专心地坚持到吃饱，往往吃到半饱时就开始玩了。这时，父母要注意控制吃饭的时间，一般 20 ~ 30 分钟后就要停止喂饭。等下次吃饭时间到了，再给他吃。当然，很可能宝宝还没到下次吃饭时间就已经饿了，闹着要吃的。这时父母千万不能心软，要想尽办法分散宝宝的注意力，让宝宝玩喜欢的玩具，做喜欢的游戏，甚至可以带宝宝外出。这段时间可以给宝宝喝些水，但是绝不能给他任何东西吃。等到下次吃饭的时间到了，再给宝宝喂饭。几次后，宝宝就会明白吃饭的真正含义——不吃饱就会饿着。

有一点要提醒父母的是，不能用"谁让你平时不好好吃饭，就让你饿着！"这类的话刺激宝宝。父母应该作出"装傻""同情"或"无奈"的举动，假装帮宝宝到处找吃的，当然，最终肯定没有找到任何能吃的东西。这样就不会使宝宝心里产生对"饥饿疗法"的抵触情绪。

能不能给宝宝吃口香糖

🔔 **知识导读：**口腔专家、胃肠专家和儿科专家一致认为，3岁前的幼儿和患有胃炎、胃十二指肠炎、胃溃疡和十二指肠溃疡以及有严重传染病的宝宝不宜嚼食口香糖。

父母不敢宝宝吃口香糖主要有两个原因：一是觉得口香糖含糖多，而糖是龋病的重要因素之一，宝宝长期嚼口香糖，容易患龋齿。不过，这个问题近几年已经得到了解决。当前科技的发展已经找到了糖的代用品，木糖醇或甜叶菊。这样，既可满足人们享受甜味的乐趣，也可达到少患龋病的目的。二是担心宝宝将口香糖吞进肚子里。虽然，人的肠胃内壁很光滑，并且分泌有大量黏液，口香糖不可能被粘住，吞进肚子后消化不了便会自动排出，但宝宝吃口香糖易误吞到食道或支气管中，会有生命危险。所以为了避免意外，最好不要给 3 岁以前的宝宝吃口香糖。

宝宝头发稀少、黄，是不是营养不良

🔔 **知识导读：**宝宝头发稀少在 1 岁以前是很正常的，这与头发的髓质化速度快慢有关，就好像口中的牙齿一样，到了一定的时候便能自然长出来。通常到了 1 岁左右，宝宝的头发就会自然而然地逐渐长出，只不过一开始稀疏一些。

宝宝头发稀少的原因

遗传：头发的遗传倾向比较明显，存在着个体差异，头发的多少、色泽、曲直与父母遗传有一定关系。如父母头发好，则宝宝的头发也较好，父母头发差，宝宝的头发也较差。

营养不良：宝宝头发少而黄有多种原因，从中医角度来讲，头发与血液、肾脏有关。有些新生儿头发稀少，除了遗传因素外，可能是营养不良所致，说明妈妈在怀孕期间就没太好地注意有关营养的摄取。一般来说，胎儿在子宫里营养不良，尤其是缺乏维生素A和B族维生素及叶酸、钙、锌、铁等矿物质，会使头发稀疏、细而柔软。

疾病：有些宝宝头发稀少与疾病有关。如佝偻病、某些稀有元素的缺乏和过剩、有遗传代谢疾病等的患儿都会表现为头发稀疏、发黄等问题。如果宝宝1岁左右头发仍无明显改善，可去医院检查，看宝宝是否患上某些疾病，并根据医嘱注意调节饮食结构和加强身体锻炼。

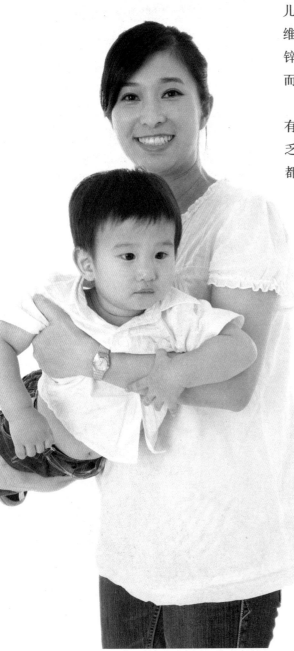

保证全面均衡的营养

头发的生长离不开营养的汲取。妈妈在平日的生活中要让宝宝均衡摄取营养，保证肉类、鱼、蛋、水果和各种蔬菜的摄入和搭配，含碘丰富的紫菜、海带也要经常给宝宝食用。特别是维生素，它们是宝宝头发成长不可缺少的"卫士"。维生素A可以减少头皮屑，滋润头发，促进血液循环；B族维生素可以让头发又黑又亮；维生素C可以促进铁的吸收，防止脱发。所以，摄入全面均衡的营养才能让头发保持健康、黑亮。

日常护理与安全指导

宝宝不爱睡午觉

🔔**知识导读：** 此时的宝宝每天仍然需要睡够 13 ~ 14 个小时，一般是夜里睡 11 ~ 12 个小时，其余的在白天补足，也就是睡个午觉，上午的一觉不需要了。

此时的宝宝容易出现一个问题，就是白天玩得很兴奋，根本不喜欢睡午觉。

对于这种情况，尽量调整，让他睡个午觉，比如，可以将他早上起床的时间提前，一上午玩累了，也就能好好睡个午觉了，另外，中午的时候，大人最好能保持安静或者午睡，没人跟他玩了，他也就会去睡了。

不过也有的宝宝属于天生睡眠较少的人，或者是夜里睡得好，精力充沛，根本不需要白天再睡觉。这样的宝宝一般都是早睡早起，每天六七点就能入睡，早上七八点起床；一白天都很精神。如果强行让他午睡，夜里睡觉的时间就会推迟，早上起床时间也推迟，原本很规律的睡眠习惯就无法维持了，那还是不要强迫午睡了。

如果宝宝每天白天都需要睡一觉，那就尽量让他在中午饭后睡，不要到了下午接近傍晚了才睡，以免影响晚上上床时间，从而影响生长激素的分泌。

长时间不清洁头发影响头发生长

有些妈妈每次给宝宝洗头发都战战兢兢，害怕把宝宝本来就不多的头发洗掉了。其实这样的理解完全是错误的。洗发时脱落的都是衰老的头发，不洗也会掉；相反，长期不洗发，油脂及汗液的刺激会引起继发感染，反而影响新的头发生长。建议妈妈夏天坚持每天给宝宝洗 1 次头，春秋可两天洗 1 次，冬季可两三天洗 1 次。

有些妈妈听信传言，在宝宝的头皮上擦生姜，想以此增加毛囊周围的血液循环，促进头发生长。这种做法是无益的，也没有科学依据。

能给宝宝用风油精、清凉油吗

一般妈妈喜欢在宝宝被蚊虫叮咬时涂抹风油精或清凉油，以达到消肿止痒的作用。清凉油或风油精并不是绝对不能用，它们对宝宝并没有伤害。只是宝宝还小，不知道保护自己，怕进入宝宝的眼睛里或吃到嘴里。

另外，风油精和清凉油刺激性比较大，即使不进入宝宝的眼睛里，它的气味也会刺激宝宝流泪，所以能不用最好不要给宝宝用。

如果宝宝被蚊虫叮咬，可去药店买治疗蚊虫叮咬的药水、药膏等，可选择一两种备用。如果家里没有准备药水，也可采用一些小窍门：使用苏打水清洗，涂抹牙膏、仙人掌或芦荟，都具有消炎、消肿和止痒的作用。

宝宝尿床很正常

一般来说，宝宝在1岁至1岁半的时候，就开始能在夜间控制排尿了，尿床现象已经大大减少，但有些宝宝在满2岁半后，还只是能在白天控制排尿，夜里还会尿床，不过这不是什么大问题。只要宝宝到了3岁以后不再尿床就可以。遗尿症只有到5岁以后仍然每周至少有一次尿床情形才算。即使到了5岁以后，偶尔一次尿床也不能算遗尿症。

所以，现在的宝宝尿床不要太忧虑，也不要斥责宝宝，更不能打骂或进行羞辱性惩罚，那样只会使宝宝更加紧张，从而加重尿床现象，相反地，应该尽量解除他的心理负担，一旦没有尿床就及时给予鼓励和表扬，让他树立起信心。

避免宝宝形成遗尿症的方法

大多数宝宝尿床是功能问题，能够自愈。还有些是遗传因素导致的，如果爸爸小时候尿床，男宝宝尿床的概率就会较高，这样的宝宝只能静等其长大。

正确训练宝宝夜间小便是避免尿床的必要手段。父母在夜间给宝宝把尿时最好叫醒宝宝，不要让他在半睡半醒之间排尿，如果宝宝在夜间有排尿的表示，父母要警醒些，及时把他叫醒。

遗尿症由一些是疾病引起的，如蛲虫症、尿路感染、脊髓损伤、大脑发育不全等，如果宝宝在5岁以后仍然频繁遗尿，就要检查治疗。

宝宝很喜欢看电视怎么办

知识导读： 不管你的宝宝现在已经沉迷于电视，还是刚开始喜欢看电视，你都要严格控制宝宝接触电视的时间，每周看电视不要超过 2 次，每次不要超过 30 分钟。尤其是家人不能为了忙自己的工作，就把电视当成保姆，让宝宝想看多久就看多久。

戒掉宝宝 "电视瘾"

妈妈可通过以下方法戒掉宝宝"电视瘾"。

1. 如果宝宝电视看得过多，父母可以禁止或减少他们看电视，多给宝宝买一些有趣的图画书，多给宝宝准备一些新奇好玩的玩具，多和宝宝做游戏，多请小朋友到家里玩……尽量让宝宝的生活变得丰富多彩，就会使宝宝忘记了电视节目的诱惑，对看电视变得不那么热衷了。

2. 完全禁止宝宝看电视是不明智的，也是不可能的。最好的办法是和宝宝一起看电视，并利用这种机会与宝宝交流。这样既提高了宝宝的鉴赏能力，又增进了两代人之间的感情。

3. 俗语说，"上梁不正下梁歪"，如果父母每天都迷电视，要看到"再见"为止，很难想象宝宝能经得住诱惑。父母是孩子的第一位老师，父母的一言一行都会影响宝宝的成长，所以，父母首先要克制好自己，不要没事就坐在电视机前看电视。

自理能力训练

教宝宝自己洗脸

到了 2 岁以后，宝宝就可以学习自己洗脸、刷牙了。这时候，只要给宝宝准备好毛巾、牙刷等洗漱用品，再采取生动有趣的方法教会宝宝动作要领，宝宝很快就能学会。当然，要让宝宝懂得什么是"干净"，宝宝自己独立完成洗脸、刷牙，则要等到 4 岁左右。

三招教会宝宝洗脸

第一招：为宝宝准备宝宝喜欢的专用盥洗用具。在购买毛巾、香皂等洗漱用品的时候，妈妈可以带宝宝到商店去，让宝宝自己挑选。这不仅会激起宝宝使用它们的兴趣，减轻对洗脸的抵触情绪，对培养宝宝的自主意识也很有帮助哦！

第二招：在游戏中学习。妈妈可以用做游戏的形式，将洗脸的动作和步骤教给宝宝。可以先让宝宝玩一会儿水，然后一边帮宝宝擦洗眼睛、耳朵、鼻子等部位，一边给宝宝唱儿歌，如"小小毛巾，亲亲宝贝，亲亲脸蛋，亲亲眼睛，亲亲耳朵，亲亲鼻子"等，使宝宝觉得很有趣，并帮助宝宝记住洗脸的要点和程序。

第三招：和宝宝比赛。平时洗脸的时候，妈妈可以和宝宝一起洗，和宝宝比一比谁洗得快，谁洗得干净，使宝宝对洗脸的兴趣更浓厚。

教宝宝自己刷牙

妈妈可以从宝宝两岁半开始教他刷牙，并让宝宝养成早晚刷牙的习惯。

学刷牙先从学漱口开始

在刚开始学习时，最好给宝宝用温开水漱口，千万不能用冷水。因为宝宝刚开始学习的时候不懂得要把漱口水吐出来，经常直接咽到肚子里。

在教宝宝漱口的时候，可以准备1杯温开水或淡盐水，先让宝宝喝一口水，等宝宝熟练后，再教宝宝漱口。这时候妈妈可以给宝宝做个示范：先喝一大口水，闭住嘴，鼓动两腮咕噜咕噜地漱口，然后吐出口中的水，用毛巾或手帕擦去口边的水滴。通过示范，使宝宝明白漱口的整个过程，再让宝宝模仿练习。

教宝宝学刷牙

学会了漱口，就可以进行第二步——刷牙了。

在教宝宝刷牙之前，为了调动宝宝学刷牙的兴趣，也为了让宝宝对刷牙的用品产生认识，妈妈可以带宝宝到商店，让宝宝自己挑选喜欢的杯子、牙膏、牙刷等用具，使宝宝对刷牙产生热情和期待，再开始教宝宝刷牙。

在教宝宝刷牙时，妈妈可以和宝宝各拿一把牙刷，妈妈一边做示范动作，一边为宝宝讲解刷牙的注意事项，使身教和言教同时进行。

教宝宝刷牙的时候要注意：牙刷头应该斜对着牙龈伸入口中，手腕轻轻用力，使牙刷顺着牙缝的方向刷动。刷上牙时要从上向下刷，刷下牙时要从下往上刷，刷上前牙里面时要从上向下拉动，刷下前牙里面时要从下向上刷。刷后面磨牙的咬合面时，要将牙刷按在咬合面上，前后来回刷。横刷法不易清除口中的食物残渣，还容易损伤牙龈，最好不要用这种方法教宝宝。

等宝宝把牙齿的各个部分都刷到后，就可以教宝宝漱口、洗刷牙具，刷牙就完成了。

习惯和性格培养

让宝宝养成早晚刷牙的习惯

即使已经学会了刷牙，很多宝宝对刷牙也并不重视，经常是高兴时就刷牙，不高兴时就不刷，刷牙的时候不认真、敷衍了事的时候也很多。这对宝宝的牙齿保护是远远不够的。妈妈一定要从小就让宝宝养成早晚刷牙的好习惯，这样才能使宝宝的牙齿健康。

让宝宝对刷牙重视

要使宝宝养成早晚刷牙的习惯，首先要让宝宝对刷牙变得重视起来。妈妈可以借助电视中的牙膏广告所讲的护牙知识，让宝宝知道牙齿需要每天清洁，否则就会像大树长虫子一样出现蛀牙，使自己的牙变得很疼，甚至还要被拔掉。

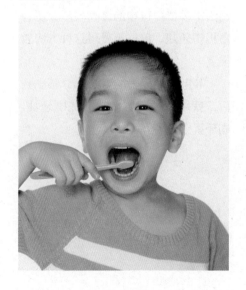

➕ 专家这样说

宝宝挤牙膏时有时会挤多，要帮他弄掉一些，小宝宝不要用太多牙膏，只需黄豆大小即可。

早晚提醒宝宝刷牙

培养宝宝早晚刷牙的习惯，就得从督促宝宝每天刷牙做起。习惯是由行为的重复形成的。有些宝宝不愿意刷牙是因为害怕牙刷捅到牙根让自己觉得疼痛，有的是害怕把牙膏咽到肚子里，有的则是因为不喜欢牙膏的气味。只要找出了原因，消除了宝宝的顾虑，宝宝就会不再抗拒刷牙，并在妈妈的督促下，养成早晚刷牙的好习惯。

让宝宝喜欢上刷牙的小窍门

1. 妈妈和宝宝一起刷。宝宝喜欢模仿，喜欢做大人做的事情，所以妈妈每天早上起床后、晚上睡觉前刷牙时可以叫上宝宝一起，宝宝会很乐意和妈妈一起刷牙，慢慢地就能养成习惯了。

2. 妈妈可以为宝宝制作一个刷牙日程表，每刷完一次牙就在日程表上贴一个可爱的贴纸，并根据宝宝完成的情况对宝宝进行表扬和奖励，使宝宝对刷牙保持浓厚的兴趣，逐步养成早晚刷牙的好习惯。

让宝宝不赖床

宝宝满 3 岁以后，就要上幼儿园了，需要遵守入园的时间，所以早上准时起床就是必需的了，而宝宝这时候已经不像之前一样醒来就要起床了，很多时候都会赖着不起，父母要纠正他的这个习惯。

让宝宝知道起床是快乐的

让宝宝不赖床，就要让他知道起床是一件快乐的事，具体可以这样做，每天早上的时候，妈妈都可以用愉快的语气喊宝宝："太阳出来喽，该起床了。"宝宝起床后，给他喝一杯水，教宝宝做个深呼吸，然后快乐地喊一声："新的一天开始喽!"然后快快乐乐地带着宝宝一起洗漱，吃美味的早餐，这样宝宝起床的时候，联想到这些美好的事，就不会赖床了。

给宝宝准备一个闹钟

让宝宝不赖床，当然还要他睡足才行，所以每天晚上八九点的时候，就要让宝宝上床睡觉了。

在宝宝的生物钟建立起来之后，妈妈就不必每天都去叫他起床了，可以给他准备一个闹钟，或者在早上的时候给他拉开窗帘，让他自己意识到该起床了，自己起来，免去他对父母的依赖。

教宝宝与别人分享好东西

一个乐于分享的人，自然能够交到更多的朋友，更加受欢迎，拥有一个快乐的人生! 因此父母要从小培养孩子分享的习惯。

日常生活中强化宝宝分享行为

1. 在日常生活中，父母应首先做到慷慨待人。如肯把东西借给邻居使用，能主动把好吃的食品拿出来让别人吃，乐意把自己心爱的物品转让给别人等。

2. 利用电影、电视、童话、故事等文学作品中的慷慨形象教育宝宝、熏陶宝宝。

3. 在日常生活中，为宝宝提供机会。如买回的糖果不要全部留给宝宝吃，要让宝宝亲自把糖果分给家庭成员;玩耍时，引导宝宝把心爱的积木、玩具等分一些给小朋友玩。

4. 在宝宝与小伙伴的交往过程中，父母还可以指导宝宝相互交换玩具进行玩耍，在反复交换玩具的过程中，宝宝就会逐渐明白礼尚往来的必要性与相互帮助的重要性。

5. 鼓励宝宝帮助困难者，并不忘及时表扬宝宝。

是否愿意分享，让宝宝做主

当宝宝不愿意分享时，大人要理解宝宝，帮助他学会婉转地拒绝别人，或提醒他等自己玩完了再给小朋友，或提议换着玩，等等，不过切记: 这只是你的建议，孩子有最终的决定权!有些妈妈建议了可是宝宝还是不同意，她们就开始埋怨孩子不听话。不要这样，要尊重孩子。因为不情愿的分享并不能让孩子体会到分享的快乐！

分享是需要孩子去体会的，我们不要强迫孩子。

从小教育宝宝懂"爱惜"

有的宝宝把吃不完的馒头、点心随手一扔；有的宝宝摇晃小树、践踏草地……造成这些现象的原因，是家庭教育中没有使宝宝养成"爱惜"的好习惯。

良好的习惯，需要在日常生活中天长日久、耳濡目染地形成，应当注意到这些方面。

1. 让宝宝从爱惜自己的玩具、图书做起。宝宝喜欢各种玩具，父母在为宝宝购买玩具、图书后，必须教会宝宝玩具的玩法和保管的要求，督促宝宝在使用后，把玩具、图书等整理好，放在固定的地方。

2. 通过参观成年人劳动的过程，来培养宝宝爱惜劳动成果。如带宝宝参观服装厂，让宝宝看到漂亮的服装要经过多道复杂的工序才能制成；参观装修工人怎样粉刷墙壁等。这样做可以让宝宝了解到每一件劳动成果都来之不易，宝宝就不会再在白色的墙上乱画。

3. 以身作则。父母对一切物品都要很爱惜，不浪费粮食和水电，不乱扔书等，会给宝宝留下深刻的印象。

4. 不要轻易满足宝宝的要求。不能宝宝要什么就给什么，否则会使宝宝对物品不爱惜或持无所谓的态度，觉得损失了没关系。

健康与急救

瘀伤的正确处理方法

宝宝运动损伤，最常见的就是瘀伤。瘀伤一般不痛，在宝宝出现瘀伤后的48个小时内，将冰袋用毛巾包起来放到伤处冷敷15分钟，一天反复敷几次，减轻肿胀，并将受伤的肢体或部位抬高，减少血液流向这里即可。

如果瘀伤一按就痛，可能需要吃些药物镇痛。如果撞到头部，耳后有瘀伤，瘀伤在14天之后都没有消退，瘀伤24个小时后仍有痛感等需要看医生。另外，如果宝宝的下背部在受伤后出现明显的瘀伤，有可能是泌尿系统出血的表示，可能损伤到了肾脏或其他器官，一定要告诉医生。

宝宝出水痘时怎么护理

知识导读： 水痘是一种小儿最常见

的出疹性传染病。多见于1～6岁的小儿，水痘传染性很强，常在托儿所、幼儿园等儿童集体中流行。

出水痘的症状

发病前有头痛、全身倦怠等前期症状，发病后有轻、中度的发热，24小时内出现皮疹，表现为红色斑疹和丘疹，继之变为透明饱满的水疱，24个小时后水疱渗出，并呈中央凹陷，水疱易破溃，2～3天后结痂。疹子先出现在脸上，继而在躯干、四肢出现，黏膜也可能感染，在口腔、咽部、眼结膜、外阴、肛门等处长出疹子。数目一般以躯干为多，脸上和头部较少，四肢、手足更少。出疹期为1～6天，变为水疱到水疱脱落2～3天，整个病程为2～3周。正常情况下不会留下瘢痕，但是在水疱期，痛痒感十分明显，如果忍不住抓挠引起感染就会留下瘢痕。

水痘的治疗和护理方法

水痘没有特效治疗药和治疗方法，主要是预防皮肤继发感染，保持清洁，减轻瘙痒。在痊愈之前，不要洗澡，但应勤给宝宝更换衣物和被褥，避免感染；涂抹止痒药水，预防宝宝抓挠；另外，要剪干净宝宝的指甲，避免抓破。如果抓破可以用1%的龙胆紫涂抹，保持干燥、预防感染。如果发生全身感染症状，持续发烧，需要及时就医，使用抗生素治疗。但是要注意水痘不能用含激素的药物治疗，否则会加重病情。

另外，要加强饮食和生活的调理，让宝宝多注意休息，食物要清淡、易消化，并多喝温开水、绿豆汤等降火、排毒。

在玩耍中开发宝宝能力

可以玩滑轮平板车

🔔**知识导读：** 学习玩滑板车必须具备一定的平衡感和健康的体魄，太过弱小和年龄过小的宝宝最好不要过早接触这项运动。

玩滑板车的好处

1. 增强宝宝的平衡感，促进身体、腰、臂和腿的整体配合。

2. 根据宝宝的性格特质，制订滑板车锻炼计划，从开始不断失败到最后成功的过程，让宝宝变胆大，更有毅力。

给宝宝玩滑板车的注意事项

1. 根据宝宝年龄选择适合的滑板车。

2. 不要长期给宝宝玩滑板车。如果长期玩滑板车，会出现腿部肌肉过分发达，影响身体的全面发展，甚至影响身高发育。

3. 玩滑板车需要很好的平衡能力，腰部、膝盖、脚踝需要用力支撑身体，这些部位非常容易受伤，所以滑前要先做热身运动，并穿戴好护膝、护肘、安全帽等防身装备。

4. 滑行时速度不宜太快，否则可能发生冲撞或自己跌倒，造成伤害。

多功能玩具——橡皮泥

橡皮泥是一样非常好的玩具，它柔软、颜色鲜艳，可以随心所欲地进行捏塑。它可以培养宝宝的空间感、想象力、动手能力，适当地指导还可以培养宝宝收拾玩具的能力。

教宝宝玩橡皮泥

很多宝宝玩橡皮泥只是放在手里捏来捏去，这时家长可以教会宝宝一些技巧和玩法。最简单的技能有：团、搓、压。

团——就是让橡皮泥放在双手的手心进行团的动作，直到橡皮泥变成球形。

搓——就是将橡皮泥放在手心或桌上，用另一只手前后进行滚动，直到变成长条形。

压——就是先团圆后再用手掌按压。

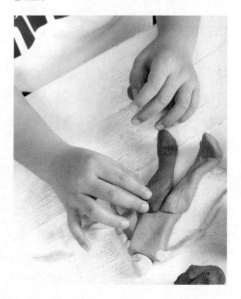

由此，学习做泥球、泥条、泥面等基本的形状。家长可以让宝宝先做一些丸子、汤圆、面条、油条、饼干等宝宝常见的、接触过的东西，慢慢地掌握这些最基本的技能。

让宝宝养成收拾橡皮泥的习惯

培养孩子收拾好橡皮泥的意识和习惯。家长可以这样做：以拟人的口吻介绍橡皮泥，如："这是橡皮泥宝宝，这是它们住的房子（指橡皮泥的罐子），房子上还有一扇门（指橡皮泥罐的盖子），每次都要把门关得紧紧的，宝宝才不会害怕，橡皮泥宝宝（指多色）长得高高瘦瘦的，它有好多个兄弟，我们一起来数数吧……"这样，宝宝对橡皮泥就有了初步的认识，家长就可以要求宝宝玩完橡皮泥，要将它变回原来高高瘦瘦的样子、将它们送回家后还要记得把"门"关紧，孩子们对关门很感兴趣，经常要听到瓶盖一声"咔嚓"的关门声后他们才放心。

一起玩过家家

过家家是一种模仿大人行为的游戏，有助于宝宝认识生活，此时最适合宝宝的游戏莫过于此，无论是男宝宝还是女宝宝都喜欢，父母不妨多陪宝宝玩。

适合过家家的玩具市面上有很多，各种厨具、炊具、布娃娃等应有尽有，买一套就可以让游戏更丰富多彩了。

宝宝玩过家家时，如果需要父母参与，父母要很兴奋地配合，比如，宝宝玩煮饭的游戏，把卫生纸团当作鸡蛋给妈妈喂的时候，妈妈可以装出品尝的样子，告诉宝宝好吃或者太咸了、太淡了等。

过家家时最有趣的一点就是可以扮演各种角色，扮演妈妈照料布娃娃、扮演护士打针、扮演警察维持秩序等，这有助于宝宝认识职业。

过家家没有什么固定的规则，可以让宝宝自由发挥，尽量尊重他的意愿，他愿意怎样就怎样，这个游戏中是没有对错的。

和宝宝玩故事接龙的游戏

和宝宝进行故事接龙的时候，妈妈不要太在意宝宝所讲的情节符不符合常规，有没有逻辑，只要宝宝能接得上，和正在讲的故事有关就行。经过不断锻炼，宝宝就会接得越来越有趣，越来越生动，宝宝的思维能力也就在无形中得到了发展。

故事接龙——小蝌蚪找妈妈

在给宝宝讲小蝌蚪找妈妈的故事的时候，妈妈就可以先给宝宝讲上一两句："春天到了，青蛙妈妈睡醒了，她在池塘里产下了许多可爱的卵，慢慢地，这些卵都变了一条条大脑袋长尾巴的小蝌蚪。一天，小蝌蚪看见鸭妈妈带着小鸭子在水里玩耍，

就想知道自己的妈妈是谁。"然后停下来，让宝宝接着讲。宝宝开始的时候可能不会讲，只能简单地接一句："小蝌蚪就问鸭妈妈：你知道我们的妈妈是谁吗？"妈妈也不要着急，可以接着讲："你们的妈妈有两只大眼睛。你们去找找吧。"讲到这里，妈妈可以问宝宝，这时小蝌蚪会说什么呢？宝宝回答说："小蝌蚪会说：'谢谢您'。"这样一句一句地接下去，直到宝宝接不下去为止。

宝宝三岁了

满三岁宝宝的体格标准

满三岁宝宝的体格标准如下：

体格指标	男宝宝	女宝宝
体重（平均）	14.65 千克	14.13 千克
身长（平均）	97.50 厘米	96.30 厘米
头围（平均）	49.60 厘米	48.50 厘米

满三岁宝宝具备的能力

大动作能力——能自如控制身体

宝宝的大肌肉动作已基本协调，能够自如控制自己的身体，走路、跑步、上下楼梯姿势正确，能按照指定的方向跑，可以双脚纵跳，也可以立定跳远，能跨过障碍，能在平衡木上行走，能骑三轮车，能够正确地做模仿操。

精细动作能力——能用橡皮泥做简单物体

宝宝的双手非常灵活了，能够正确握笔画出竖线、横线和圆圈，能用积木搭建房子、火车等，能拧紧或拧开瓶盖、螺帽等，会使用剪刀，会拼10片左右的拼图，并能用橡皮泥做简单的物体。

认知能力——认识很多自然现象

宝宝的认知范围进一步扩展，知道家庭住址，认识很多自然现象如天、地、日、月、星、风、雨、雪等，并且也知道一些季节的简单特征，如冬天冷、夏天热等，时间和方位等抽象概念了解得更多，能分辨早、中、晚，知道上下、前后、里外等，而且能分辨所有常见颜色。另外，宝宝会区分性别，此时的宝宝可以记住 6 ~ 8 个月以前的人或事。

人际交往能力——有初步的交往技能

这个阶段的宝宝愿意和小朋友一起玩耍，也愿意参加集体活动，最喜欢的是过家家和"打仗"，有初步的交往技能，懂得轮流、谦让和合作，懂得遵守规则，行为变得慷慨，也会使用礼貌用语和别人打招呼。父母要用赞赏的眼光看待宝宝的人际交往行为，多给予鼓励。

语言能力——开始用数词和连词

2 岁半至 3 岁的宝宝，词汇量增加很快，开始使用数词和连词，也已经掌握了基本的句型和语法，在大人的指示下，能够讲出图片的内容，会背诵 8 ~ 10 首儿歌，能复述 3 ~ 5 个简单故事。

此时的宝宝问题特别多，父母要耐心回答，这是锻炼语言能力的重要途径，另外，不要单纯讲述，还要善于提问，给宝宝创造说话的机会。

后记

　　养育孩子是家长必须一生学习的课题。在没有亲身经历宝宝的养育之前，我们很难想象成功养育一个聪明健康的宝宝是一件多么难的事情。我们往往只想到了小宝宝的可爱，想象一个小生命来到身边后给全家人带来的幸福与快乐，却不曾想到，宝宝也是个小麻烦精，吃喝拉撒需要人伺候，哭闹生病常常没有预知，即使宝宝已经两三岁了，也是想哭就哭，想闹就闹，想睡就睡，想吃就吃，不想睡不想吃时，常常出动全家人也搞不定。

　　宝宝出生后，初为人母（人父）的你可能才会深刻地体会到这一系列的问题，面对这一系列问题，你迫切地寻找着答案。感谢你选择了《协和育儿百科》，跟随我们一起学习宝宝成长过程中遇到的喂养、日常护理、大小便管理、睡眠管理、早期培育与玩耍、疾病防护等课题，这些都是由育儿方面有着丰富经验的专家撰写，并请李正红教授进行专业的指导，希望在陪伴你育儿的过程中，帮助你树立起科学的育儿理念。

　　我们把全书按照宝宝成长的年龄段分章节，根据不同时期宝宝的特点，挑选了新手父母最常、最易遇到的育儿问题，尽可能给出全面的指导，希望在宝宝成长发育的每一个阶段，都给予你足够的信心。

　　聪明健康的宝宝，需要用心的父母，更需要科学的育儿方法和理念，希望你通过阅读这本书能在学习育儿的同时，享受一段轻松快乐的育儿之旅。而这样的轻松快乐，你的宝宝也是能切身体会到的，愿你快乐，愿宝宝健康。